Scala并发编程

（第2版）

［瑞士］亚历山大·普罗科佩茨（Aleksandar Prokopec） 著

王文涛 译

人民邮电出版社

北京

图书在版编目（CIP）数据

Scala并发编程：第2版 /（瑞士）亚历山大·普罗
科佩茨（Aleksandar Prokopec）著；王文涛译. -- 北
京：人民邮电出版社，2021.5
ISBN 978-7-115-55834-3

Ⅰ. ①S… Ⅱ. ①亚… ②王… Ⅲ. ①JAVA语言—程序
设计 Ⅳ. ①TP312.8

中国版本图书馆CIP数据核字(2020)第266839号

◆ 著　　[瑞士] 亚历山大·普罗科佩茨（Aleksandar Prokopec）
　　译　　王文涛
　　责任编辑　陈聪聪
　　责任印制　王　郁　焦志炜
◆ 人民邮电出版社出版发行　北京市丰台区成寿寺路 11 号
　　邮编　100164　电子邮件　315@ptpress.com.cn
　　网址　https://www.ptpress.com.cn
　　北京鑫正大印刷有限公司印刷
◆ 开本：800×1000　1/16
　　印张：21.75
　　字数：425 千字　　　　　　　2021 年 5 月第 1 版
　　印数：1 – 2 000 册　　　　　2021 年 5 月北京第 1 次印刷
　　著作权合同登记号　图字：01-2018-7654 号

定价：99.90 元
读者服务热线：(010)81055410　印装质量热线：(010)81055316
反盗版热线：(010)81055315
广告经营许可证：京东市监广登字 20170147 号

内容提要

本书是一本关于并发编程技术的教程，书中详细介绍了并发编程中的主要概念和基本数据结构，包括传统并发模型、基于 Future 和 Promise 的异步编程、数据并行容器、基于响应式扩展的并发编程、软件事务性内存、角色模型、并发编程实践和反应器编程模型等。本书基于 Scala 语言编写，实例丰富，可操作性很强。

本书面向的用户群体以 Scala 用户为主，因为书中所有的示例都是基于 Scala 代码的。但其他语言用户也可以从中获益良多，因为书中介绍的并发编程概念是普遍适用的，并不局限于特定编程语言，只不过 Scala 比较适用于并发编程而已。

关于作者

亚历山大·普罗科佩茨（Aleksandar Prokopec）是一名并发和分布式编程研究人员，他也是本书第 1 版的作者。亚历山大是瑞士洛桑联邦理工学院（EPFL）的计算机科学博士。他曾在 Google 公司工作过，现在是 Oracle 实验室的研究员。

作为 EPFL Scala 团队的一员，亚历山大积极投身于 Scala 编程语言研究，他主要从事基于 Scala 的并发计算抽象、数据并行编程和并发数据结构方面的工作。他创造了 Scala 并行容器（parallel collection）框架，它可用于 Scala 中的高层数据并行编程。他还参与了一些 Scala 并发库的开发，比如 Future、Promise 和 ScalaSTM。亚历山大是分布式计算反应器编程（reactor programming）模型的主要创造者。

致谢

首先，感谢本书的所有审校人员，包括萨米拉·塔沙罗菲（Samira Tasharofi）、卢卡斯·莱茨（Lukas Rytz）、多米尼克·格伦茨（Dominik Gruntz）、米歇尔·申茨（Michel Schinz）、李震和弗拉基米尔·科斯秋科夫（Vladimir Kostyukov）等人，他们为本书提供了大量的反馈信息和意见。还要感谢 Packt 出版社的编辑，包括凯文·科拉科（Kevin Colaco）、斯鲁蒂·库蒂（Sruthi Kutty）、卡皮尔·埃姆纳尼（Kapil Hemnani）、瓦伊巴耶夫·帕瓦尔（Vaibhav Pawar）和塞巴斯蒂安·罗德里格斯（Sebastian Rodrigues）等，感谢他们对本书的付出，能与他们共事是我的荣幸。

本书中描述的并发框架是许多人共同努力的结果，要不是他们，这些框架也许永远不会出现在世人面前。有很多人直接或间接参与了这些框架的开发，他们是 Scala 并发编程真正的英雄，也是 Scala 的优秀并发编程能力的"源泉"。我会尽力将谢意传达给每一个人，但限于篇幅，这里无法将所有人一一列出。如果有人觉得致谢中有遗漏的情况，请及时联系我，以便在下一版中补充进来。

毫无疑问，需要特别感谢 Scala 语言的作者马丁·奥德斯基（Martin Odersky），因为 Scala 是本书中列出的那些并发框架的承载平台。还要特别感谢的是 EPFL 的 Scala 团队在最近十余年的付出，以及 Lightbend 公司的员工为使 Scala 成为最好的通用语言所做出的努力。

大部分 Scala 并发框架或多或少依赖于道格·利（Doug Lea）的工作成果。他的 Fork/Join 框架是 Akka 角色库、Scala 并行容器库，以及 Future 和 Promise 库的基础。本书中描述的很多 Java 开发工具包（Java Development Kit，JDK）并发数据结构就是由他本人实现的，甚至很多 Scala 并发库都受到他的建议的影响。

Scala 的 Future 和 Promise 库最初的设计团队人员包括来自 EPFL 的菲利普·哈勒（Philipp Haller）、希瑟·米勒（Heather Miller）、沃因·约万诺维奇（Vojin Jovanović）和我，来自 Akka 团队的维克托·克朗（Viktor Klang）和罗兰·库恩（Roland Kuhn），来自 Twitter 公司的马里乌斯·埃里克森（Marius Eriksen）；另外，哈沃克·彭宁顿（Havoc Pennington）、里奇·多尔蒂（Rich Dougherty）、贾森·佐格（Jason Zaugg）、道格·利等人也做出了贡献。

虽然我是 Scala 并行容器库的主要作者，但这个库受到过很多人的影响，包括菲尔·巴格韦尔（Phil Bagwell）、蒂亚克·龙普夫（Tiark Rompf）、内森·布朗森（Nathan Bronson）、马丁·奥德斯基和道格·利。后来，德米特里·彼得拉什科（Dmitry Petrashko）和我一起改进并行和标准容器操作，这是通过 Scala Macros 来实现优化的。尤金·布尔马科夫（Eugene Burmako）和德尼斯·沙巴林（Denys Shabalin）是 Scala Macros 项目的主要贡献者。

Rx 项目上的工作始于埃里克·梅耶尔（Erik Meijer）、韦斯·戴尔（Wes Dyer）和 Rx 团队的其他人。自从.NET 得以实现，Rx 框架又被移植到了很多其他语言上，包括 Java、Scala、Groovy、JavaScript 和 PHP，并且在本·克里斯滕森（Ben Christensen）、塞缪尔·格吕特（Samuel Grütter）、朱世雄、唐娜·马拉耶里（Donna Malayeri）等人的贡献和维护下，Rx 框架得到越来越广泛的使用。

内森·布朗森是 ScalaSTM 项目的主要贡献者，此项目的默认实现是基于内森的 CCSTM 项目的。ScalaSTM 的应用程序接口（Application Program Interface，API）是由 ScalaSTM 专家组设计的，其成员包括内森·布朗森、乔纳斯·博纳（Jonas Bonér）、盖伊·科兰（Guy Korland）、克里希纳·桑卡尔（Krishna Sankar）、丹尼尔·斯皮瓦克（Daniel Spiewak）和彼得·维恩杰尔（Peter Veentjer）。

Scala 角色库的最初版本受 Erlang 的角色模型启发，并由菲利普·哈勒开发。这个库促使乔纳斯·博纳创建了 Akka 角色框架。Akka 项目的贡献者包括维克托·巴生、亨里克·恩斯特伦（Henrik Engström）、彼得·维恩杰尔、罗兰·库恩、帕特里克·努德瓦尔（Patrik Nordwall）、比昂·安东松（Björn Antonsson）、里奇·多尔蒂、约翰内斯·鲁道夫（Johannes Rudolph）、马赛厄斯·德尼茨（Mathias Doenitz）和菲利普·哈勒等人。

最后，我还要感谢整个 Scala 社区的成员，是他们让 Scala 成为一门如此优秀的编程语言。

关于审校者

维卡什·夏尔马（Vikash Sharma）是来自印度的一名软件开发人员和开源技术推广员，他是 Infosys 公司的助理顾问，也是一名 Scala 开发者。他追求"大道至简"，能够写出简洁而可管理的代码。他还制作了一个有关 Scala 的视频教程。

感谢并不足以回馈我的母亲、父亲和哥哥对我的支持。我要感谢那些在我最需要帮助的时候在我身边的那些人，特别感谢维贾伊·阿西克萨万（Vijay Athikesavan）向我传授编程理念。

多米尼克·格伦茨是苏黎世联邦理工学院（ETH Zürich）的博士，自 2000 年以来在瑞士西北应用科学大学任计算机科学教授。除了研究项目，他还教授并发编程课程。几年前，这门课还在告诉学生并发程序太难写对了。但随着 Java 和 Scala 中高抽象层次框架的出现，这个观点发生了变化，而本书是极好的并发编程教材，可为所有希望编写正确、可读和高效的并发程序的程序员提供正确的方向。

感谢邀请我参加该书的审校。

李震在小学第一次接触 Logo 语言时开始对计算产生热情。在获得中国复旦大学软件工程学位和爱尔兰都柏林大学计算机科学学位之后，她又在美国佐治亚大学攻读博士学位。她研究的是程序员学习行为的心理因素，特别是程序员理解并发程序的方式。基于这项研究， 她致力于设计有效的软件工程方法和教学方法，来帮助程序员"拥抱"并发程序。

李震在计算机科学多个领域拥有本科生教学经验，包括系统和网络编程、建模和仿真以及人机交互等。她对计算机编程教学的主要贡献是设计教学大纲，并提供多种编程语言以及多种并发编程形态的课程，鼓励学生积极取得自己的软件设计哲学和理解并发编程。

李震还有很多工业创新经验，10 年来，她在多个 IT 公司工作过，包括 Oracle、Microsoft 和 Google，她参与开发了一些尖端产品、平台以及企业核心基础设施。李震对编程和教学充满热情。读者可以通过电子邮件 janeli@uga.edu 联系她。

卢卡斯·莱茨是一个编译器工程师，就职于 Lightbend 公司的 Scala 团队。他于 2013 年获得 EPFL 的博士学位，曾师从于马丁·奥德斯基，即 Scala 的作者。

米歇尔·申茨是 EPFL 的讲师。

萨米拉·查菲（Samira Charfi）在伊利诺伊大学获得软件工程博士学位。她在多个领域从事研究工作，比如测试并发程序（特别是基于角色的程序）、并行编程模式、基于组件的系统的验证等。萨米拉审校过多本图书。她还是多个软件工程会议的审稿人，多个会议的程序委员会成员。

我要感谢我的丈夫和母亲，感谢他们的爱和支持。

序言

并发计算和并行计算发展迅猛，或许它们曾经是纯粹的理论知识，或者局限于内核计算和高性能计算等少数几个领域，但如今，它们已经走向千家万户，成为每名优秀程序员必备的技能之一。因为并行和分布式计算系统已经是行业标配，大部分应用需要用并发计算来提高性能以及处理异步事件。

这是一场"革命"，然而，目前大部分开发者还没有准备好。也许有些人在学校学过传统的并发计算模型，采用的是线程和锁机制，但这种模型已经不足以高效、可靠地实现大规模并发计算。实际上，线程和锁机制较难用，更容易出错。因此，人们迫切需要对并发计算进行进一步抽象，构造出更高层次的组件。

15 年前，我用过一门实验性语言 Funnel，它是 Scala 的先驱，在内核采用了并发语义。在这门语言中，所有编程概念都是基于函数式网络（functional net）的"语法糖"，这是一种面向对象版本的连接演算（join calculus）。虽然连接演算理论优美，但人们在试验后发现，并发计算其实涉及多方面的问题，难以在单一的形式化体系中很好地表达出来。也许并不存在解决所有并发问题的高招，对不同的需求需要采用不同的方案。比如，利用异步计算来响应事件和数据流，在消息通信时使用自发而独立的实体，为状态可变的数据中心定义事务，或者用并发计算提高性能。每一个任务都有着相应的更为合适的抽象方式：Future、响应式流（reactive stream）、角色、事务性内存或并行容器。

于是有了 Scala 和本书。并发计算中有用的抽象模型如此之多，将它们拼凑到一门语言中似乎并不明智。不过，Scala 的目标就是让用户能在编码时更方便地定义各种高层抽象，并以此来构建代码库。于是，Scala 程序员可以定义出能够处理不同并发编程问题的模块，而这样的模块都基于宿主系统提供的底层内核。回顾过去，这种编程方式已然成功。现如今，Scala 已经拥有一些强大而优雅的并发编程库。本书将为读者呈现其中非常重要的几种，并介绍每一种的使用案例和应用模式。

本书的作者亚历山大·普罗科佩茨是 Scala 语言方面的专家。他编写了多个流行的 Scala 并发和并行库。他还发明了一些精巧的数据结构和算法。本书既是阅读性强的教程，也是本书作者所在的并发计算领域的重要参考资料。我相信本书会成为 Scala 并发和并行编程相关人员的必备读物。同时，如果读者只是希望了解一下这个快速发展、令人着迷的计算领域，本书也值得一读。

马丁·奥德斯基　EPFL 的教授，Scala 的创造者

前言

并发计算无处不在。随着消费者市场中多核处理器的崛起，人们对并发计算的需求已经在开发者世界中掀起巨大波澜。曾几何时，并发编程还只是一个学术名词，常常被解释为程序和计算机系统中的异步计算。现在，并发编程已经成为软件开发中被广泛遵循的方法论之一。于是，高级的并发框架和软件库如雨后春笋般大量涌现，让我们见证了并发计算领域的复兴。

随着现代程序语言和并发模型的抽象层次不断提高，确定它们的使用场合和时机就显得比较关键了。仅仅了解经典的并发和同步等基础原语（比如线程、锁和监控器等）已经不够。高层次的并发框架可解决很多传统并发计算面临的难题，而且可以针对具体任务进行裁剪，于是其逐渐占领了并发计算市场。

本书用 Scala 描述高层次的并发编程，详细解释了不同的并发计算主题，并覆盖了并发编程的基础理论。同时，本书还描述了几种现代并发计算框架，详细介绍了它们的语义及用法。在介绍重要的并发抽象概念的同时，本书也讲解了它们在实际场景中的应用。有理由相信，读者通过本书既可以获得对并发编程理论的扎实理解，也能学会如何编写正确而高效的并发程序。掌握这些实用技能，读者将能走出成为一名现代并发计算专家的第一步。本书的编写过程是令人愉快的，希望读者也能享受同样愉悦的阅读过程。

组织结构

本书各章分别介绍并发编程的不同的主题。其中包含 Scala 运行时中的基础并发计算 API，以及更复杂的并发原语，还有一些高层次的并发抽象模型。

- 第 1 章：概述。本章介绍并发编程的必要性及背景。同时，本章介绍 Scala 语言基础知识，这对读者理解本书后面的内容是必要的。

- 第 2 章：JVM 和 JMM 上的并发性。本章介绍并发编程的基础知识，包含如何使用线程、如何保护共享内存，以及 JMM。

- 第 3 章：并发编程的传统构造模块。本章介绍经典并发编程的一些工具，比如线程池、原子性变量、并发容器，重点介绍它们在 Scala 语言中的体现。本书关注的是现代高层次并发编程框架。因而，本章只回顾传统并发编程技术，并不会深入展开讲解。

- 第 4 章：基于 Future 和 Promise 的异步编程。本章专门针对 Scala 并发框架进行讲解，介绍 Future 和 Promise 的 API，以及它们在异步编程中的正确使用方法。

- 第 5 章：数据并行容器。本章描述 Scala 的并行容器框架，介绍如何将容器操作并行化，以及如何评估性能的提升。

- 第 6 章：基于响应式扩展的并发编程。本章介绍如何在基于事件和异步的编程中使用响应式扩展框架，介绍事件流操作和容器操作之间的对应关系、如何让事件在线程之间传递，以及如何使用事件流设计响应式用户界面。

- 第 7 章：软件事务性内存。本章介绍用于事务性编程的 ScalaSTM 库，它提供了一种更安全、更直观的共享内存模型。在本章中，读者将学习如何通过可扩展内存事务来保护共享数据，同时减少死锁和竞态条件发生的风险。

- 第 8 章：角色模型。本章介绍角色模型和 Akka 框架。在本章中，读者将学习如何透明地在多个机器上构建消息传递分布式程序。

- 第 9 章：并发编程实践。本章总结前面介绍的不同并发库。在本章中，读者将学习如何在解决实际问题时选择正确的并发抽象模型，以及如何在设计大型并发应用时结合使用多个并发抽象模型。

- 第 10 章：反应器编程模型。本章介绍反应器编程模型，重点介绍如何更好地在并发和分布式程序中实现模拟化组合。这种新的模型将并发和分布式编程模式分解为模块化组件，称为协议。

推荐读者依次阅读本书这些章节的内容，也可以不必完全如此。如果读者已经对第 2 章的内容很熟悉，可以直接跳过这一章。唯有第 9 章依赖于前面的内容，因为这一章是对前面章节的内容的总结。第 10 章则用于帮助读者理解角色和事件流的工作方式。

阅读本书所需的条件

下面主要介绍阅读和理解本书所需的必要条件，包括 JDK（这是运行 Scala 所必需的）的安装和如何使用简单构建工具（Simple Build Tool，SBT）运行示例程序。

本书中并不要求使用集成开发环境（Integrated Development Environment，IDE），使用什么工具编写代码完全由读者自行决定。原则上，任何文本编辑器都是可以的，包括但不限于 Vim、Emacs、Sublime Text、Eclipse、IntelliJ IDEA 和 Notepad++等。

安装 JDK

Scala 程序并不会被直接编译成本地机器码，所以无法在硬件平台上作为可执行程序来运行。Scala 编译器会生成一种称为 Java 字节码的中间代码，这种中间代码需要运行在 Java 虚拟机（Java Virtual Machine，JVM）软件上。下面将介绍如何下载和安装 JDK，JDK 中就包含了 JVM 和其他一些有用的工具。

JDK 的软件实现有很多，它们来自不同的软件厂商，本书建议使用 Oracle JDK。下载和安装 JDK 的步骤如下。

1. 进入官网下载。

2. 如果官网打不开，则可以在搜索引擎中搜索关键字"JDK 下载"。

3. 找到 Java SE 的下载链接，在官网上选择正确的版本并下载，比如操作系统可以是 Windows、Linux 或 macOS，系统架构可以是 32 位也可以是 64 位。

4. 如果使用 Windows，则直接运行安装包。如果使用 macOS，则打开.dmg 文件并安装 JDK。如果使用 Linux，先将压缩包解压到某个目录，比如 XYZ，然后将其加到环境变量 PATH 中。

```
export PATH=XYZ/bin:$PATH
```

5.现在，读者应该可以在终端中运行 java 和 javac 命令了。在终端中试一试 javac 命令，看看系统能不能找得到 JDK（本书中不会直接使用这个命令，这里只是用它来验证 JDK 是否已经装好）。读者的操作系统中有可能已经安装过 JDK 了，验证方式同样是使用 javac 命令。

安装和使用 SBT

SBT 是 Scala 工程所用的命令行构建工具。它的用途包括编译 Scala 代码、管理依赖项、持续性编译和测试、部署等。纵观全书，示例代码都是用 SBT 来管理依赖项和运行的。

安装 SBT 的步骤如下。

1. 进入 Scala 官网。

2. 下载读者所用操作系统对应的安装文件。如果使用 Windows，这是个.msi 安装包；如果使用 Linux 或 macOS，这是一个.zip 或.tgz 压缩包。

3. 安装 SBT。在 Windows 下可直接运行安装包；在 Linux 或 macOS 下，将压缩包解压到用户主目录下即可。

安装好 SBT 之后，按照下面的步骤可生成一个新的 SBT 工程。

1. 打开 Windows 下的命令提示符窗口，或 Linux/macOS 下的终端窗口。

2. 创建一个名称为 scala-concurrency-examples 的目录（在 Linux 中）。

```
$ mkdir scala-concurrency-examples
```

3. 进入 scala-concurrency-examples 目录。

```
$ cd scala-concurrency-examples
```

4. 创建本示例中的唯一的源码目录。

```
$ mkdir src/main/scala/org/learningconcurrency/
```

5. 用选定的文本编辑器创建一个构建定义文件 build.sbt。此文件定义了工程属性。在工程根目录（scala-concurrency-examples）中创建这个文件，并加入如下定义（注意，空行是必要的）。

```
name := "concurrency-examples"

version := "1.0"

scalaVersion := "2.11.1"
```

6. 最后，回到终端，从工程根目录运行 SBT。

```
$ sbt
```

7. SBT 会打开一个交互式命令行界面，可以输入一些 SBT 构建命令。

现在，读者可以开始编写 Scala 程序了。打开编辑器，在目录 src/main/scala/org/learningconcurrency中创建一个源码文件HelloWorld.scala。并在HelloWorld.scala 中加入如下内容。

```
package org.learningconcurrency

object HelloWorld extends App {
  println("Hello, world!")
}
```

回到终端窗口的 SBT 交互式命令行界面,运行如下命令。

> **run**

会得到如下输出。

Hello, world!

上述步骤对于本书中大部分示例来说已经够用。不过,偶尔还会用到外部依赖库,SBT 会从标准软件仓库中自动解析和下载这些库。有时候,还需要指定其他的软件仓库,所以可以在 build.sbt 中加入如下内容。

```
resolvers ++= Seq(
  "Sonatype OSS Snapshots" at
    "https://oss.sonatype.org/content/repositories/snapshots",
  "Sonatype OSS Releases" at
    "https://oss.sonatype.org/content/repositories/releases",
  "Typesafe Repository" at
    "http://repo.typesafe.com/typesafe/maven-releases/"
)
```

这样,所有必需的软件仓库都已经就绪,然后就可以添加具体的库了。在 build.sbt 文件中加入下列内容,它表示添加 Apache Commons IO 库。

```
libraryDependencies += "commons-io" % "commons-io" % "2.4"
```

修改完 build.sbt 之后,有必要重新加载正在运行的 SBT 实例。在 SBT 交互式命令行中,执行如下命令。

> **reload**

这样,SBT 就能检测到构建定义文件中的任何改动,并加载必要的外部依赖库。

不同的 Scala 库保存在不同的命名空间中,称为包。为获得某个包的内容,需要使用 import 语句。本书中的示例在第一次使用某个并发库时,会给出其 import 语句,但后续再次出现该并发库时，就不会重复同样的语句了。

类似地，为了更简练，本书也会在代码示例中避免出现重复的包声明。只需要让每一章使用同一个包命名规则即可。比如，第 2 章所有代码都放在名为 org.learningconcurrency.ch2 的包中。这一章中的代码示例都以如下代码开头。

```
package org.learningconcurrency
package ch2
```

本书是关于并发计算和异步编程的书。许多示例启动的是并发计算，它们会在主程序停止之后仍然继续执行。为确保这些并发计算总能结束，本书中的示例都是在 SBT 本身的 JVM 实例上运行的。所以，需要在 build.sbt 文件中加入下面一行内容。

```
fork := false
```

如果某个示例需要用到另一个 JVM 进程，书中会给出明确的提示。

使用 Eclipse、IntelliJ IDEA 或其他 IDE

使用诸如 Eclipse 或 IntelliJ IDEA 的 IDE 的一个好处是用户可以一气呵成地编写、编译和运行 Scala 代码。这时就不再需要安装 SBT 了。虽然本书建议读者使用 SBT 运行示例代码，但使用 IDE 也是没问题的。不过，使用 IDE 运行本书的示例代码会有一个问题，即 Eclipse 和 IntelliJ IDEA 等 IDE 会在单独的 JVM 进程中运行程序。前面提过，某些并发计算会在主程序结束之后仍然继续运行，为了确保它们总能正常结束，用户有时需要在主程序后面添加 sleep 语句，以延缓主程序的退出。本书的大部分示例代码会加上 sleep 语句，但有时候读者需要自行加上。

本书的目标读者

本书主要面向学过串行 Scala 程序且希望了解如何编写并发程序的开发者。本书假设读者对 Scala 程序语言有基本的了解。本书的目的是展示如何编写并发程序，因此会坚持只使用 Scala 中的简单功能。即使只对 Scala 有初步了解，读者也应该能容易地理解书中的各种并发编程主题。

但这并不是说本书只面向 Scala 开发者。不管是 Java、.NET，还是其他的程序语言的爱好者，都能够通过阅读本书有所收获。从这一方面看，读者具备基本的面向对象编程或函数式编程经验应该就足够了。

　　广义来讲，本书其实是一本介绍现代并发编程的图书。即使只是略懂多线程计算或 JVM 并发模型，读者也能从本书中学到很多关于现代高层次并发编程工具的知识。书中提到的很多并发库也只是刚开始进入主流编程语言行列，有些还算得上是前沿技术。

资源与支持

本书由异步社区出品，社区（https://www.epubit.com/）为您提供相关资源和后续服务。

配套资源

本书提供如下资源：

● 本书源代码。

要获得以上配套资源，请在异步社区本书页面中单击 配套资源 ，跳转到下载界面，按提示进行操作即可。注意：为保证购书读者的权益，该操作会给出相关提示，要求输入提取码进行验证。

提交勘误

作者和编辑尽最大努力来确保书中内容的准确性，但难免会存在疏漏。欢迎您将发现的问题反馈给我们，帮助我们提升图书的质量。

当您发现错误时，请登录异步社区，按书名搜索，进入本书页面，单击"提交勘误"，输入勘误信息，单击"提交"按钮即可。本书的作者和编辑会对您提交的勘误进行审核，确认并接受后，您将获赠异步社区的 100 积分。积分可用于在异步社区兑换优惠券、样书或奖品。

扫码关注本书

扫描下方二维码，您将会在异步社区微信服务号中看到本书信息及相关的服务提示。

与我们联系

我们的联系邮箱是 chencongcong@ptpress.com.cn。

如果您对本书有任何疑问或建议，请您发邮件给我们，并请在邮件标题中注明本书书名，以便我们更高效地做出反馈。

如果您有兴趣出版图书、录制教学视频，或者参与图书翻译、技术审校等工作，可以发邮件给我们。

如果您所在的学校、培训机构或企业，想批量购买本书或异步社区出版的其他图书，也可以发邮件给我们。

如果您在网上发现有针对异步社区出品图书的各种形式的盗版行为，包括对图书全部或部分内容的非授权传播，请您将怀疑有侵权行为的链接发邮件给我们。您的这一举动是对作者权益的保护，也是我们持续为您提供有价值的内容的动力之源。

关于异步社区和异步图书

"异步社区"是人民邮电出版社旗下 IT 专业图书社区，致力于出版精品 IT 技术图书和相关学习产品，为作译者提供优质出版服务。异步社区创办于 2015 年 8 月，提供大量精品 IT 技术图书和电子书，以及高品质技术文章和视频课程。更多详情请访问异步社区官网 https://www.epubit.com。

"异步图书"是由异步社区编辑团队策划出版的精品 IT 专业图书的品牌，依托于人民邮电出版社近 30 年的计算机图书出版积累和专业编辑团队，相关图书在封面上印有异步图书的LOGO。异步图书的出版领域包括软件开发、大数据、AI、测试、前端、网络技术等。

异步社区

微信服务号

目录

第 5 章　数据并行容器　　　　　116

第 6 章　基于响应式扩展的并发编程　　143

第 9 章　并发编程实践 　　　　　248

第 10 章　反应器编程模型 　　　　　289

第 1 章
概述

10 年前就有人预言一台计算机的能力已经达到极限，只有通过多台计算机互联才能真正实现突破。

——吉恩·阿姆达尔（Gene Amdahl）

虽然并发编程这个领域已经有很长的发展历史了，但直到多核处理器出现才受到关注。计算机硬件近年来的发展不仅"复兴"了一些经典并发技术，也开启了并发编程范式的一次重大"变迁"。现如今，并发编程已经不可或缺，理解并发编程甚至已经成为每个软件开发者的核心技能之一。

本章将解释并发计算的一些基本概念，并介绍阅读本书所需的 Scala 语言基础知识。具体而言，包含如下几个方面。

- 概述并发编程。

- 阐述用 Scala 开展并发编程的好处。

- 介绍阅读本书所需的 Scala 语言基础知识。

首先，本章将介绍什么是并发编程及其重要性。

1.1　并发编程

在并发编程中，程序被描述为一些并发计算的集合，这些计算在时间上重叠，在执行过程中互相协调。实现正确运行的并发程序比实现串行程序困难多了。串行程序中的所有陷阱在并发程序中同样存在，而并发程序本身还有很多问题。于是有人会说："何必呢？继续写串行程序不好吗？"

这是因为并发编程的好处还是很多的。首先，提高并发度可以改进程序性能。在一个处理器上运行整个程序会很慢，让不同的处理器同时运行多个子任务可以提高速度。随着多核处理器的流行，性能因素成为并发编程获得关注的主要原因。

其次，并发编程模型可以实现更快的 I/O 操作。纯串行程序必须周期性地查看 I/O，以检测是否有来自键盘、网卡或其他设备的数据输入。而并发程序可以立即响应 I/O 请求。对于 I/O 密集型操作，这会提高数据吞吐量，这也是在多核处理器出现之前不少程序语言中就已经支持并发编程的原因。因而，并发性可保证提高程序与环境交互时的响应性（responsiveness）。

最后，并发性可简化计算机程序的实现和提高可维护性。有些应用程序用并发性来表述时会更为简洁。与其将所有计算过程嵌入一个较大的工程中，将它分到更小且独立的计算过程中可能会更方便一些。用户接口、网络服务器以及游戏引擎都属于这类应用。

本书假设并发程序通过共享内存的方式互相通信，且所有程序都在同一台计算机上运行。相比而言，分散在不同计算机上，且各自拥有独立内存的程序，称为分布式程序。编写分布式程序的领域称为分布式编程。一般而言，分布式程序假设每台计算机都可能失效，因而提供了应对这种情况的保护措施。本书重点关注并发程序，但也会涉及一些分布式程序。

1.1.1　传统并发计算概述

在一个计算机系统中，并发性具有多个层次，它可以存在于计算机硬件层面、操作系统层面，也可以存在于编程语言层面。本书主要关注编程语言层面的并发性。

在并发计算系统中，多个执行（execution）之间的协调称为同步，这是实现并发性的关键要素。同步涉及维持并发程序时序性的机制。此外，同步指定了并发执行之间的通信方式，即如何交互信息。在并发程序中，不同的执行通过修改计算机的共享内存子系统实现通信。这种通信称为共享内存通信。在分布式程序中，不同执行之间通过交换消息实现通信，这种通信称为消息传递通信。

在底层，并发执行称为进程和线程的实体表示，详情参见第 2 章。进程和线程使用一些传统实体（比如锁和监控器）来维护相互之间的运行次序。在线程之间建立运行次序保证了前一个线程对内存的修改在后一个线程中是可见的。

一般而言，单独用线程和锁来表达并发程序是很烦琐的。于是，产生了一些更复杂的并发工具用于解决这个问题，比如通信通道、并发容器、同步栅栏（barrier）、计数闩（countdown latch）、线程池等。这些工具可以更好地表达特定类型的并发编程模式，第 3 章会介绍其中一部分。

相比而言，传统的并发编程更底层一些，且容易出错，比如死锁、饥饿、数据争用和竞态条件（race condition）。使用 Scala 编写并发程序时，一般不会使用底层并发原语。不过，对底层并发编程有基本了解也是有价值的，这对进一步理解高层次的并发概念很有帮助。

1.1.2　现代并发编程范式

现代并发编程范式比传统方法更高级，关键的区别在于高层次的并发框架更关心如何表述目标，而不是如何实现目标。

在实践中，底层和高层并发之间没那么泾渭分明，而且一些并发框架进一步填充了两者之间的空白，形成了一个并发框架的谱系。不过，并发编程目前的发展趋势更倾向于声明式和函数式风格。

在第 2 章中会看到，并发计算一个值需要用到一个线程，该线程要定制其 run 方法，并用 start 方法启动，启动之后需要等待线程结束，然后到指定内存区域读取最后的结果。总而言之，并发计算过程就是并发地计算，然后等待结束通知。

但更好的并行计算方案是选择一种编程模型，将并发计算时的通信细节隐藏。这样，用户不会感觉到自己在等待，也不需要手动去内存中取结果，仿佛计算结果自然而然就产生了。异步编程中的一种称为 Future 的范式特别适用于这种声明式并发计算场合，这在第 4 章中会介绍。类似地，响应式编程（reactive programming）使用事件流，它以一种声明式的方式表达多个值的并发计算，详情参见第 6 章。

声明式编程风格在串行编程中也越来越普遍。像 Python、Haskell、Ruby 和 Scala 这样的语言使用函数式操作处理容器数据结构，并支持 "filter all negative integers from this collection" 这样的声明式语句。这种语句表述的是目标，而不是底层的实现方式，因此后台也就有了很大的并行优化空间。第 5 章将描述 Scala 中的数据并行容器（parallel collection）框架，用于在多核环境下对容器操作加速。

另一个高层次并发框架的发展趋势是专用化。软件事务性内存技术专门用于表达内存事务，却丝毫不关心如何启动并发执行。内存事务是指一连串内存操作，这些操作要么都执行，要么都不执行，这个概念类似于数据库事务。使用内存事务的好处是，避免了底层并发计算的常见错误。第 7 章详细解释了事务性内存。

一些高层次并发框架还致力于实现分布式计算的透明化。对数据并行框架和消息传递并发框架而言尤其如此，比如第 8 章中的角色模型（actor model）。

1.2　Scala 的优势

虽然 Scala 的发展势头很好，但其应用范围还没法和 Java 这样的"主流"语言相提并论。不过 Scala 的并发编程生态圈非常丰富而强大。几乎所有的并发编程样式都能在 Scala 的并发编程生态圈中找到，且处于活跃的发展之中。Scala 在不断扩展其并发计算领域，提供更多现代化的高层次的应用程序接口（Application Programming Interface，API）。Scala 在并发计算领域获得成功的原因有很多，主要的一个原因在于众多现代并发框架都能从 Scala 原生的灵活语法特性中获益，包括头等函数（first-class function）、传名参数、类型推理以及模式匹配等，这些特性在本书中都有介绍。通过这些语言特性，可以定义看起来具有原生语言特性的新 API。这样的 API 可以将不同的编程模型伪装成嵌入宿主语言 Scala 的领域语言，比如角色模型、软件事务性内存和 Future，它们看起来具有基础的语言特性，实际上只不过是第三方库。这样，Scala 成功将众多现代并发框架吸收进来，无须再为每一种并发编程模型设计一种新的语言。而且，相对于其他语言，较小的语法负担也吸引了不少用户。

Scala 发展良好的第二个原因在于它是一种安全的语言。原子垃圾回收、自动边界检测以及避免指针运算，让 Scala 避免出现内存泄露、缓冲区溢出等内存问题。此外，Scala 的类型安全性也消除了很多早期的编程错误。当涉及并发计算时，因为其本身问题可能就不少，所以少一个语言层面的问题，也就少了一些烦恼。

第三个重要原因在于 Scala 的互操作性。Scala 程序被编译为 Java 字节码，在 Java 虚拟机（Java Virtual Machine，JVM）上运行。Scala 程序可以与 Java 库无缝集成，从而充分利用 Java 庞大的生态圈。通常情况下，切换到不同的语言是很痛苦的，但对 Scala 而言，从 Java 切换过来则平缓和容易得多。这也是 Scala 的市场占有率越来越高的原因，而且一些 Java 兼容的框架也愿意选择 Scala 作为实现语言。

重要的是，Scala 运行在 JVM 上意味着 Scala 程序是跨平台的。不仅如此，鉴于 JVM 拥有定义良好的线程和内存模型，这也保证了 Scala 可以在不同类型的计算机上以相同的方式运行。为实现语义一致性，可移植性对串行程序非常重要，对并发计算更是如此。

说了 Scala 的不少优点，后文将介绍本书涉及的 Scala 语言特性。

1.3 准备工作

本书假设读者对串行编程有基本的了解。虽然建议读者至少熟悉一些 Scala 语言的知识，但对于本书来说，理解类似的语言（比如 Java 或 C#）也足够了。如果对面向对象编程中的概念有基本的了解，比如类、对象、接口（interface）等，则阅读本书也会更容易一些。同样，对函数式编程原则有基本理解，比如头等函数、纯洁性和类型多态性等，对阅读本书也有帮助，但这不是必需的。

1.3.1 执行一个 Scala 程序

为了更好地理解 Scala 程序的执行模型，先考虑使用一个简单的程序。在此程序中用 square 方法来计算数字 5 的平方，然后将结果输出到标准输出上。

```scala
object SquareOf5 extends App {
  def square(x: Int): Int = x * x
  val s = square(5)
  println(s"Result: $s")
}
```

使用简单构建工具（Simple Build Tool，SBT）运行这个程序时，JVM 运行时会分配程序所需的内存。这里考虑两种重要的内存区域：调用栈和堆对象。调用栈存储了程序的局部变量信息和当前方法的参数信息。堆对象中保存了程序分配的对象。为理解这两个区域的区别，考虑上述程序的执行过程，如图 1.1 所示。

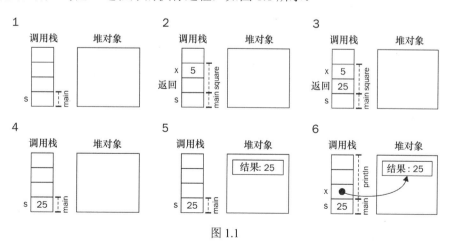

图 1.1

如图 1.1 中第 1 步所示，程序在调用栈中为局部变量 s 分配一个条目，在第 2 步中调用 square 方法计算局部变量 s 的值。程序将值 5 放在调用栈上，作为 x 参数的值。程序还保留了调用栈中的一个条目，用于存放方法的返回值。到这里为止，程序可以开始执行 square 方法了，让 x 参数与它自己相乘，并将返回值 25 放在调用栈中，如图 1.1 第 3 步所示。

square 方法返回之后，结果 25 被复制到局部变量 s 所在调用栈的位置上，如图 1.1 第 4 步所示。现在，程序必须为 println 语句创建一个字符串。在 Scala 中，字符串为 String 类的对象实例，程序会在堆对象上分配一个新的 String 对象，如图 1.1 第 5 步所示。如图 1.1 第 6 步所示，程序将对分配对象的引用保存在调用栈中的 x 位置上，然后调用 println 方法。

虽然这个过程被严重简化了，但它展示了 Scala 程序的基本执行模型。在第 2 章中，我们将了解到，每个执行的线程都会维护自己独立的调用栈，并且线程之间主要通过修改堆对象进行通信，而堆对象和局部调用栈之间的不一致造成了并发程序中的大部分错误。

了解了 Scala 程序的典型执行过程，现在就可以看一看 Scala 有哪些语言特性了。本章只介绍理解本书所必需的那些内容。

1.3.2　初识 Scala

本节简单描述和本书示例相关的 Scala 语言特性，以快速、粗略的介绍为主，并不是 Scala 的完整指南。

通过本节，读者可以回想起一些 Scala 语言特性，并能将其和自己熟悉的语言进行比较。如果想更深入地了解 Scala，请参考本章小结中提到的参考书目。

下面的示例代码定义了 Printer 类，它有一个 greeting 参数和两个方法：printMessage 和 printNumber。

```
class Printer(val greeting: String) {
  def printMessage(): Unit = println(greeting + "!")
  def printNumber(x: Int): Unit = {
    println("Number: " + x)
  }
}
```

上述代码中，printMessage 方法没有参数，只有一个 println 语句。printNumber 有一个 Int 类型的参数 x。两个方法都没有返回值，因此标识为 Unit 类型。下面的代码将此类实例化，并调用其方法。

```
val printy = new Printer("Hi")
printy.printMessage()
printy.printNumber(5)
```

Scala 支持单例对象的声明。这就像声明一个类，然后将其实例化。之前介绍过的 SquareOf5 就是一个单例对象，它适用于声明一个简单的 Scala 程序。下面的单例对象 Test 声明了字段 Pi，并将其初始化为 3.14。

```
object Test {
  val Pi = 3.14
}
```

在其他类似语言中，供类扩展的实体称为接口，Scala 中相似的概念则称为特质（trait）。Scala 的类可以扩展特质，而且 Scala 特质还支持具体的字段和方法实现。在下面的示例中，定义了 Logging 特质，它通过抽象的 log 方法输出自定义错误和警告信息，然后将此特质加入 PrintLogging 类中。

```
trait Logging {
  def log(s: String): Unit
  def warn(s: String) = log("WARN: " + s)
  def error(s: String) = log("ERROR: " + s)
}
class PrintLogging extends Logging {
  def log(s: String) = println(s)
}
```

类定义中可以有类型参数（type parameter）。下面的泛型 Pair 类有两个类型参数 P 和 Q，其决定了两个参数的类型。

```
class Pair[P, Q](val first: P, val second: Q)
```

Scala 支持头等函数对象，其也称为匿名函数。在下列代码中，声明了一个匿名函数 twice，它用于将参数乘以 2。

```
val twice: Int => Int = (x: Int) => x * 2
```

在上述代码中，(x: Int) 为匿名函数的参数部分，而 x * 2 则是函数体。=>符号必须位于匿名函数的参数和函数体之间。=>符号还用于表示匿名函数的类型，这里是 Int => Int，可念成"从 Int 到 Int"。在前面的示例中，函数类型标记 Int => Int 是可以省略的，因为编译器可以自动推理 twice 函数的类型，如下所示。

```
val twice = (x: Int) => x * 2
```

在一种更简洁的语法中，可以忽略匿名函数声明中的参数类型标记，如下所示。

```
val twice: Int => Int = x => x * 2
```

如果匿名函数的参数只在函数体中出现一次，甚至还可以表示得更简单一些，如下
所示。

```
val twice: Int => Int = _ * 2
```

Scala 对头等函数的支持表现在可以将代码块作为参数传给函数，从而得到一种更轻量级的简洁语法。在下面的示例中，使用传名参数（byname parameter）声明了 runTwice 方法，此方法将代码块执行两次。

```
def runTwice(body: =>Unit) = {
  body
  body
}
```

在传名参数的声明中，=>符号被置于类型之前。RunTwice 方法每引用一次 body
参数，这个代码块中的语句就会被重新执行，如下所示。

```
runTwice { // 将 Hello 输出两次
  println("Hello")
}
```

Scala 的 for 表达式可以对容器进行遍历和变换。下面的 for 循环输出 0～10 的数字（不包含 10）。

```
for (i <- 0 until 10) println(i)
```

上述代码中，区间由表达式 0 until 10 创建，它等价于 0.until(10)，即调用值 0 的 until 方法。在 Scala 中，当调用对象的方法时，句点符号可以忽略。每个 for 循环都等价于一个 foreach 语句。上述 for 循环会被 Scala 编译器编译成下链表达式。

```
(0 until 10).foreach(i => println(i))
```

Scala 的 for 推导式（comprehension）语句可实现数据的变换。下面的 for 推导式将 0～10 的数字都乘以-1。

```
val negatives = for (i <- 0 until 10) yield -i
```

negatives 中的值为-10～0 的负数。这个 for 推导式等价于下列 map 调用。

```
val negatives = (0 until 10).map(i => -1 * i)
```

for 推导式还支持多个输入数据的变换。下面的 for 推导式语句创建 0～4 的整数的所有二元组。

```
val pairs = for (x <- 0 until 4; y <- 0 until 4) yield (x, y)
```

上述 for 推导式等价于下列表达式。

```
val pairs = (0 until 4).flatMap(x => (0 until 4).map(y => (x, y)))
```

for 推导式中支持嵌入任意多个生成器表达式。Scala 编译器会将它们翻译成多个嵌套 flatMap，然后在最里层调用 map。

常用的 Scala 容器包括序列（sequence），记为 Seq[T]类型；映射（map），记为 Map[K, V]类型；集合（set），记为 Set[T]类型。在下面的示例中，创建了字符串的一个序列。

```
val messages: Seq[String] = Seq("Hello", "World.", "!")
```

本书使用了大量的字符串模板（string interpolation）功能。一般来说，Scala 字符串使用双引号。而字符串模板前面则多了一个 s 字符，字符串中间可以用$符号引用任何当前作用域中的标识符，如下所示。

```
val magic = 7
val myMagicNumber = s"My magic number is $magic"
```

模式匹配是另一个重要的 Scala 语言特性。对 Java、C#或 C 用户而言，理解 Scala 的 match 语句的一种办法是将其类比于 switch 语句。match 语句可以分解为任意多个子句，并支持用户在程序中简洁地表达不同的匹配情况。

在下面的示例中，声明了一个 Map 容器，名为 successors，它将整数映射到自己的直接后继。然后调用 get 方法来获得数字 5 的后继。get 方法返回了一个对象，类型为 Option[Int]，表示结果要么属于 Some 类（表示 5 在此映射中存在），要么属于 None 类（表示 5 不是此映射的一个键）。Option 对象上的模式匹配支持逐个情况的比对，如下所示。

```
val successors = Map(1 -> 2, 2 -> 3, 3 -> 4)
successors.get(5) match {
  case Some(n) => println(s"Successor is: $n")
  case None    => println("Could not find successor.")
}
```

在 Scala 中，大部分操作符可重载。操作符重载不同于重新声明一个方法。在下面的示例中，定义了一个 Position 类，它有一个+操作符。

```
class Position(val x: Int, val y: Int) {
  def +(that: Position) = new Position(x + that.x, y + that.y)
}
```

Scala 还支持定义包对象（package object），用于存储一个包的最外层方法和值定义。在下面的示例中，声明了 org.learningconcurrency 中的一个包对象。其中实现了最外层的 log 方法，用于输出指定的字符串和当前线程名称。

```
package org
package object learningconcurrency {
  def log(msg: String): Unit =
    println(s"${Thread.currentThread.getName}: $msg")
}
```

本书后面会一直使用这个 log 方法，它用于追踪并发程序的执行过程。

本节的 Scala 语言特性就介绍到这里了。如果想更深入地理解这门语言，建议参考 Scala 的串行编程入门图书。

1.4　小结

本章讨论了什么是并发编程和在并发编程中选择 Scala 的原因，并简单列举了本书的主要内容和内容组织，而且为了帮助读者理解后续章节，还特意介绍了必要的 Scala 基础知识。如果读者想要深入学习 Scala 的串行编程，建议阅读由马丁·奥德斯基（Martin Odersky）等人编写的图书《Scala 编程》。

第 2 章将介绍 JVM 上的并发编程基础知识，包括并发编译的基本概念、JVM 提供的底层并发编译工具，以及 Java 内存模型（Java Memory Model，JMM）。

1.5 练习

下面的练习用于测试读者对 Scala 编程知识的掌握程度，其覆盖了本章的内容和其他 Scala 特性。练习 8 和 9 对比了并发编程和分布式编程的区别。读者并不需要编写完整的 Scala 程序，可以用伪代码来解答练习中的问题。

1. 实现一个具有如下类型声明的 compose 方法。此方法必须返回一个函数 h，它是输入函数 f 和 g 的组合。

```scala
def compose[A, B, C]
(g: B => C, f: A => B): A => C = ???
```

2. 实现一个具有如下类型声明的 fuse 方法，若 a 和 b 都非空，则返回的 Option 对象应该包含 Option 对象 a 和 b 中的值的二元组（使用 for 推导式）。

```scala
def fuse[A, B]
(a: Option[A], b: Option[B]): Option[(A, B)] = ???
```

3. 实现一个 check 方法，其参数是类型为 T 的值的序列和类型为 T => Boolean 的函数，当且仅当 pred 函数对 xs 中所有的值都为真，并且不会抛出异常时，check 才返回真。

```scala
def check[T](xs: Seq[T])(pred: T => Boolean): Boolean = ???
```

check 的使用方法如下。

```scala
check(0 until 10)(40 / _ > 0)
```

> check 方法使用的是柯里化定义，即两个参数没有用一个链表表示，而是用两个链表表示。柯里化定义让函数调用语法更优雅，而且语义上等价于单个参数链表的定义方式。

4. 修改本章的 Pair 类，使它能够用于模式匹配。

> 如果读者从未做过，可以先熟悉一下 Scala 中的模式匹配。

5. 实现一个 permutations 函数，它将一个字符串变换为一个字符串序列，结果中每一个字符串都是输入字符串字母顺序的变换结果。

```
def permutations(x: String): Seq[String]
```

6. 实现一个 combinations 函数，输入是一个元素序列，输出是长度为 n 的所有可能组合的遍历器。组合指的是从一个元素集合中选出一个子集的方式，每个元素只被选择一次，只不过不关心元素子集中的次序。比如，给定序列 Seq(1, 4, 9, 16)，长度为 2 的组合包括 Seq(1, 4)、Seq(1, 9)、Seq(1, 16)、Seq(4, 9)、Seq(4, 16) 和 Seq(9, 16)。combinations 函数的定义声明如下（参见标准库文档中 Iterator 的 API）。

```
def combinations(n: Int, xs: Seq[Int]): Iterator[Seq[Int]]
```

7. 实现一个方法，输入是一个正则表达式，输出是一个部分函数。部分函数将一个字符串映射为此字符串中的匹配链表。

```
def matcher (regex: String): PartialFunction[String, List[String]]
```

如果没有找到匹配项，则这个部分函数不需要定义；否则此函数使用正则表达式输出匹配链表。

8. 假设读者和同事们同处一个办公室，各自有一个隔间，大家互相看不见对方，且不能说话（会吵到别人）。因为都被限制在隔间中，所以每个人都无法确认传递聚会消息的纸条是否已经到达目的地。在某一时刻，其中一人被叫到老板办公室，被永久"扣留"在那里。请设计一个算法，使大家能够确定何时能够聚会。除被老板叫走的那位之外，所有人都需要同时做出决定。如果有些纸条被递到目的地时发生随机性失误，则该如何改进算法？

9. 在练习 8 中，假设读者和同事们所在的办公室旁的大厅中有一个白板。每个人可以偶尔穿过大厅，并在白板上写字，但无法保证哪两个人能同时出现在大厅中。在这种设定下设计一个算法解决同时确定时间的问题，即用白板替代练习 8 中的纸条。

第 2 章
JVM 和 JMM 上的并发性

在某种程度上，所有非平凡的抽象都会被泄露。

—— 杰夫·阿特伍德（Jeff Atwood）

从诞生之日起，Scala 程序就主要运行在 JVM 上，这种设计也成就了众多的 Scala 并发库。Scala 的内存模型、多线程能力以及线程间同步，都继承自 JVM。绝大部分高层次的 Scala 并发构造都基于本章介绍的底层原语。这些原语是实现并发计算的基本方式，可以说，本章介绍的 API 和同步原语是 JVM 上的并发编程的基石。在大部分情况下，用户需要避免直接使用底层并发技术，而应该使用后文会介绍的高层次并发抽象构造技术。不过，用户还需要掌握一些基础知识，比如什么是线程、为什么保护块优于忙等待、内存模型有何用处等。有理由相信，明白这些问题有助于理解高层次并发抽象构造。尽管有人说需要了解实现细节的抽象不是好的抽象，但是理解抽象背后的基础知识还是很有益处的。实际上，所有抽象在某种程度上都是会泄露底层细节的。

接下来，本章不仅会介绍 JVM 的并发计算基础，还会讨论它们和 Scala 中的具体特性是如何交互的。具体而言，本章涉及如下主题。

- 创建和启动线程，并等待其结束。

- 通过对象监控器和同步语句在线程之间进行通信。

- 利用卫式代码块避免忙等待。

- 易失变量的语义。

- JMM 的规范及其重要性。

本章将介绍如何使用线程，这也是最基础的并发计算。

2.1　进程和线程

在现代抢占式多任务操作系统中，程序员基本无法指定一个处理器来运行程序。实际上，同一个程序可能同时运行在多个处理器上。在程序运行过程中，不同部分的可执行代码被分配到不同的处理器上，这个分配机制称为多任务，它是由操作系统负责的，计算机用户是看不见的。

历史上，在操作系统中采用多任务是为了改善用户体验，这样多个用户或程序就可以同时使用同一台计算机上的资源了。在合作式多任务操作系统中，程序可以决定何时停止使用处理器，并将控制权移交给其他程序。不过，这对程序员提出了更高的要求，且很容易造成程序无法及时响应。比如，某个下载管理器开始下载一个文件，它就需要及时移交控制权，否则，如果等到文件下载完成再移交控制权，用户体验就被破坏了。现在大部分操作系统依赖于抢占式多任务机制，这样每个程序都会不断被分配到某个处理器上的一小段处理时间。这些时间片断被称为时间片。因而，对应用开发者和用户而言，多任务的调度过程是不可见的。

同一个计算机程序可以被启动多次，这些被重复启动的程序甚至可以在同一个操作系统中同时运行。进程是正在运行的计算程序实例。当一个进程启动之后，操作系统会为它分配一部分内存和其他计算资源。然后，操作系统将进程指定给一个处理器，让进程在处理器的一个时间片上运行。一个时间片用完之后，操作系统可能会将处理器的下一个时间片分配给其他进程。需要强调的是，进程的内存和其他计算资源是私有的，进程之间不能直接访问对方的内存，也不能同时使用私有的大部分资源。大部分程序只有一个进程，有些程序则可能有多个进程。对于多进程的程序，程序内的不同任务分别由独立的进程处理。因为进程无法直接访问其他进程的内存，所以基于多进程的多任务程序的实现过程往往是非常烦琐的。

在多核计算机成为主流之前，多任务处理就已经非常重要。网页浏览器之类的大型程序需要将功能划分为多个逻辑子模块。浏览器的下载管理器用于下载文件，它和网页刷新或文档对象模型（Document Object Model，DOM）更新之间应该相互独立。当用户访问一个社交网站时，文件下载过程应该在后台运行，只不过这些独立的计算隶属于同一个进程。进程中独立的计算过程称为线程。在典型的操作系统中，线程数目是要大于进程数目的。

每个线程都描述了程序执行过程中的程序栈和程序计数器的当前状态。程序栈包含当前执行的一系列方法调用，以及每个方法的局部变量和参数。程序计数器描述了当前方法中指令的位置。处理器运行线程的方式是操作其程序栈的状态或程序对象的状态,然后执行当前程序计数器上的指令。当我们说一个线程执行一个操作(如将数据写入一个内存位置),指的是该线程所在的处理器执行了那个操作。在抢占式多任务操作系统中,线程的执行是由操作系统来调度的。程序员只能假设分配到每个线程的处理器时间是均等的。操作系统的线程是一种编程设施,通常表现为一种与操作系统相关的编程接口。和独立的进程不同,同一进程内的不同线程是可以共享内存的,因而通过内存的读写就可以实现线程之间的通信。另一种进程的定义方式是将它视为一个线程集合,再加上这些线程共享的内存和其他资源。

基于上述关于进程和线程之间关系的讨论,典型的操作系统可以通过一个简化版示意图展现出来,如图 2.1 所示。

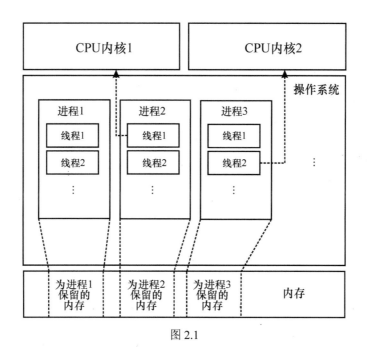

图 2.1

图 2.1 中的操作系统有多个进程同时在执行,图中只显示了前 3 个进程,每个进程都指定了确定的计算机内存区域。实际的操作系统的内存系统要复杂得多,这里只是简化的概念模型。

每个进程都可以包含多个操作系统线程,图 2.1 中的每个进程至少各包含两个线程。当前时刻,进程 2 的线程 1 在 CPU 内核 1 上执行,而进程 3 的线程 2 则在 CPU 内核 2 上执行。操作系统会周期性地将不同的操作系统线程指定到不同的 CPU 内核上,从而让所有进程都能持续执行。

介绍完了操作系统线程和进程的关系，接下来将要介绍 JVM 的相关概念。Scala 程序都是在 JVM 这种运行时上运行的。

启动一个新的 JVM 实例总会创建一个新进程。在这个 JVM 进程中，多个线程同时运行。JVM 将该进程的线程表示为 java.lang.Thread 类。和其他语言的运行时不同，比如相比 Python，JVM 并没有实现定制的线程。相反，每个 Java 线程都直接被映射为一个操作系统线程。这意味着 Java 线程与操作系统线程非常类似，而且 JVM 也需要遵守操作系统相关的限制条件。

Scala 是一种程序语言，在默认情况下其程序会被编译为 JVM 字节码。从 JVM 的角度看，Scala 的编译结果和其他 Java 程序的编译结果没什么区别。所以，Scala 程序可以直接调用其他 Java 库，在很多情况下，反过来操作也是可以的。Scala 重用了 Java 中的线程 API，理由有很多，首先是 Scala 可以直接和已有的 Java 线程模型交互，这就已经足够强大。其次，采用同样的线程 API 是出于兼容性考虑的，实际上，在 Java 线程 API 之外，Scala 也不会引入新东西了。

本章后文将介绍如何用 Scala 创建 JVM 线程、如何执行线程及如何实现线程通信。这些内容会通过多个具体的实例来讲解。当然，Java 专家完全可以忽略本章剩下的内容。

2.1.1 线程的创建和启动

每当创建新的 JVM 进程时，会默认创建几个线程。其中，非常重要的线程为主线程，它执行的是 Scala 程序的 main 方法。下面的程序将获得当前线程的名称，并将其输出到标准输出中。

```
object ThreadsMain extends App {
  val t: Thread = Thread.currentThread
  val name = t.getName
  println(s"I am the thread $name")
}
```

在 JVM 上，线程对象由 Thread 类表示。上面的程序使用静态的 currentThread 方法来获得当前线程对象的引用，并将其存储到局部变量 t 中。然后调用 getName 方法，获得此线程的名称。如果用 SBT 中的 run 命令运行这个程序，可得到如下输出。

[info] I am the thread run-main-0

正常情况下，主线程的名称应该就是 main 方法的名称。这里之所以不同，是因为

SBT 在 SBT 进程内的另一个线程中运行了这个程序。为确保程序运行在独立的 JVM 进程中，需要设置 SBT 的 fork 选项。

```
> set fork := true
```

重新执行 SBT 的 run 命令，可以看到如下输出。

```
[info] I am the thread main
```

每个线程都会经历多种线程状态。当一个 Thread 对象被创建时，它的初始状态为 new。当新线程对象开始执行时，它进入 runnable 状态。当线程对象完成执行时，它会变成 terminated 状态，并且无法再次执行。

启动一个独立的线程包含两步。第一步，需要创建一个 Thread 对象，它为线程栈和线程状态分配了内存。第二步，线程的启动需要调用此对象的 start 方法。下面示例中的 ThreadsCreation 应用展示了这个过程。

```scala
object ThreadsCreation extends App {
  class MyThread extends Thread {
    override def run(): Unit = {
      println("New thread running.")
    }
  }
  val t = new MyThread
  t.start()
  t.join()
  println("New thread joined.")
}
```

当一个 JVM 应用程序启动时，它会创建一种被称为主线程的特殊线程，此线程会调用指定类中的 main 方法，即本例中的 ThreadsCreation 对象。当 App 类被继承时，其 main 方法会自动出现在新的类中。在本例中，主线程首先创建 MyThread 类型的一个线程，然后将其赋值给 t。

接下来，主线程通过调用 t 的 start 方法启动了这个新线程。调用 start 方法会进一步执行新线程的 run 方法。首先，操作系统会获悉 t 必然已经开始执行。当操作系统决定将新线程指定到某个处理器时，后面的事情程序员就管不了了，不过操作系统必须确保线程一定会被执行。主线程启动新线程 t 之后，它会调用新线程的 join 方法。此方法会让主线程暂停执行，直到 t 完成执行。换一句话说，join 操作让主线程进入等待（waiting）状态，直到 t 终止。需强调的是，等待中的线程会将控制权交还给处理器，然后操作系统会将这个处理器指定给其他线程。

 等待中的线程通知操作系统它正在等待某个条件，并且停止消耗中央处理器（Central Processing Unit，CPU）时钟，而不会不停地检查条件是否满足。

同时，操作系统会找到一个可用的处理器，并让它运行子线程。一个线程执行的指令来自 run 方法，因此需要重载这个方法。MyThread 类的实例 t 在标准输出上输出字符串"New thread running."，并终止。然后操作系统被通知 t 结束了，于是主线程得以继续执行。操作系统将主线程重新设置为 running 状态，而且主线程会输出字符串"New thread joined."。这个过程如图 2.2 所示。

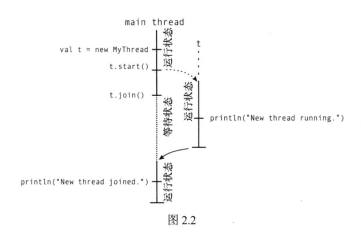

图 2.2

需要注意的是，"New thread running."和"New thread joined."总是依次先后输出。这是因为 join 方法会保证线程 t 在执行 join 之前结束。当运行 ThreadsCreation 时，速度太快了，以至于两个 println 语句几乎同时执行。那有没有可能使 println 语句的执行顺序取决于操作系统执行线程的策略呢？为了确认主线程确实在等 t 而不论操作系统怎么取舍，下面可以做一个实验。实验之前，先实现一个工具方法 thread，用于创建和启动一个新线程，因为当前的语法还是太烦琐了。这个 thread 方法的作用是在一个新创建的线程里执行一段代码。这一次，新线程将使用一个匿名的线程类，它在定义的同时就实例化了。

```scala
def thread(body: => Unit): Thread = {
  val t = new Thread {
    override def run() = body
  }
  t.start()
```

```
      t
    }
```

这个 thread 方法的输入是一个代码块，它会创建一个新线程，启动线程，并在 run 方法中执行这个代码块，然后返回新线程的一个引用，这样，在后续的代码中还可以继续调用其 join 方法。

使用 thread 方法来创建和启动线程让代码变得简洁多了。为了让本章后文的示例更加精简，后文会一直使用此方法。不过，在生产环境中，用户在使用 thread 方法之前就需要三思了。在高性能和代码简洁之间需要进行权衡；简单操作往往没有必要使用轻量级语法，特别是要避免像创建线程这样相对耗时的操作。

下面开始实验，首先要确保操作系统中所有处理器都是空闲的。为实现这一点，可以使用 Thread 类的静态 sleep 方法，此方法会让当前执行的线程延缓执行指定的毫秒数，即让当前线程进入定时等待（timed waiting）的状态。然后，操作系统在调用 sleep 之后将处理器分配给其他线程使用。当然，延缓的时间要比操作系统典型的时间片长一些，比如 10～100 ms。下面的代码展示了这个过程。

```
object ThreadsSleep extends App {
  val t = thread {
    Thread.sleep(1000)
    log("New thread running.")
    Thread.sleep(1000)
    log("Still running.")
    Thread.sleep(1000)
    log("Completed.")
  }
  t.join()
  log("New thread joined.")
}
```

ThreadsSleep 应用的主线程创建并启动了一个新线程 t，它先睡眠 1s，然后输出一些文本，重复这个过程几次，最后结束。主线程仍和之前一样调用 join 方法，并输出字符串"New thread joined."。

注意，这里用到了第 1 章定义的 log 方法，此方法在输出一个字符串的同时，还会输出调用 log 的线程的名称。

不管重复执行多少次 ThreadsSleep，最后输出的总是"New thread joined."。这个结果是确定的，同样的输入总是得到同样的输出，这和操作系统的调度策略无关。

不过，不是所有使用线程的程序都是确定性的。下面就是一个非确定性的应用程序。

```
object ThreadsNondeterminism extends App {
  val t = thread { log("New thread running.") }
  log("...")
  log("...")
  t.join()
  log("New thread joined.")
}
```

上述代码中，主线程中的 log("...") 语句和 t 线程中的 log 调用之间的顺序是不确定的。在一个多核处理器上多次执行这个程序，"New thread running." 有可能出现在两个 "..." 之前、中间或之后。其执行结果可能如下。

run-main-46: ...
Thread-80: New thread running.
run-main-46: ...
run-main-46: New thread joined.

也有可能是另外一种顺序，如下所示。

Thread-81: New thread running.
run-main-47: ...
run-main-47: ...
run-main-47: New thread joined.

大部分多线程程序都是非确定性的，因此多线程编程是非常难的，原因涉及多个方面。规模太大的程序会让程序员难以推断其确定性属性，多个线程之间的交互过程往往过于复杂。而且有些程序在逻辑上就是非确定性的。比如，一个网络服务器不可能预先知道哪个客户端会发来第一个请求，它只能假设这些请求发来的次序是任意的，并且要尽快进行处理。而客户端请求即使内容不变，次序不同也会表现出不同的行为。

2.1.2　原子执行

前面提到了一种线程间的通信方式，即等到某一时刻同时终止。被连接（被调用 join）的线程发出了自己已经运行结束的信息。不过，这个运行结束的信息实际上没太大用处，大部分时候，线程需要知道其他线程运行过程中的信息。比如一个线程在网页浏览器中渲染一个页面，它必须通知其他线程哪个统一资源定位系统（Uniform Resource Locator，URL）被访问了，这样其他线程就可以将访问过的 URL 渲染成不同的颜色。

事实上，线程的 `join` 方法还有另外一个属性。当一个线程被调用 `join` 方法时，它所有的内存写操作都会在 `join` 返回之前发生，而且这些写操作对调用 `join` 的那个线程是可见的。这个性质可由下面的示例展示出来。

```scala
object ThreadsCommunicate extends App {
  var result: String = null
  val t = thread { result = "\nTitle\n" + "=" * 5 }
  t.join()
  log(result)
}
```

在这个示例中，主线程永远不会输出 null，因为 `join` 调用总是在 `log` 调用之前发生，而线程中的赋值操作又发生在 `join` 返回之前。这种使用线程结果进行通信的模式是一种非常基础的线程间通信方式。不过，这个模式非常受限，它只支持单向通信，而且不能在执行过程中互相通信。而无限制的双向通信是非常普遍的。比如让多个线程并发生成互不相同的唯一标识符。下面是一个错误示例的前半部分。

```scala
object ThreadsUnprotectedUid extends App {
  var uidCount = 0L
  def getUniqueId () = {
    val freshUid = uidCount + 1
    uniqueUid = freshUid
    freshUid
  }
}
```

在上述代码中，首先声明了一个 uidCount 变量，它存储着那些线程生成的最后一个唯一标识符。这些线程都要调用 getUniqueId 方法来计算另一个未使用过的标识符，然后更新 uidCount 变量。在这个例子中，读取 uidCount 来初始化 freshUid，并将 freshUid 重新赋值给 uniqueUid，这两个操作并不一定一起发生。更准确地讲，它们不一定是原子性执行的，因为随时都可能有其他线程插入进来，从而打乱原来的节奏。接下来要定义一个 printUniqueIds 方法，输入为一个数字 n，该方法会生成 n 个唯一标识符，然后输出。这里使用了 Scala 的 for 推导式语句，将 0～n 的数字映射为唯一的标识符。最后，主线程会启动一个新线程 t，t 线程会调用 printUniqueIds 方法，主线程也会并发调用 printUniqueIds 方法。代码如下所示。

```scala
def printUniqueIds(n: Int): Unit = {
  {
  val uids = for (i<- 0 until n) yield getUniqueId()
```

```
        log(s"Generated uids: $uids")
    }
    val t = thread { printUniqueIds(5) }
    printUniqueIds(5)
    t.join()
}
```

多次运行这个程序之后，会发现两个线程产生的标识符不一定是唯一的；有时候结果正确，输出 Vector(1, 2, 3, 4, 5) 和 Vector(1, 6, 7, 8, 9)，有时候则结果完全错误！这个程序的输出结果取决于各线程的运行时机。

 竞态条件指的是并发程序的执行结果依赖于该程序中代码的执行调度的现象。

竞态条件不一定是错误的程序行为。不过，如果某个执行调度引起了意外的输出，则其竞态条件将被视为程序错误。上述示例中的竞态条件就是一种典型的程序错误，因为 getUniqueId 方法不是原子性的。假设 t 线程和 main 线程并发调用 getUniqueId。在第一行中，它们同时读取 uidCount，其初始值为 0，于是它们都认定自己的 freshUid 变量应该为 1。freshUid 变量是一个局部变量，所以它被分配在线程栈上，每个线程都各自存有这个变量的实例。然后，两个线程都决定将值 1 写回到 uidCount 中，并且写入的顺序是不确定的。最终的结果是，两个线程都得到了一个不唯一的标识符 1。过程如图 2.3 所示。

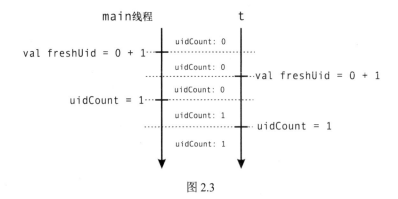

图 2.3

大部分程序员习惯于串行编程，所以在使用 getUniqueId 方法时就容易犯错误，显然串行思维和并发思维的差异极大。这种差异来自对 getUniqueId 方法原子性的假设。代码块的原子性执行意味着，当一个线程执行此代码块时，不能有其他线程插入进来。在原子性执行中，代码块中的表达式只能串行执行，从而保证 uidCount 得到正确的更新。getUniqueId 方法内部的代码依次对值进行读、改和写操作，这部分代码在 JVM 上不是原子性的。因此，需要构造一些语言结构来确保代码的原子性。Scala 中支持这种原子性执行的基础的结构称为同步语句（synchronized statement），这种结构可作用于任何对象。于是，getUniqueId 可以用同步语句重新实现，如下所示。

```scala
def getUniqueId() = this.synchronized {
  val freshUid = uidCount + 1
  uidCount = freshUid
  freshUid
}
```

synchronized 确保了只有在没有其他线程同时执行这个代码块，或同一个 this 对象上没有其他同步代码块（synchronized block）被调用时，该代码块才会被执行。在这里，this 对象是外围的单例对象，即 ThreadsUnprotectedUid。但是在一般情况下，this 也可能是外围的类或特质对象。getUniqueId 的并发调用过程如图 2.4 所示。

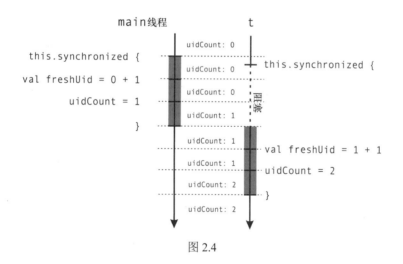

图 2.4

也可以直接调用 synchronized，而省略前面的 this，编译器会自动推断出外围的对象。但是这种做法一般不推荐，因为在错误的对象上进行同步会造成难以检测的并发错误。

显式地声明同步语句的作用对象是一个好习惯，这样做可以避免让程序出现奇怪而难以检测的错误。

JVM 保证了一个线程在某个对象 x 上执行 synchronized 语句时，该线程是 x 对象上唯一在执行 synchronized 语句的线程。如果线程 T 要在 x 上调用 synchronized 语句，而另一个线程 S 正在 x 上调用其他 synchronized 语句，那么线程 T 会进入阻塞（blocked）状态。一旦线程 S 完成 synchronized 语句的执行，那么 JVM 会让线程 T 开始执行它的 synchronized 语句。

JVM 内创建的每个对象都附带有一个特殊的实体，称为内蕴锁（intrinsic lock）或监控器（monitor），其作用是确保同时只有一个线程在该对象上执行某个 synchronized 代码块。当一个线程开始执行 synchronized 代码块时，我们称该线程获得了 x 的监控器的所有权，换句话说，获得了 x 的监控权。当一个线程执行完 synchronized 代码块后，我们称它释放了监控器。synchronized 语句是 Scala 在 JVM 上进行线程间通信的基本机制。只要在有可能出现多个线程同时访问并修改某个对象的字段时，就应该使用 synchronized 语句执行这些操作。

2.1.3　重排序

使用 synchronized 语句也是有代价的，比如说修改变量 uidCount 时使用 synchronized 语句进行保护，其代价会比通常的无保护写操作更大。synchronized 语句的性能代价取决于 JVM 的实现，但通常不会很大。有些程序员会误以为多个线程交替执行一些简单的程序代码并不会有什么负面作用，因而会避免使用 synchronized。但这是错误的，就像上述的唯一标识符的例子一样。下面是非同步代码导致严重错误的一个示例。

假设下面一个程序中有两个线程，即 t1 和 t2，它们访问两个布尔型变量 a 和 b 以及两个整型变量 x 和 y。线程 t1 将变量 a 设置为 true，然后读取 b 的值。如果 b 的值为 true，则线程 t1 将 y 赋值为 0，否则赋值为 1。线程 t2 则相反，它首先将 b 赋值为 true，然后当 a 为 true 时将 x 赋值为 0，否则赋值为 1。重复这个过程 100000 次，如下面代码所示。

```scala
object ThreadSharedStateAccessReordering extends App {
  for (i <- 0 until 100000) {
    var a = false
    var b = false
    var x = -1
    var y = -1
    val t1 = thread {
```

```
    a = true
    y = if (b) 0 else 1
  }
  val t2 = thread {
    b = true
    x = if (a) 0 else 1
  }
  t1.join()
  t2.join()
  assert(!(x == 1 && y == 1), s"x = $x, y = $y")
  }
}
```

这个程序不太好理解，需要仔细地讨论各种可能。通过分析线程 t1 和 t2 的可能出现的交替执行情况，可以得出结论：如果两个线程同时对 a 和 b 赋值，那么 x 和 y 都会被赋值为 0。

这种结果表明两个线程几乎同时执行，如图 2.5（a）所示。

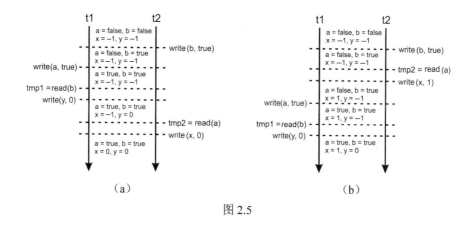

图 2.5

另一种情况是假设线程 t2 执行得更快。在这种情况下，线程 t2 会将变量 b 赋值为 true，并继续读取 a 的值。若访问 a 发生在线程 t1 对 a 赋值之前，那么 t2 读取的值将为 false，这时会将 x 赋值为 1。然后线程 t1 执行，它发现 b 为 true，于是将 y 赋值为 0。这些事件的发生如图 2.5（b）所示。注意，若 t1 先启动，则结果类似，得到 x=0 和 y=1，所以图 2.5 中并没有列出这种情况。

可以确定的是，无论两个线程执行代码的顺序如何，x=1 和 y=1 应该不可能在最后结果中同时出现。因而，最后的断言也应该永远不会抛出异常。

不过，执行这个程序几次之后，会得到如下输出，竟然出现 x 和 y 同时为 1 的情况。

`[error] Exception in thread "main": assertion failed: x = 1, y = 1`

这种结果违背了常识，无论如何也推理不出这种结果。问题出在 JMM 规范上，如果在某个特定的线程内代码语句的顺序不影响程序的串行语义，那么执行过程中 JVM 是允许这类重排序的。这是因为某些处理器并不会总以程序代码的顺序执行指令。此外，程序并不需要将所有的更新立即写到主存中，而是会将它们临时保存在处理器的寄存器中。这会最大程度地提升程序的执行效率，从而实现更好的编译优化。

既然这样，那么对于多线程程序要怎么样才能正确推理呢？刚才犯的错来自一个假设，就是一个线程的写操作会立刻反映到内存中并对另一个线程可见，但这种同步并不会自然而然发生。synchronized 语句就是实现正确的同步的基本方式。在对象 x 上执行 synchronized 语句产生的写操作不仅是原子性的，而且对所有在 x 上执行 synchronized 语句的线程而言都是可见的。将每个赋值语句都放在线程 t1 和 t2 的 synchronized 语句中，程序的行为就恢复正常了。

当多线程访问（读或写）某个共享状态时，记得在某个对象 x 上使用 synchronized 语句。这样，可确保任意时刻至多只有一个线程在 x 上执行 synchronized 语句。这还保证了线程 T 在对象 x 上进行的所有内存写操作，对所有其他随后也在 x 上执行 synchronized 语句的线程而言都是可见的。

在本章后文以及第 3 章的内容中，将会看到其他的同步机制，比如易失变量（volatile variable）和原子性变量。2.2 节会介绍其他 synchronized 语句的使用案例，以及对象监控器。

2.2　监控器和同步

本节将会详细探讨如何用 synchronized 语句进行线程间通信。如前文所述，synchronized 语句既保证了不同线程的写操作的可见性，还限制了共享内存的并发访问。一般来说，对共享资源的访问进行限制的同步机制称为锁。锁还被用于保证没有两个线程同时执行同一段代码，即这两个线程对这段代码的执行是互斥的。

前文提到过，JVM 上的每个对象都有一个特殊的内置监控器锁，也称为内蕴锁。当一个线程访问对象 x 上的 synchronized 语句时，若没有其他线程拥有 x 上的监控器，那么它就会获得此监控器。否则，该线程会等待监控器被释放。在获得监控器的同时，该线程也能看到释放该监控器的前一线程的所有内存写操作。

synchronized 语句的一个自然而然的性质是它可以嵌套。一个线程可以同时拥有属于不同对象的多个监控器。这对基于简单组件的大型系统而言是很有用的。用户并不能提前预知不同软件组件使用了哪些监控器。比如设计一个记录资金流水的在线银行系统，在系统中维护一个资金流水链表，用可变 ArrayBuffer 来实现。这个银行系统不会直接修改流水，但是会用一个 logTransfer 方法来添加新消息，此方法的调用与资金变化同步。ArrayBuffer 是针对单线程而设计的容器，所以需要对它进行并发写保护。下面的代码定义了一个 logTransfer 方法。

```scala
object SynchronizedNesting extends App {
  import scala.collection._
  private val transfers = mutable.ArrayBuffer[String]()
  def logTransfer(name: String, n: Int) = transfers.synchronized {
    transfers += s"transfer to account '$name' = $n"
  }
}
```

银行系统中除了日志模块之外，还用 Account 类来表示账户。Account 对象中保存了账户所有者 name 和资金数目 money。为了往账户中存钱，系统使用 add 方法来获得 Account 对象的监控器，并修改其 money 字段。银行的业务流程要求对大宗交易进行特殊处理，即如果转账数目超过 10 个货币单元，就需要记录日志。下面的代码定义了 Account 类及其 add 方法，add 方法用于在 Account 对象上添加数目为 n 的货币单元。

```scala
class Account(val name: String, var money: Int)
def add(account: Account, n: Int) = account.synchronized {
  account.money += n
  if (n > 10) logTransfer(account.name, n)
}
```

add 方法在 synchronized 语句内部调用 logTransfer，而 logTransfer 会首先获得 transfers 的监控器。值得注意的是，这个过程不需要释放 account 的监控器。如果 transfers 的监控器由另一个线程所有，当前线程将进入阻塞状态，而且它不会释放之前获得的监控器。

下面的示例中，应用程序创建两个独立的账户，由 3 个线程执行转账操作。一旦所有线程完成转账操作，主线程就将在日志中记录。

```
// 银行系统示例代码（续）
val jane = new Account("Jane", 100)
val john = new Account("John", 200)
val t1 = thread { add(jane, 5) }
val t2 = thread { add(john, 50) }
val t3 = thread { add(jane, 70) }
t1.join(); t2.join(); t3.join()
log(s"--- transfers ---\n$transfers")
```

此例中的 synchronized 语句避免了线程 t1 和 t3 并发修改 Jane 的账户。线程 t2 和 t3 还会访问 transfers 日志。这个简单的例子表明了嵌套的好处，因为用户并不知道银行系统中还有哪些组件可能使用了 transfers 日志。为了封装代码并提高代码的可重用性，独立的软件组件不应该显式地对银行转账日志操作进行同步；相反，同步应该隐藏在 logTransfer 方法内。

2.2.1　死锁

在上述银行系统的示例中，一个比较好的地方是 logTransfer 方法绝不会尝试获取 transfers 的监控器之外的其他锁。一旦获得了监控器，线程就开始修改 transfers 日志，然后释放监控器；在这种嵌套锁的栈中，transfers 总是最后出现。由于 logTransfer 方法是唯一对 transfers 进行同步的方法，因此它在同步 transfers 时不会无限阻塞其他线程。

死锁是一种经常出现的情况，两个或多个执行过程互相等待对方完成各自的操作。等待的原因在于每个执行过程都获得了某个资源的唯一访问权，而其他执行过程又恰好需要对方占有的那个资源。以日常生活为例，假设两位同事坐在咖啡馆中开始吃午餐（需要同时使用刀和叉子），一个同事拿叉子，另一个同事拿刀。双方都在等对方吃完饭，但又不交出自己的餐具，于是陷入了死锁，两个人都无法吃完午餐。至少，在领导来之前这个问题是无解的。

在并发编程中，两个线程同时获得两个不同的监控器，然后尝试获得对方的监控器时，死锁就发生了。双方都不释放自己的监控器，于是这两个线程进入阻塞状态，直到其中一个监控器被释放。

使用 logTransfer 方法绝不会造成死锁，因为多个线程在处理多个账户时也只会尝试获得同一个监控器，而这个监控器终究是会被释放掉的。现在，扩展介绍前面的银行系统示例，支持两个账户之间转账，代码如下。

```
object SynchronizedDeadlock extends App {
  import SynchronizedNesting.Account
```

```
def send(a: Account, b: Account, n: Int) = a.synchronized {
  b.synchronized {
    a.money -= n
    b.money += n
  }
}
}
```

这里从前文的示例中导入了 Account 类。send 方法是原子性的,它将数目为 n 的钱从账户 a 转给账户 b。要实现这一点,需要同时在两个账户上触发 synchronized 语句,以确保没有其他线程可以并发地修改其中任意一个账户。代码如下所示。

```
val a = new Account("Jack", 1000)
val b = new Account("Jill", 2000)
val t1 = thread { for (i<- 0 until 100) send(a, b, 1) }
val t2 = thread { for (i<- 0 until 100) send(b, a, 1) }
t1.join(); t2.join()
log(s"a = ${a.money}, b = ${b.money}")
```

现在,假设有两个新的银行客户 Jack 和 Jill,他们在开户之后很喜欢新的电子银行平台,于是登录之后互相转账小笔金额进行测试,他们"狂按"了 100 次转账键。很快,问题就来了。线程 t1 和 t2 分别执行 Jack 和 Jill 的请求,同时触发 send 方法,只不过转账的方向是反的。比如线程 t1 锁住账户 a,而 t2 锁住账户 b,但都不能锁住对方的账户。让 Jack 和 Jill 惊讶的是,新的转账系统并没有看上去那么美好。读者如果运行这个示例,也只能以关闭终端而告终,然后重启 SBT。

 当两个或多个线程获得资源控制权,在不释放自己的资源的同时却又循环申请对方的资源时,死锁就发生了。

那么,如何防止死锁发生呢?回忆一下,在银行系统的最初版本中,申请监控器的顺序是良定义的。单个账户的监控器被一个线程获得之后,transfers 的监控器才有可能被其他线程获得。有理由相信,只要资源的访问存在确定的顺序,就不会有发生死锁的风险。在线程 S 获得资源 X 之后,线程 T 要想访问 X 就只能等待,而此时 S 绝不会尝试访问 T 已经获得的任何资源 Y,因为 Y < X,所以 S 只会尝试获取资源 Z(Z > X)。资源之间的访问顺序打破了潜在的死循环,这是避免死锁的必要条件。

 因此,需要在所有资源之间建立一个全序,这可以保证不会出现几个线程循环互相等待其他线程已经获得的资源的情况。

在上面的例子中，同样需要在不同账户之间建立顺序。一种方法是使用之前定义的 getUniqueId 方法。

```
import SynchronizedProtectedUid.getUniqueId
class Account(val name: String, var money: Int) {
  val uid = getUniqueId()
}
```

这个新定义的 Account 类保证了没有两个账户拥有同样的 uid 字段，不论账户是哪个线程创建的。下面的 send 方法就是根据 uid 字段的顺序来申请资源的，这样就可以避免造成死锁。

```
def send(a1: Account, a2: Account, n: Int) {
  def adjust() {
    a1.money -= n
    a2.money += n
  }
  if (a1.uid < a2.uid)
    a1.synchronized { a2.synchronized { adjust() } }
  else a2.synchronized { a1.synchronized { adjust() } }
}
```

经过银行软件工程师的快速改进之后，Jack 和 Jill 又可以开心地互相转账了，阻塞的线程循环再也没有出现。在任何并发系统中，只要多个线程不释放自己已经获得的资源却又无限等待其他资源，就不可避免会造成死锁。不过，虽然死锁需要尽量避免，但是死锁并没有想象中那么可怕。从死锁的定义来看，值得安慰的是，出现死锁的系统不会再进一步执行了。开发者可以通过保存运行中的 JVM 实例的堆数据，分析线程的栈，然后快速解决 Jack 和 Jill 的问题；至少，死锁问题是很容易发现的，即使是在生产环境中也是如此。但竞态条件下的错误就不一样了，系统运行很长时间之后，其影响才会逐渐显现出来。

2.2.2　保护块

创建新线程的代价比创建 Account 之类的轻量级对象要大得多。高性能的银行系统要求能够快速响应，若对每个请求都创建新线程会拖慢系统的运行速度，特别在需要 1 s 内同时处理数千个请求时更是如此。同一线程应该能够被多个请求重用，这种可重用的线程的集合通常称为线程池。

在下列示例中，将定义一种特殊的称为工作（worker）线程的特殊线程，它将响应其他线程的请求，执行一个代码块。这里使用 Scala 标准库 collection 包中的可变类

Queue 来存储被调度的代码块。

```scala
import scala.collection._
object SynchronizedBadPool extends App {
  private val tasks = mutable.Queue[() => Unit]()
```

这里的代码块被表示为 `() => Unit` 类型的函数。worker 线程会反复执行 poll 方法，它会对 tasks 进行同步，以检查队列是否为空。从 poll 方法的定义可以看出，synchronized 语句也可以有返回值。在本例中，若还有任务未完成，就返回一个 Some 类型的可选值，否则返回 None。Some 对象包含了待执行的代码块。

```scala
val worker = new Thread {
  def poll(): Option[() => Unit] = tasks.synchronized {
    if (tasks.nonEmpty) Some(tasks.dequeue()) else None
  }
  override def run() = while (true) poll() match {
    case Some(task) => task()
    case None =>
  }
}
worker.setName("Worker")
worker.setDaemon(true)
worker.start()
```

在上面的代码中，worker 线程在启动之前被设置为守护线程。一般而言，JVM 进程并不会在主线程终止时结束，而是会等所有守护线程全部结束。当 asynchronous 方法向 tasks 中发送任务后，worker 线程会执行 tasks 中未完成的代码块，所以要将 worker 线程设置为守护线程。

```scala
def asynchronous(body: => Unit) = tasks.synchronized {
  tasks.enqueue(() => body)
}
asynchronous { log("Hello") }
asynchronous { log(" world!")}
Thread.sleep(5000)
```

执行上面的示例，可以看到 worker 线程会输出 Hello 和 world!。同时读者可以听一听自己计算机的风扇的声音，这会儿应该开始响一会儿了。打开 Windows 操作系统的任务管理器，或在 UNIX 操作系统的终端中执行 top 命令。可以发现一个 CPU 几乎被一个 java 进程占满了。原因应该很清楚了，等到 worker 线程完成任务，它会继续检查队列中是否有任务。我们称 worker 线程这样的状态为忙等待。忙等待是不必要的，因为这会无止境地占用处理器资源。不过，主线程结束时这些守护进程难道不应该也终止吗？一般情况下是这样的，但是本示例是在 SBT 所在的 JVM 进程中执行的，而 SBT 本身并未终止。而且 SBT 也有自己的非守护进程，所以这里的 worker 线程不会结束。为了让 SBT 在新进程中执行 run 命令，输入下列命令。

```
set fork := true
```

再次执行上述示例，这次主线程结束时 worker 线程也会跟着结束。但是忙等待的问题仍然存在，因为在大型系统中主线程不会很快结束。重复创建新线程是比较浪费资源的，而忙等待线程只会更浪费资源。只需几个这样的线程就能很快降低系统性能。忙等待只在极少数情况下是合理的，如果读者还是不确定它是否一定很危险，可以在自己的笔记本上执行上述示例，然后观察一下电池的耗尽速度。在这么做之前，记得保存好正在编辑中的文件，因为突然断电会导致数据丢失。

worker 线程更好的一种状态是休眠状态，类似于调用 join 之后线程的状态。worker 只会在 tasks 队列不为空时才需要被唤醒。

Scala 对象（以及一般的 JVM 对象）支持两个特殊的方法，称为 wait 和 notify，它们分别用于让线程休眠和唤醒休眠线程。当前线程只有拥有对象 x 的监控器，才允许执行 x 的这两个方法。换句话说，当线程 T 调用某对象的 wait 方法时，它会释放 x 的监控器，然后进入休眠状态，直到另一线程 S 调用同一对象的 notify 方法。线程 S 通常用于为 T 准备数据。如下面的示例，主线程传递 Some 类型的消息，然后 greeter 线程将其输出。

```
object SynchronizedGuardedBlocks extends App {
  val lock = new AnyRef
  var message: Option[String] = None
  val greeter = thread {
    lock.synchronized {
      while (message == None) lock.wait()
      log(message.get)
    }
  }
  lock.synchronized {
    message = Some("Hello!")
    lock.notify()
  }
  greeter.join()
}
```

上面的代码中出现了一种新的 AnyRef 类型的锁 lock（映射到 java.lang. Object 类），线程使用这个锁的监控器。线程 greeter 首先会申请获得这个锁的监控器，并检查 message 是否被设置为 None。如果为 None，则什么也不需要输出，然后线程 greeter 会调用 lock 上的 wait 方法，此时 lock 的监控器被释放。而主线程（之前在 synchronized 语句中被阻塞）则获得 lock 的监控器的所有权，它会设置 message 的值，然后调用 notify 方法。当主线程离开 synchronized 代码块时，它会释放 lock。这会导致 greeter 被唤醒、获得 lock，并检查是否又有消息了，如果有的话就输出。因为 greeter 尝试获得的监控器就是主线程之前释放掉的，主线程对 message 的设置发生在 greeter 线程查看消息之前。于是，可以看出线程 greeter 将会看到主线程设置的消息。在此例中，无论哪个线程先执行 synchronized 代码块，线程 greeter 都将输出 Hello!。

wait 的一个重要性质是它会引起虚假唤醒。有时候，JVM 允许在没有调用 notify 的情况下唤醒一个执行了 wait 的休眠线程。为了防止出现这种情况，需要用一个 while 循环反复检查状态，然后结合 wait 使用，如上面代码所示。使用一个 if 语句是不够的，因为即使 message 的值为 None，一个虚假唤醒也将允许线程执行 message.get。

 当线程发现满足唤醒条件时，它会获得监控器的所有权，这样就可以保证检查操作的原子性。注意，检查条件的那个线程必须获得监控器才能被唤醒。如果没有立即得到监控器，它会进入阻塞状态。

若 synchronized 语句在调用 wait 之前反复检查条件，那这个 synchronized 语句称为保护块。下面，就可以用保护块来提前避免 Worker 线程进入忙等待状态。使用监控器的 Worker 线程的完整代码如下所示。

```
object SynchronizedPool extends App {
  private val tasks = mutable.Queue[() => Unit]()
  object Worker extends Thread {
    setDaemon(true)
    def poll() = tasks.synchronized {
      while (tasks.isEmpty) tasks.wait()
      tasks.dequeue()
    }
    override def run() = while (true) {
      val task = poll()
      task()
    }
  }
```

```
Worker.start()
def asynchronous(body: =>Unit) = tasks.synchronized {
  tasks.enqueue(() => body)
  tasks.notify()
}
asynchronous { log("Hello ") }
asynchronous { log("World!") }
Thread.sleep(500)
}
```

在上面的示例中，声明的 Worker 线程是应用程序中的一个单例对象。和之前不一样的是，poll 方法在 tasks 对象上调用了 wait，然后一直等到主线程在 asynchronous 方法中往 tasks 中加了一个代码块，并调用 notify。执行这个示例，再看一看 CPU 使用情况。如果在执行忙等的示例后被迫重启了 SBT（假设现在电池还有电），则可以看到 Java 进程的 CPU 使用量是 0。

2.2.3　线程中断和平滑关闭

在上一个示例中，Worker 线程在它的 run 方法中无穷循环，永不终止。读者可能会不以为意，反正 Worker 在休眠时并没有使用 CPU，而且 Worker 是一个守护线程，总会在程序退出时结束。

不过，守护线程的栈空间在程序退出之前都会一直存在。如果休眠线程太多，内存就会被用完。结束休眠线程的一种方法是将它中断，代码如下所示。

```
Worker.interrupt()
```

当一个线程等待或计时等待时，调用其 interrupt 方法会抛出一个 Interrupted-Exption 异常。此异常可以被捕获和处理，但在这里，它的作用是终止线程 Worker。不过，如果对运行中的线程调用这个方法，这个异常就不会产生，而是设置线程的 interrupt 标志。对于不阻塞的线程必须周期性地用 isInterrupted 方法查询 interrupt 标志。

另一种结束线程的方法称为平滑关闭。在平滑关闭中，一个线程设置终止条件，然后调用 notify 来唤醒工作线程。然后，工作线程会释放它所有的资源，并顺利地结束。定义一个称为 terminated 的变量，如果其值为 true，就需要结束线程。在等待 tasks 之前，poll 方法会额外地检查此变量，如果 Worker 线程应该继续运行，poll 方法会选择性地返回一个任务。代码如下所示。

```
object Worker extends Thread {
  var terminated = false
  def poll(): Option[() => Unit] = tasks.synchronized {
    while (tasks.isEmpty && !terminated) tasks.wait()
    if (!terminated) Some(tasks.dequeue()) else None
  }
}
```

下面重新定义 run 方法,它会在模式匹配中检查 poll 方法是否返回 Some(task)。在此 run 方法中,不再使用 while 循环,而是在 poll 返回 Some(task) 时使用尾递归调用 run 方法。

```
import scala.annotation.tailrec
@tailrec override def run() = poll() match {
  case Some(task) => task(); run()
  case None =>
}
def shutdown() = tasks.synchronized {
  terminated = true
  tasks.notify()
}
```

然后,主线程就可以在 Worker 线程上调用同步化的 shutdown 方法,从而发送终止线程的请求。这里不再需要将 Worker 线程设置为守护线程,Worker 总是会自己结束运行的。

 为了确保这些工具线程能够不进入竞态条件,并正确地结束,可以使用平滑关闭的思想。

如果出现无法用 notify 唤醒线程的情况,则应该使用 interrupt 方法,而不用平滑关闭这一方法。比如,线程在一个 InterruptibleChannel 对象上阻塞 I/O,这时,被此线程调用 wait 方法的那个对象是隐藏的。

Thread 类还定义一个 stop 方法,这个方法不推荐使用,它会立刻终止线程,并抛出 ThreadDeath 异常。用户要避免使用这个方法,因为它会中断线程在任意点的运行,容易让程序数据处于不一致的状态。

2.3 易失变量

JVM 还提供了一种比 synchronized 代码块更轻量级的同步形式,称为易失变量。

易失变量可供于原子性读写，常用于表示状态标志。比如，标记某个计算是否完成、是否取消。这种方法有两个好处，第一是单个线程中易失变量的读操作和写操作不会重排序，第二是易失变量的写操作对其他线程是立即可见的。

 被标记为 volatile 的变量的读操作和写操作绝不会被重排序。如果对一个易失变量 v 进行写操作 W，这被另一个线程通过对变量 v 的读操作 R 观察到，那么在 W 之前该变量的所有写操作都可以在 R 之后观察到。

在下面的示例中，对多个页面的文本搜索至少一个感叹号字符。这些文本也许来源于某位流行科幻小说家，多个线程同时开始在各个页面中寻找感叹号字符。一旦有一个线程找到感叹号了，其他线程将停止搜索。

```scala
class Page(val txt: String, var position: Int)
object Volatile extends App {
  val pages = for (i<- 1 to 5) yield
    new Page("Na" * (100 - 20 * i) + " Batman!", -1)
  @volatile var found = false
  for (p <- pages) yield thread {
    var i = 0
    while (i < p.txt.length && !found)
      if (p.txt(i) == '!') {
        p.position = i
        found = true
      } else i += 1
  }
  while (!found) {}
  log(s"results: ${pages.map(_.position)}")
}
```

每个页面都由一个 Page 类来表示，包含一个特殊的 position 字段，其用于保存搜索到的感叹号的位置。found 标志表示已经由某个线程找到了感叹号。found 标志之前添加了 @volatile 注解，即将其声明为易失变量。当某个线程在一个页面中找到感叹号了，该页面的 position 会保存搜索到的感叹号的位置，而 found 标志会被设置为 true，这样其他线程就会提前结束搜索。不过，所有线程搜索完整个页面文本的情况是完全可能出现的，只是在这之前，它们发现 found 被设置为 true 的概率更大。因而，至少会有一个线程保存了感叹号的位置。

就这个示例而言，主线程会在找到感叹号（found 为 true）之前保持忙等待状态。当其找到之后，主线程会输出找到的感叹号的位置。注意，在那些线程中，position

的写操作发生在 found 的写操作之前，从而也发生在主线程发现 found 为 true 之前。这意味着，主线程总是能够检测到是否有哪个线程设置了 found，然后会输出至少一个感叹号的位置，而不会出现所有位置都是 -1 的情况。

本章的 ThreadSharedStateAccessReordering 示例可通过将所有变量声明为 volatile 来修复。在 2.4 节中可以看到，这么做可以保证 a 和 b 上读写操作的正确顺序。和 Java 不一样，Scala 支持声明局部（本示例指的是 for 循环的闭包）易失变量。对于闭包或嵌套类中的每个局部易失变量，Scala 都会创建一个带易失字段的堆对象。于是，可以称这些局部易失变量被提升为对象。

对易失变量进行读操作的代价通常是非常小的。不过，在大部分情况下，用户还是应该采用 synchronized 语句；易失变量的语义比较隐晦，且使用其时容易出错。另外，一个易失变量无法正确地实现 getUniqueId，而多个易失变量的读写操作不是原子性的，这时仍然需要同步。

2.4 JMM

虽然本章并没有明确说明，但是实际上已经定义 JMM 的大部分内容。那么，到底什么是内存模型呢？

一个语言的内存模型指的是一种规范，它描述了变量的写操作在什么情况下对其他线程可见。读者可以认为一个处理器修改了变量 v 之后就会立刻改变其相应的内存，然后其他处理器可瞬时发现 v 的新值。这种内存一致性模型称为顺序一致性。

但从 ThreadSharedStateAccessReordering 示例中可以看到，顺序一致性实际上只是用户的"一厢情愿"，处理器和编译器实际上并不是这么做的。写操作极少会立即作用于主存；在计算机系统中，处理器与主存之间存在着一个多级缓存结构，利用缓存可以提高性能，但只保证数据会最终写入主存。为了在不改变串行语义的情况下获得最优性能，编译器会利用缓存来推迟或避免主存写操作。这么做是合理的。虽然本书中的示例中有很多同步原语，但是在实际的程序中，每个线程用于实际计算的时间远远多于通信时间。

为了既保证并发程序的行为的可预测性，又让编译器最大程度地优化程序，内存模型实际上是一种权衡的产物。并不是每门编程语言或每个平台都有内存模型。比如，纯函数式编程语言就不支持变量修改，所以根本就不需要内存模型。

不同处理架构会导致不同的内存模型；如果不定义好 synchronized 语句或易失读写等操作的精确语义，则几乎无法正确编写出对所有平台都适用的 Scala 并发程序。Scala 继承了 JVM 的内存模型，该内存模型定义了一系列程序中各种行为的前发生（happens-before）关系。

在 JVM 中，这些行为包括易失读写、对象监控器的获取与释放、启动线程和等待线程结束等。如果一个行为 A 发生于行为 B 之前，则行为 B 可以发现行为 A 的内存写操作。不管程序运行在哪种机器上，这些前发生关系都是合法的；JVM 有义务确保这些关系的正确性。虽然前面已经提到这些规则的部分内容，但这里还是有必要给出一个概述。

- **程序指令顺序（program order）**：在线程中，程序指令顺序决定了它的各个行为之间的先后发生的顺序。

- **监控器锁定（monitor locking）**：对一个监控器的解锁发生在此监控器后续被锁定之前。

- **易失字段（volatile fields）**：易失字段的写操作发生在此易失字段后续的读操作之前。

- **线程启动（thread start）**：线程的 start 方法发生在此线程中所有行为之前。

- **线程终止（thread termination）**：一个线程中的任意行为发生在另一个线程完成其 join 方法之前。

- **传递性（transitivity）**：如果行为 A 发生在行为 B 之前，而行为 B 发生在行为 C 之前，则行为 A 发生在行为 C 之前。

虽然"前发生关系"这个名字有些奇怪，但这种机制确保了线程之间能够发现对方的写操作。但它并不用于建立程序中不同语句之间的时序关系。当我们说写操作 A 发生于读操作 B 之前，那么写操作 A 的结果对读操作 B 一定是可见的。而 A 是否在 B 之前发生则取决于程序的执行过程。

　　前发生关系描述了不同线程之间的写操作的可见性。

此外，JMM 还保证易失读写操作，以及监控器锁定和解锁都不会重排序。前发生关系确保了非易失读写操作也不能任意重排序。具体而言，前发生关系进行了如下保证。

- 非易失读操作不能通过重排序出现在程序指令顺序更靠前的程序易失读操作（或监控器锁定）之前。

● 非易失写操作不能通过重排序出现在程序指令顺序更靠后的易失写操作（或监控器解锁）之后。

还有一些高层的构造也构成了前发生关系，它们是基于上述规则而实现的。比如，interrupt 的调用发生在被中断的线程检测到此调用信号之前，这是因为在传统的实现方式中，interrupt 的调用是通过监控器来唤醒线程的。

后文介绍的 Scala 并发 API 也在各种方法调用之间建立了前发生关系。在这些情况下，程序员需要自己保证一个变量的写操作与所有此变量的新值的读操作构成前发生关系。如果做不到这一点，就会出现所谓的数据争用。

不可变对象和终态字段

前面介绍了使用前发生关系避免数据争用的必要性，但凡事有例外。如果一个对象只包含终态字段，而且对外围对象的引用在构造函数完成之前对其他线程不可见，那么，此对象可视为不可变的，共享时就无须使用同步了。

在 Java 中，终态字段通过 final 关键字来标识。在 Scala 中，将一个对象字段声明为 final 表示此字段的 getter 方法不能在子类中重载。如果一个字段被声明为 val，则它本身也是终态的。它们的区别如下面代码所示。

```
class Foo(final val a: Int, val b: Int)
```

上面的类定义对应于下列 Scala 编译器编译出来的 Java 类。

```
class Foo { // 以下为 Java 代码
  final private int a$;
  final private int b$;
  final public int a() { return a$; }
  public int b() { return b$; }
  public Foo(int a, int b) {
    a$ = a;
    b$ = b;
  }
}
```

注意，a 和 b 字段在 JVM 层面都是终态的，因此在共享时无须同步。区别在于 a 的 getter 方法无法在 Foo 的子类中重载。Scala 中的重新赋值意义下的终态和重载意义下的终态完全是两码事。

因为，Scala 同时采用了函数式编程和面向对象编程，它的很多语言特性实际上对应于不可变对象。一个匿名函数可以捕捉到外围类或被提升对象的引用，如下面代码所示。

```
var inc: () => Unit = null
val t = thread { if (inc != null) inc() }
private var number = 1
inc = () => { number += 1 }
```

局部变量 number 被匿名函数所捕捉，所以需要进一步提升。最后一行代码会被编译成如下匿名 Function0 类的实例。

```
number = new IntRef(1)       // 捕捉到的局部变量提升成了对象
inc = new Function0 {
  val $number = number       // 注意，val 声明表示终态字段
  def apply() = $number.elem += 1
}
```

这里的 inc 赋值和线程 t 对 inc 的读操作之间并不存在前发生关系。不过，如果线程 t 发现 inc 不为 null，调用 inc 仍然是正确的。这是因为 $number 字段已经正确初始化，它存储在不可变的匿名函数对象中。Scala 编译器保证匿名函数值中只包含正确初始化的终态字段。匿名类、自动装箱（auto-boxed）原语以及值类（value class）都有同样的理念。

不过，在本书使用的 Scala 中，某些容器虽然号称不可变，但是不能在不同步的情况下共享，比如 List 和 Vector。虽然它们的外部 API 不允许对其进行修改，但是它们包含了非终态字段。

 即使一个对象貌似不可变，稳妥起见，也应尽量通过正确的同步机制实现线程间的共享。

2.5　小结

本章介绍了关于并发编程中的常用概念，包括如下内容。

- 如何创建线程、启动线程以及等待线程终止。
- 如何通过修改共享内存和通过 synchronized 语句来实现线程间通信，注意，通信会导致线程陷入阻塞状态。

- 研究了利用锁的排序来避免死锁，以及利用卫式代码块来避免忙等待。

- 如何通过平滑关闭来终止线程。

- 何时用易失变量来通信。

- 如何避免竞态条件和数据争用等不必要的线程交互，这些情况是由于没有同步而产生的。

最重要的是，本章最后总结了理解多线程程序语义的正确方式是使用 JMM 定义的前发生关系。

本章介绍的语言原语和 API 都是比较底层的，其是在 JVM 上用 Scala 并发编程的基石，但用户只在少数情况下需要直接使用这些工具。一种情况是用户想要设计自己的并发编程库；另一种情况是不得不继续使用基于这些工具的旧版本的 API。虽然读者应尽量使用后文介绍的并发框架来编写并发 Scala 应用程序，但是本章介绍的思想对理解高层工具是很有帮助的，因为读者对后台的运行机理有更深入的见解。

如果读者想了解更多关于 JVM 和 JMM 的并行机制，推荐阅读布赖恩·格茨（Brian Goetz）等人编写的《Java 并发编程实战》。而对于进程、线程以及操作系统内部机制，推荐图书为由亚伯拉罕·西尔伯沙茨（Abraham Silberschatz）等人编写的《操作系统概念》。

第 3 章将介绍并发程序编程中更高级的工具，我们将学习利用执行器（executor）来避免直接创建线程，使用并发容器来实现线程安全的数据访问，以及用于防止死锁同步的原子性变量。这些高级抽象构造将解决本章中的基础并发原语存在的一些问题。

2.6 练习

在下列练习中，读者需要基于基本的 JVM 并发原语来实现高级并发抽象。有些练习提到了串行编程抽象概念的并发版本，并强调了串行编程和并行编程之间的重要区别。虽然读者不需要依次完成这些练习，但有些练习有先后依赖关系。

1. 实现一个 parallel 方法，它的参数是两个计算代码块 a 和 b，此方法用两个新线程来执行这两个代码块，并用一个二元组返回两者的计算结果，其声明如下。

```
def parallel[A, B](a: =>A, b: =>B): (A, B)
```

2. 实现一个 periodically 方法，它的参数是一个以 ms 为单位的时间参数 duration，以及一个计算代码块 b。此方法每隔 duration ms 用线程执行 b。此方法的声明如下。

```
def periodically(duration: Long)(b: =>Unit): Unit
```

3．实现一个 SyncVar 类，接口如下。

```
class SyncVar[T] {
  def get(): T = ???
  def put(x: T): Unit = ???
}
```

SyncVar 对象用于在两个或多个线程之间交换数据。刚创建的 SyncVar 是空的，满足如下要求。

● 调用空 SyncVar 对象的 get 方法会抛出异常。

● 调用 put 方法可为空 SyncVar 对象添加值。

当在 SyncVar 对象中添加了一个值之后，其被称为非空对象，满足如下要求。

● 调用 get 方法返回当前值，然后又变回空对象。

● 调用 put 方法会抛出异常。

4．练习 3 中的 SyncVar 对象使用起来有诸多不便，因为状态不对时其总会抛出异常。为 SyncVar 实现两个方法，isEmpty 和 nonEmpty。然后，实现一个生产者线程和一个消费者线程，由生产者线程将区间 0 until 15 中的数字传递给消费者线程并输出。

5．使用 isEmpty 和 nonEmpty 方法会导致忙等待，为 SyncVar 类添加如下方法。

```
def getWait(): T
def putWait(x: T): Unit
```

这些方法的语义类似于对应的 get 或 put 方法，只不过调用时不会抛出异常，而是进入等待状态，它们分别在 SyncVar 对象为空或不为空时立刻返回。

6．SyncVar 对象一次最多只能存一个值。实现一个 SyncQueue 类，它的接口与 SyncVar 相同，但最多可存 n 个值。参数 n 是由 SyncQueue 的构造函数指定的。

7．2.2.1 节中的 send 方法用于在两个账户之间汇款。而 sendAll 方法用于将多个账户的钱汇到同一个目标账户。实现 sendAll 方法，确保不会发生死锁。sendAll 方法的声明如下。

```
def sendAll(accounts: Set[Account], target: Account): Unit
```

8. 2.2.2 节中介绍的 asynchronous 方法使用先入先出（First Input First Output，FIFO）队列存储多个任务；在一个提交的任务被执行之前，所有之前提交的任务都需要被执行。在某些情况下，需要为不同任务指定不同优先级，比如让高优先级任务在提交到任务池之时就立刻执行。实现一个 PriorityTaskPool 类，它有一个 asynchronous 方法，声明如下。

```
def asynchronous(priority: Int)(task: =>Unit): Unit
```

只有一个工作线程从任务池中选择任务并执行。当此工作线程从任务池中选择了一个新的任务时，此任务必须具有最高优先级。

9. 扩展 PriorityTaskPool 类，使它支持多个工作线程 p，p 由 PriorityTaskPool 的构造函数指定。

10. 扩展 PriorityTaskPool 类，使它支持如下 shutdown 方法。

```
def shutdown(): Unit
```

当 shutdown 方法被调用时，优先级比 important 更高的任务必须要完成，而剩下的任务必须放弃。整型参数 important 由 PriorityTaskPool 类的构造函数指定。

11. 实现一个 ConcurrentBiMap 容器，它是一个并发的双向映射。在此映射中，每个键对应唯一的值，反之亦然。映射上的操作必须是原子性的。这个并发双向映射的接口如下。

```
class ConcurrentBiMap[K, V] {
  def put(k: K, v: V): Option[(K, V)]
  def removeKey(k: K): Option[V]
  def removeValue(v: V): Option[K]
  def getValue(k: K): Option[V]
  def getKey(v: V): Option[K]
  def size: Int
  def iterator: Iterator[(K, V)]
}
```

读者需要确保这个并发双向映射不会出现死锁。

12. 为练习 11 中的并发双向映射添加一个 replace 方法。此方法应该能够原子性地将一个键值二元组换成另一个键值二元组。

```
def replace(k1: K, v1: V, k2: K, v2: V): Unit
```

13. 测试练习 12 中的并发双向映射,在测试中,多个线程并发地插入上百万个键值二元组。当所有键值二元组插入完成时,使用另一个批次的线程将映射中的键、值反转,即将键值二元组(k1,k2)变成(k2,k1)。

14. 实现一个 cache 方法,将任意函数转换成带记忆功能的版本。当结果函数以任意参数被第一次调用时,其调用与原函数无异。只不过结果被记下来了,下一次调用时,如果还使用同样的参数,那么返回的将是之前记忆的结果。

```
def cache[K, V](f: K => V): K => V
```

读者需确保在多个线程并发调用时 cache 方法也能正常工作。

第 3 章
并发编程的传统构造模块

人们曾经希望自己的计算机像电话一样易用。如今，这个愿望终于实现了，因为我再也不会用自己的电话了。

——本贾尼·斯特劳斯特卢普（Bjarne Stroustrup）

第 2 章介绍的并发原语是在 JVM 上并发编程的基础。不过，这些原语比较底层，容易出错，通常情况下不建议直接使用。比如，这些底层并发工具容易引起数据争用、重排序、可见性、死锁、非确定性等问题。幸运的是，渐渐出现了一些抽象层级更高的并发数据结构，它们使用起来更安全，可用于实现一些常用的并发程序模式。虽然它们不一定能解决并发编程的所有问题，但是足以简化并发编程中的一些推理过程，从而也逐渐被很多语言的并发框架和软件库所采用，比如 Scala 语言。本章将拓展讲解第 2 章中的基础并发编程模型，介绍一些传统的并发数据结构及其使用方法。

并发编程模型涉及两个方面，第一个方面是程序的并发性表达，即给定一个程序，要确定它的哪些部分在何种条件下是可并发执行的。第 2 章提到，在 JVM 上可以声明和启动多个线程，本章将介绍一种更轻量级的机制来实现并发程序。第二个方面是数据访问的并发性，即给定一些并发执行过程，如何保证它们能正确地访问和修改程序数据。第 2 章讨论了基于底层工具的做法，比如 synchronized 语句和易失变量，本章要介绍的是更复杂的一些抽象结构。具体而言，包括如下内容。

● Executor 和 ExecutionContext 对象。

● 原子性原语的非阻塞性同步。

● 懒值的交互和并发性。

● 使用并发性队列、集合和映射。

● 如何创建进程并实现进程间通信。

本章的最终目标是实现一个安全的并发文件系统 API，即使用本章介绍的抽象结构，实现一个简单可重用的并发文件系统 API，并将其用于文件管理器或文件传输协议（File Transfer Protocal，FTP）服务器之类的应用中。这个示例将展示如何用这些传统并发性构造模块实现并发性程序，以及构建大型并发性软件。

3.1　Executor 和 ExecutionContext 对象

第 2 章讨论过，虽然 Scala 程序中的线程比 JVM 进程要轻量级很多，但是创建线程的代价仍然比分配对象的大很多，因为创建线程需要用到监控器锁，或需要更新某个容器中的元素。

如果应用程序需要执行大量的微小并发任务，且对吞吐量的要求很高，那么为每个任务都创建一个全新线程的代价就过于大了。

启动一个线程需要为它的调用栈分配一个内存区域，还需要有一个上下文用于线程切换，切换甚至要比执行并发任务本身更耗时。出于这个考虑，大多数并发性框架会提供工具来维护一个线程集合，让这些线程处于待命状态，以随时处理新出现的并发性任务。这种工具一般称为线程池。

为帮助程序员封装并发任务的各种执行策略，Java 开发工具包（Java Development Kit，JDK）提供了一种称为 Executor 的抽象接口。Executor 接口的使用比较简单，它只有一个 execute 方法，其参数是一个 Runnable 对象，在 execute 方法里可以调用这个 Runnable 对象的 run 方法。

Executor 对象决定了由哪个线程在何时调用 Runnable 对象的 run 方法，它可为某次调用专门启动一个新线程，也可以直接在当前调用线程中执行这个 Runnable 对象。通常情况下，Executor 对象会实现为一个线程池，它会从线程池中取出一个线程来执行 Runnable 对象，该线程与当前调用 execute 方法的线程并发执行。

JDK 7 中新实现了一种 Executor，称为 ForkJoinPool，位于 java.util.concurrent 包中。Scala 程序在 JDK 6 中也可以使用 ForkJoinPool 类，只不过这个类在 scala.concurrent.forkjoin 包中。

下面的代码片段展示了如何实例化一个 ForkJoinPool 类，然后向其提交一个异步任务。

```
import scala.concurrent._
import java.util.concurrent.ForkJoinPool
object ExecutorsCreate extends App {
```

```
val executor = new ForkJoinPool
executor.execute(new Runnable {
  def run() = log("This task is run asynchronously.")
})
Thread.sleep(500)
}
```

从上面的代码可以看到，需要先导入包 scala.concurrent，后文的示例都会假定这个包已经被导入了。

然后，新建一个 ForkJoinPool 类的实例，并赋值给 executor 变量。实例化之后，executor 的 execute 方法可接收一个 Runnable 对象，其任务是在标准输出中输出字符串。最后，还要调用 sleep 语句，以防止主线程在 Runnable 对象执行完 run 方法之前就结束了。注意，如果使用 SBT 运行此示例，且将 fork 设置为 false，则 sleep 语句可以省略。

那么，为什么一定需要 Executor 对象呢？从上面的示例可以看到，Executor 对象和 Runnable 对象是独立的，Executor 对象的代码改动不会对 Runnable 对象造成影响。因此，Executor 对象的作用是将并发计算定义和它的执行方式解耦合，从而，程序员可以集中精力确定哪些代码是可并发执行的，并将它们与调用方式（何时何地）分离开。

ForkJoinPool 类还实现了 Executor 接口的一个更复杂的子类型，称为 ExecutorService，它扩展了几个接口方法，其中重要的是 shutdown 方法。shutdown 方法用于保证 Executor 对象能够执行所有提交的任务，然后结束所有的工作线程，从而实现平滑的终止过程。这个方法可以不用显式调用，因为 ForkJoinPool 在终止线程方面做得比较好，它的线程默认都是后台线程，无须在线程结束时手动关闭。不过，程序员一般还是应该在创建 ExecutorService 之后调用其 shutdown 方法，特别是在程序终止之前。

 ExecutorService 对象的创建者有义务在不再需要此对象时调用其 shutdown 方法。

为确保所有提交到 ForkJoinPool 对象的任务都已经完成，还需要额外调用 awaitTermination 方法，并指定最大等待结束的时间。之前的 sleep 语句可以换成如下写法。

```
import java.util.concurrent.TimeUnit
executor.shutdown()
executor.awaitTermination(60, TimeUnit.SECONDS)
```

scala.concurrent 包定义了 ExecutionContext 特质，和 Executor 对象的功能类似，只不过它只针对 Scala 程序。在后文中可以看到，很多 Scala 方法都用 ExecutionContext 对象作为其隐式参数。

ExecutionContext 实现了抽象的 execute 方法，对应了 Executor 接口的 execute 方法，它还实现了 reportFailure 方法，参数为一个 Throwable 对象，此方法在某个任务抛出异常时会被调用。ExecutionContext 中还带了一个默认的执行上下文对象，称为 global，其内部使用了 ForkJoinPool 实例。

```
object ExecutionContextGlobal extends App {
  val ectx = ExecutionContext.global
  ectx.execute(new Runnable {
    def run() = log("Running on the execution context.")
  })
  Thread.sleep(500)
}
```

在前面的示例中，我们将从 ForkJoinPool 实例创建一个 ExecutionContext 对象，该实例的并行度为 2。这意味着 ForkJoinPool 实例通常在其池中保留两个工作线程。

在下面的示例中，我们将依赖于全局 ExecutionContext 对象。为了使代码更简洁，我们将在本章的 package 对象中引入 execute 便捷方法，该方法在全局 ExecutionContext 对象上执行代码块。

```
def execute(body: =>Unit) = ExecutionContext.global.execute(
  new Runnable { def run() = body }
)
```

Executor 和 ExecutionContext 对象是一个不错的并发编程抽象，但不是灵丹妙药。它们可以通过对不同任务重用同一组线程来提高吞吐量，但是如果这些线程变得不可用，则它们将无法执行任务，因为所有线程都在忙于运行其他任务。在下面的示例中，我们声明 32 个独立的执行，每个执行持续 2 s，并等待 10 s 完成。

```
object ExecutionContextSleep extends App {
  for (i<- 0 until 32) execute {
    Thread.sleep(2000)
    log(s"Task $i completed.")
  }
  Thread.sleep(10000)
}
```

　　读者可能希望所有执行都在 2 s 后终止，但事实并非如此。相反，在具有超线程的四核 CPU 上，全局 ExecutionContext 对象在线程池中有 8 个线程，因此它以 8 个线程为一批执行工作任务。2 s 后，将打印完成的 8 个任务的批处理，再过 2 s 后，将打印另一批任务，依此类推。这是因为全局 ExecutionContext 对象在内部维护着一个由 8 个工作线程组成的池，并且调用 sleep 会将它们全部置于定时等待状态。只有完成了这些工作线程中的 sleep 方法调用之后，才能执行另一批 8 个任务。情况可能更糟。我们可以启动 8 个任务，这些任务执行第 2 章介绍的保护块惯用法，而另一个任务是调用 notify 方法将其唤醒。由于 ExecutionContext 对象只能同时执行 8 个任务，因此在这种情况下，工作线程将永远被阻塞。我们说对 ExecutionContext 对象执行阻止操作可能会导致饥饿。

　　避免对 ExecutionContext 和 Executor 对象执行可能无限期阻塞的操作。

　　在了解了如何声明并发执行之后，我们将注意力转向通过处理程序数据来实现这些并发执行的交互方式。

3.2　原子性原语

　　第 2 章提到，除非使用恰当的同步，否则内存的写操作并不会立即发生。多个内存写操作并不一定是一次性完成的，即它们不是原子性的。内存写操作的可见性是由前发生关系来保证的，第 2 章采用了 synchronized 语句来实现前发生关系。使用易失变量是另一种更轻量级的方法，但其功能没那么强大。前文也提到过，光靠易失变量是无法正确实现 getUniqueId 方法的。

　　本节将研究原子性变量，它支持一次性执行多次内存读写操作。原子性变量是易失变量的近亲，但其表达能力更强，常用于在无须使用 synchronized 语句的情况下构造复杂的并发操作。

3.2.1　原子性变量

　　原子性变量表示支持复杂可线性化操作的内存地址。可线性化操作指的是对系统其他部分而言可瞬间发生的操作。比如，一次易失写操作是可线性化操作。而复杂可线性化操作中要至少包含两次读/写操作。在后文中，原子性操作指的就是复杂可线性化操作。

　　java.util.concurrent.atomic 包中定义了很多原子性变量,可用于支持多种类型的复杂可线性化操作,比如用 AtomicBoolean、AtomicInteger、AtomicLong

和 AtomicReference 类分别操作布尔型、整型、长整型和引用类型。第 2 章中的 getUniqueId 方法需要在每次调用线程时返回一个唯一的数值标识符，其实现采用了 synchronized 语句，此功能也可以用原子性长整型（AtomicLong）变量来实现。

```
import java.util.concurrent.atomic._
object AtomicUid extends App {
  private val uid = new AtomicLong(0L)
  def getUniqueId(): Long = uid.incrementAndGet()
  execute { log(s"Uid asynchronously: ${getUniqueId()}") }
  log(s"Got a unique id: ${getUniqueId()}")
}
```

这里定义了一个原子性长整型变量 uid，其初始值为 0，getUniqueId 方法中调用此变量的 incrementAndGet 方法。incrementAndGet 方法是一个复杂可线性化操作，它同时实现了读取 uid 的当前值 x，计算 x+1，然后将 x+1 写回到 uid 这 3 个操作。这些操作不会和其他 incrementAndGet 调用相互穿插，所以可保证得到唯一的数。

原子性变量还定义了其他方法，比如 getAndSet，它原子性地读取变量的值，然后设置新值，并返回原来的值。数值型原子性变量另外还定义了 decrementAndGet 及 addAndGet 方法。其实，这些原子性操作都是基于一个基础性的 compareAndSet 操作。compareAndSet 操作有时又称为比较并交换（Compare-And-Swap，CAS）操作，此操作先读取原子性变量之前的预期值和新值，然后只有在当前值等于预期值时，才原子性地将当前值换成新值。

　　CAS 操作是无锁编程的基础性构造。

CAS 操作在概念上等价于下面的 synchronized 代码块，但是更高效且在大多数 JVM 上不会发生阻塞，因为它是基于处理器指令实现的。

```
def compareAndSet(ov: Long, nv: Long): Boolean =
  this.synchronized {
    if (this.get == ov) false else {
      this.set(nv)
      true
    }
  }
```

这个 CAS 操作存在于所有类型的原子性变量中；compareAndSet 也在泛型类

AtomicReference[T] 中存在，此类用于存储类型为 T 的任意对象的引用，它的 compareAndSet 方法等价于如下代码。

```
def compareAndSet(ov: T, nv: T): Boolean = this.synchronized {
  if (this.get eq ov) false else {
    this.set(nv)
    true
  }
}
```

其中，如果 CAS 操作将当前值替换为了新值，则返回值为 true，否则返回值为 false。当使用 CAS 操作时，一般先要用原子性变量的 get 方法读取它的值。然后，基于读取的值计算出一个新值。最后，调用此 CAS 操作来修改之前读取的值，将其替换为新值。如果 CAS 操作返回 true，那么任务完成了，否则表示某个其他线程在刚才的 get 操作之后修改了原子性变量。

现在看一看具体例子中的 CAS 操作。首先，用 get 和 compareAndSet 方法重新实现 getUniqueId。

```
@tailrec def getUniqueId(): Long = {
  val oldUid = uid.get
  val newUid = oldUid + 1
  if (uid.compareAndSet(oldUid, newUid)) newUid
  else getUniqueId()
}
```

这次，线程 T 调用 get 方法来读取 uid 的值，并将其存储到局部变量 oldUid 中。注意，诸如 oldUid 的局部变量只能用于它们的初始化线程中，其他线程无法看到线程 T 中的 oldUid 变量。然后，线程 T 计算新值 newUid，这个操作并不是原子性的，有可能另一个线程 S 正在同时修改 uid 变量的值。只有不存在其他线程在 T 调用 get 之后修改 uid 的值时，线程 T 才能够通过 compareAndSet 成功修改 uid 的值。如果 compareAndSet 方法失败，此方法会通过尾递归重新调用一次自己。注解@tailrec 表示让编译器生成尾递归调用。换句话说，线程 T 有可能需要重试 CAS 操作，如图 3.1 所示。

 使用需重试 CAS 操作的方法时，一定要使用@tailrec 注解，它能产生尾递归调用。编译器会检查所有带这种注解的方法是否为尾递归的。

重试 CAS 操作是一种非常常见的编程模式，这种重试有可能产生无穷递归。不过，好消息是线程 T 中的一次 CAS 操作只会在另一线程 S 成功完成操作时才会失败；即使

这一部分系统原地踏步，至少其他部分仍然有进展。事实上，在实践中，`getUniqueId`
方法对所有线程"一视同仁"，而大部分 JDK 实现 `incrementAndGet` 的方式与这里基
于 CAS 的 `getUniqueId` 的实现方式类似。

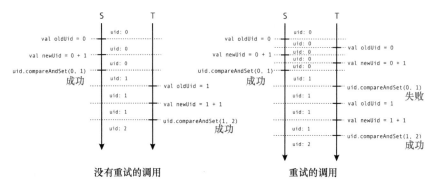

图 3.1

3.2.2　无锁编程

锁是一种同步机制，用于避免多个线程同时访问同一个资源。第 2 章介绍过，每个
JVM 对象都有一个内蕴锁，用于触发该对象上的 `synchronized` 语句。这个内蕴锁保
证至多只有一个线程能够执行该对象上的 `synchronized` 语句，实现方式是禁止其他
线程获得这个对象的锁。本节还会介绍其他关于锁的例子。

以前已经提到过，基于锁的并发编程容易引起死锁。另外，如果操作系统让某个线
程优先占用一个锁，那么可能会导致其他线程一直处于等待状态。相较而言，在无锁的
程序中，资源争用不太会影响程序的性能。

那么回到原来的问题，为什么要有原子性变量呢？因为原子性变量支持实现无锁的
操作。正如其含义，执行无锁操作的线程不会尝试获得任何锁。因而，很多无锁算法都
有更高的吞吐量。执行无锁算法的线程即使从操作系统处获得更高的优先级，也不会占
用任何锁，因而不会造成其他线程的临时阻塞。此外，无锁操作和死锁是"无缘"的，
因为在没有锁的情况下，线程也不可能被一直阻塞。前面介绍的基于 CAS 的
`getUniqueId` 方法就是一种无锁操作。在那个例子中，每个线程都不会去获取锁，因
而不会引起其他线程的阻塞。如果一个线程因为并发 CAS 操作而失败，它会立刻重启，
并尝试再次执行 `getUniqueId` 方法。

不过，不是所有基于原子性原语的操作都是无锁操作。使用原子性变量只是无锁操作的
必要条件，但不是充分条件。下面是一个反例，实现的是一个简单的 `synchronized` 语句。

```scala
object AtomicLock extends App {
  private val lock = new AtomicBoolean(false)
  def mySynchronized(body: => Unit): Unit = {
    while (!lock.compareAndSet(false, true)) {}
    try body finally lock.set(false)
  }
  var count = 0
  for (i<- 0 until 10) execute { mySynchronized { count += 1 } }
  Thread.sleep(1000)
  log(s"Count is: $count")
}
```

　　其中, mySynchronized 语句执行的是一个独立的代码块, 用到了原子性的布尔型变量 lock, 它用于决定某个线程当前是否调用 mySynchronized 方法。第一个线程通过 compareAndSet 方法将 lock 的值由 false 变成 true, 可以直接执行代码块 body。当此线程在执行 body 时, 其他调用 mySynchronized 方法的线程会对 lock 重复触发 compareAndSet 方法, 只不过都以失败告终。一旦 body 执行完成, 第一个线程会无条件地在 finally 语句中将 lock 的值修改回 false。于是, 另一个线程将可以成功执行 compareAndSet 方法, 再次重复这个过程。在所有任务完成之后, count 变量的值将总是 10。注意, 本例中当 lock 的值为 true 时, 调用 mySynchronized 的线程处于 while 循环的忙等待中。这样的"锁"是危险的, 比 synchronized 更甚。这个例子告诉我们, 编写无锁程序时需要注意, 一不小心就会产生一个伪装的锁。

　　第 2 章介绍过, 大多数现代操作系统使用抢占式多任务调度机制, 一个线程 T 可以随时被操作系统临时暂停。如果该线程正好占有一个锁, 则在锁未释放之前, 等待此锁的其他线程都将无法继续执行。因而, 这些线程只能等着操作系统恢复执行线程 T, 然后由 T 释放这个锁。这很不好, 因为在 T 被暂停时, 其他线程可能正在做很重要的事。这种状况可称为慢线程 T 阻塞了其他线程的执行。在无锁操作中, 慢线程不能阻塞其他线程的执行。如果多个线程并发执行一个操作, 那么这些线程至少有一个必须在有限时间内完成此操作。

 现在给出无锁的一种更形式化的定义。对于执行一个操作的多个线程, 不管各线程执行速度如何, 如果至少有一个线程总能在有限步骤内完成此操作, 那么该操作是无锁的。

　　从此定义来看, 实现无锁操作并不是一件容易的事, 而实现复杂的无锁操作更是难上加难。基于 CAS 的 getUniqueId 方法的实现确实是无锁的, 只有当 CAS 失败时线程才会进入循环, 而只有在某个线程成功执行 getUniqueId 的情况下, 才可能出现 CAS 失败的情况。这意味着某个线程在 get 和 compareAndSet 方法之间成功地用有限步骤执行了 getUniqueId 方法，这就证明了 getUniqueId 的实现确实是无锁的。

3.2.3　锁的实现

在某些情况下，锁其实是必要的。本节介绍一种基于原子性变量的锁的实现方式，而且这种实现不需要阻塞调用者。第 2 章介绍的内蕴锁的问题在于，线程无法确定一个对象的内蕴锁目前是否可获取。更糟的是，调用 synchronized 语句的线程在监控器不可用的情况下会马上被阻塞。有时候，用户会希望让线程在无法获得锁的情况下仍然能执行其他操作。

现在，回到本章开篇处提到的并发文件系统 API。确定锁的状态是在应用程序（如文件管理）中很实际的需求。在磁盘操作系统（Disk Operating System，DOS）和超级工具软件（Norton Commander）盛行的时代，一次文件复制就会阻塞整个用户界面，这时，用户就只能坐下来喝喝茶、聊聊天、打打游戏等，直到文件传输结束。然而，时代不同了，现代的文件管理器通常需要同时传输多个文件，或同时取消传输，或同时删除文件。本章的并发文件系统 API 必须满足如下要求。

- 如果一个线程正在创建一个新文件，那么此文件不能被复制或删除。
- 如果一个或多个线程正在复制文件，那么此文件不能被删除。
- 如果一个线程正在删除一个文件，那么此文件不能被复制。
- 在文件管理器中，一次只能有一个线程删除同一个文件。

这个并发文件系统 API 将支持并发的文件复制和删除。在本节中，要保证只有一个线程可以删除同一个文件。下面用 Entry 类来对单个文件或目录进行建模。

```
class Entry(val isDir: Boolean) {
  val state = new AtomicReference[State](new Idle)
}
```

Entry 类的 isDir 字段用于表示当前对象是否为目录或文件。state 字段描述了文件状态：文件是否空闲、在创建中、在复制中或将被删除。这些状态用 sealed 特质建模，命名为 State。

```
sealed trait State
class Idle extends State
class Creating extends State
class Copying(val n: Int) extends State
class Deleting extends State
```

注意，在 Copying 状态下，n 字段用于追踪目前有多少个复制操作。在使用原子性变量时，常常需要画一个状态图，用于描述原子性变量所在的不同状态。如图 3.2 所示，当生成一个 Entry 类的实例时，state 被立即设置为 Creating，然后变成 Idle 状态；之后，一个 Entry 对象可以在 Copying 状态和 Idle 状态之间不断来回变换；最后，有可能从 Idle 状态变成 Deleting 状态。当进入 Deleting 状态后，Entry 类将不能再被修改；这表示用户准备删除文件了。

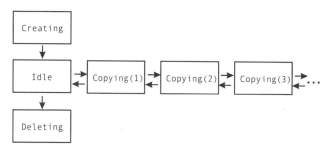

图 3.2

现在假设用户想要删除一个文件。在文件管理器中可能同时运行着多个线程，用户希望避免让两个线程同时删除同一个文件。于是，要求待删除文件必须处于 Idle 状态，而且使其变成 Deleting 状态的操作必须是原子性的。如果文件不处于 Idle 状态，删除文件时使用 logMessage 方法报错。logMessage 方法在后面会定义，读者现在只需假设它调用了 log 语句即可。

```
@tailrec private def prepareForDelete(entry: Entry): Boolean = {
  val s0 = entry.state.get
  s0 match {
    case i: Idle =>
      if (entry.state.compareAndSet(s0, new Deleting)) true
      else prepareForDelete(entry)
    case c: Creating =>
      logMessage("File currently created, cannot delete."); false
    case c: Copying =>
      logMessage("File currently copied, cannot delete."); false
    case d: Deleting =>
      false
  }
}
```

prepareForDelete 方法首先读取原子性引用变量 state，将其存储在局部变量

s0 中。然后，检查 s0 变量是否处于 Idle 状态，并尝试原子性地将其状态改成 Deleting 状态。和 getUniqueId 方法一样，失败的 CAS 操作表明存在其他线程也在改变 state 变量，此操作需要重复执行。如果有其他线程正在创建或删除一个文件，那么这个文件是无法被当前线程删除的，所以该方法只能返回 false。

state 原子性变量的行为就像锁一样，只不过它既不会产生阻塞，也不会产生忙等待。如果 prepareForDelete 方法返回 true，可知当前线程可以顺利地删除文件了，这也是唯一可以将 state 变量修改为 Deleting 状态的情况。不过，如果该方法返回 false，就需要在文件管理器用户界面中汇报错误，而不能只是简单地阻塞线程。

需要注意的是，在原子性引用类 AtomicReference 的变量 state 的新、旧值之间进行比较时，比较的是引用，而不是对象本身。

 在原子性引用变量上的 CAS 指令总是使用引用的等价性，而不会调用 equals 方法，即使 equals 方法重载了也不行。

串行 Scala 编程专家们可能会倾向于继承 State 类，然后通过重载 equals 方法来对值进行比较，但这种做法对 compareAndSet 方法无效。

3.2.4　ABA 问题

ABA 问题是并发编程中可能会出现的一种内存读写逻辑问题。当对同一内存区域进行两次读操作时，若得到相同的 A 值，一般会假设两次读操作之间此内存区域没有发生变化。但这一结论不一定可靠，因为在两次读操作之间有可能发生了先写入 B 值后又恢复为 A 值的情况，这就是所谓的 ABA 问题，它实际上是一种竞态，但也可能演变成程序错误。

假设将 Copying 实现成一个包含可变字段 n 的类。一种显然的想法是在多次调用中重用同一个 Copying 对象，在复制操作完成之后进一步调用释放和重新获取操作。但这种做法是非常不好的。

假设有两个方法 releaseCopy 和 acquireCopy，releaseCopy 方法假定 Entry 类处于 Copying 状态，并将其从 Copying 状态修改为另一个 Copying 状态或 Idle 状态。然后返回与之前状态相关联的旧的 Copying 对象。

```
def releaseCopy(e: Entry): Copying = e.state.get match {
  case c: Copying =>
    val nstate = if (c.n == 1) new Idle else new Copying(c.n - 1)
    if (e.state.compareAndSet(c, nstate)) c
    else releaseCopy(e)
}
```

acquireCopy 方法取出一个当前未被使用的 Copying 对象，然后尝试将之前使用过的 Copying 对象的状态替换旧的状态。

```
def acquireCopy(e: Entry, c: Copying) = e.state.get match {
  case i: Idle =>
    c.n = 1
    if (!e.state.compareAndSet(i, c)) acquire(e, c)
  case oc: Copying =>
    c.n = oc.n + 1
    if (!e.state.compareAndSet(oc, c)) acquire(e, c)
}
```

当一个线程调用 releaseCopy 方法时，它会保留旧的 Copying 对象。随后，同一线程可能在 acquireCopy 方法调用中重用这个 Copying 对象。这样做的本意是通过减少生成新的 Copying 对象来减小垃圾回收的压力，然而，这种做法会产生之前提到的 ABA 问题。

假设有两个线程 T1 和 T2，它们都调用了 releaseCopy 方法。它们同时读取 Entry 对象的状态 state，并生成一个新的状态对象 nstate，其值为 Idle。不妨假设线程 T1 先执行了 CAS 操作，并通过 releaseCopy 方法返回旧的 Copying 对象 c。接下来，假设有第 3 个线程 T3 调用 acquireCopy 方法，并将 Entry 对象的 state 修改为 Copying(1)。如果线程 T1 现在用旧的 Copying 对象 c 来调用 acquireCopy 方法，则 Entry 对象的 state 变成了 Copying(2)。注意，在目前的情况下，旧的 Copying 对象 c 被再次存到了原子性变量 state 内。如果线程 T1 现在尝试调用 compareAndSet 方法，它会成功执行并将 Entry 对象的状态设置为 Idle。显然，最后一次 CAS 操作将 Copying(2) 状态直接变成了 Idle，没有经过 Copying(1) 的状态，所以有一次状态获取被忽略了。

具体情况如图 3.3 所示。

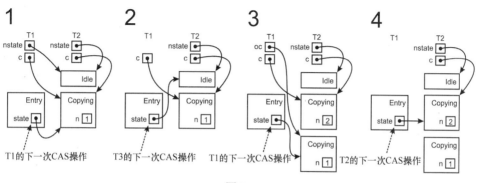

图 3.3

在前面的例子中，ABA 问题由线程 T2 的执行过程体现出来了。第一次读取用 get 方法读取 Entry 对象的 state 字段，然后第二次读取用的是 compareAndSet 方法。线程 T2 会假设 state 字段的值在这两次操作之间没有发生变化，因此产生了程序错误。

目前，并没有一般性的技术可以避免 ABA 问题，所以只能具体问题具体分析。不过，在诸如 JVM 的受控运行时上的 ABA 问题是可以通过下面的指南来解决的。

- 生成新的对象，然后将它们赋值给 AtomicReference 对象。
- 在 AtomicReference 对象内保存不可变对象。
- 避免将之前已经赋值给原子性变量的值被重新赋值。
- 在可能的情况下，单调递增数值型原子性变量，即要么严格递减，要么严格递增。

还有其他一些避免出现 ABA 问题的技术，比如指针掩码和风险指针，但是它们不适用于 JVM。

在某些情况下，ABA 问题并不会影响算法的正确性，比如，如果将 Idle 类变成单例对象，prepareForDelete 方法仍然正确。不管怎样，上述指南仍然是值得遵守的规范，至少可以简化无锁算法的推理过程。

3.3　懒值

接触过 Scala 串行编程的读者应该对懒值并不陌生。懒值指的是一种值的声明，其右侧表达式只有在第一次访问该值时才会被执行，然后实现其初始化。通常情况下的值的声明则不同，它在声明的同时就完成了初始化。如果一个懒值在程序中从未被访问过，则它绝对不会被初始化，从而避免了不必要的开销。通过懒值，用户可以实现诸如懒流（lazy stream）的数据结构。这些数据结构有助于减小持久性数据结构的复杂度，提升程序性能，并避免出现 Scala 的 mix-in 组合中的初始化顺序问题。

在实践中，懒值是极其有用的，在 Scala 中也会经常用到它。不过，并发程序中的懒值会产生意料外的行为，本节将讨论这方面的问题。注意，多线程程序中的懒值必须保持相同的语义；懒值只有在被某个线程访问时才会初始化，而且至多初始化一次。下面的例子会对读者有所启发，其中，两个线程访问两个懒值 obj 和 non。

```scala
object LazyValsCreate extends App {
  lazy val obj = new AnyRef
  lazy val non = s"made by ${Thread.currentThread.getName}"
  execute {
```

```
    log(s"EC sees obj = $obj")
    log(s"EC sees non = $non")
  }
  log(s"Main sees obj = $obj")
  log(s"Main sees non = $non")
  Thread.sleep(500)
}
```

从串行 Scala 编程的角度来看，一种较好的做法是用不依赖当前程序状态的表达式来初始化懒值。懒值 obj 遵循了这个原则，但 non 则没有。当第一次运行此程序时，读者会注意到，懒值 non 用主线程的名字来初始化。

```
[info] main: Main sees non = made by main
[info] FJPool-1-worker-13: EC sees non = made by main
```

当再次运行此程序时，读者会发现，non 的初始化用的是工作（worker）线程的名字。

```
[info] main: Main sees non = made by FJPool-1-worker-13
[info] FJPool-1-worker-13: EC sees non = made by FJPool-1-worker-13
```

上述例子告诉我们，懒值会受非确定性影响。非确定性懒值会带来难以完全避免的麻烦。Scala 中用了太多的懒值，比如单例对象就是用懒值实现的。

```
object LazyValsObject extends App {
  object Lazy { log("Running Lazy constructor.") }
  log("Main thread is about to reference Lazy.")
  Lazy
  log("Main thread completed.")
}
```

运行此程序可发现，Lazy 并不是在声明时被初始化的，而是在第 3 行第 1 次被引用时完成初始化的。在 Scala 中完全不使用单例对象是不现实的，而且单例对象一般比较大，它们可能包含了各种各样潜在的非确定性代码。

读者可能会认为一些非确定性代码是可以接受的。然而，非确定性有可能是危险的。在已有的 Scala 版本中，懒值和单例对象内部使用所谓的双检查锁机制（double-checked lock idiom）。这种并发程序机制确定了懒值在被线程访问时最多被初始化一次，从而让初始化之后的读操作的代价变得很小，而无须获得任何锁。也是由于这个机制，上述例子中的懒值 obj 的声明会被 Scala 编译器编译成如下代码。

```
object LazyValsUnderTheHood extends App {
  @volatile private var _bitmap = false
  private var _obj: AnyRef = _
  def obj = if (_bitmap) _obj else this.synchronized {
    if (!_bitmap) {
      _obj = new AnyRef
      _bitmap = true
    }
    _obj
  }
  log(s"$obj")
  log(s"$obj")
}
```

当一个类包含一个懒值字段时，Scala 编译器会为其额外定义一个易失字段 _bitmap。而私有的 _obj 字段一开始保存的是未初始化的值。当 obj 访问器（getter）将一个值赋给 _obj 字段时，它会将 _bitmap 字段设置为 true，表示此懒值已经被初始化。此访问器后续的调用可通过检查 _bitmap 字段来判断是否可以从 _obj 字段读取懒值。

访问器 obj 首先检查 _bitmap 字段是否为 true。如果 _bitmap 为 true，说明懒值已经被初始化，从而访问器会返回 _obj。否则，访问器 obj 会尝试获得当前对象的内蕴锁，比如这里的 LazyValsUnderTheHood 对象。如果在 synchronized 代码块内部 _bitmap 仍然未设置，访问器会执行 new AnyRef 表达式，将其赋值给 _obj，然后将 _bitmap 设置为 true。此后，此懒值就会被视为已初始化。注意这里的 synchronized 语句，再结合对 _bitmap 是否为 false 的确认，共同确保最多只有一个线程可以初始化懒值。

 双检查锁机制确保了每个懒值都至多被一个线程初始化。

双检查锁机制是比较健壮的，可同时确保懒值的线程安全和高效。不过，在其外围对象上的同步却有可能出现问题。考虑下面的例子，其中两个线程尝试同时初始化两个懒值 A.x 和 B.y。

```
object LazyValsDeadlock extends App {
  object A { lazy val x: Int = B.y }
  object B { lazy val y: Int = A.x }
  execute { B.y }
  A.x
}
```

在串行程序中，访问 A.x 或 B.y 都会导致栈溢出。初始化 A.x 需要调用 B.y 的访问器，但 B.y 又并没有被初始化。初始化 B.y 反过来又会调用 A.x 的访问器，于是造成无穷递归。不过，在此例中，主线程和工作线程似乎可以同时访问 A.x 和 B.y，只是读者大概需要重启 SBT 了。当 A 和 B 都被初始化之后，它们的监控器同时被两个不同的线程所获得。每个线程都需要获得另一个线程所拥有的锁，而双方都不愿放弃自己的监控器，因而造成死锁。

懒值之间的循环依赖在串行和并发 Scala 程序中都是不支持的，区别在于串行时会造成栈溢出，而并发时会造成死锁。

 要避免懒值之间的循环依赖，否则会造成死锁。

上述例子不太可能出现在实际代码中，但是懒值和单例对象之间的循环依赖却更加有害且更难察觉。实际上，除了直接访问，还有很多在懒值之间制造循环依赖的方法。懒值初始化会在其值可用之前阻塞线程。在下面的例子中，初始化表达式使用了第 2 章中的 thread 方法，用于启动一个新线程，并完成 join 操作。

```
object LazyValsAndBlocking extends App {
  lazy val x: Int = {
    val t = ch2.thread { println(s"Initializing $x.") }
    t.join()
    1
  }
  x
}
```

此例中只有一个懒值，但最终仍然不能避免死锁。新线程尝试访问 x，但它还没被初始化，因为主线程已经获得 x 的锁。另一方面，主线程等待另一线程结束，所以两个线程都没法"前进一步"。

虽然此例中的死锁是显而易见的，但在大型代码库中，循环依赖在不经意间就会发生。在一些情况下，循环依赖甚至是非确定性的，且只在特定系统状态下才发生。为了防止循环依赖发生，就需要使懒值初始化表达式中完全不出现阻塞。

 绝对不要在懒值初始化表达式或单例对象构造函数中触发阻塞操作。

即使懒值没有自我阻塞，死锁也是有可能发生的。在下面的例子中，主线程在外围对象上调用 synchronized 语句，启动一个新线程，并等待其结束。新线程尝试初始化懒值 x，但它需要等待主线程释放监控器。

```
object LazyValsAndMonitors extends App {
  lazy val x = 1
  this.synchronized {
    val t = ch2.thread { x }
    t.join()
  }
}
```

这类死锁并不限于懒值，只要使用 synchronized 语句就可能会发生。问题在于 LazyValsAndMonitors 的锁被用到了两个完全不同的上下文中：懒值初始化的锁和主线程中某个特定逻辑的锁。为防止两个不相干的软件组件使用同一个锁，synchronized 语句只能用在独立且私有的对象上，这类对象就是专门用于提供锁的。

绝对不要在公共对象上使用 synchronized 语句；坚持在独立且私有的简单对象上进行同步操作。

虽然本书极少用不同的对象进行同步操作，但这只是为了让例子更精简一些。在编写实际代码时，一定要坚持这个原则。这不限于懒值的使用，只用私有锁总是能减少死锁发生的可能性。

3.4 并发容器

读者可以从第 2 章对 JMM 的讨论中得出结论，多个线程同时修改 Scala 标准库中的容器对象，会造成无法预料的数据损坏。这是因为标准容器的实现没有使用线程锁。可变容器对象背后的数据结构可能会非常复杂，因而，在没有同步的情况下，预测它们的状态是几乎不可能的。下面的例子展示了两个线程往 mutable.ArrayBuffer 中添加数字。

```
import scala.collection._
object CollectionsBad extends App {
  val buffer = mutable.ArrayBuffer[Int]()
  def asyncAdd(numbers: Seq[Int]) = execute {
    buffer ++= numbers
    log(s"buffer = $buffer")
  }
  asyncAdd(0 until 10)
```

```
asyncAdd(10 until 20)
Thread.sleep(500)
}
```

执行此程序会发现，它并没有输出 20 个不同的数组元素，要么输出随机的结构，要么在运行时抛出异常。这两个线程同时修改了数组内部的状态，因此造成了数组损坏。

 一般不要用多个不同线程访问同一个可变容器对象，除非使用了恰当的同步机制。

同步的方案有多种。其中一种是使用不可变容器，然后用同步机制实现线程间的共享。比如，可以将不可变数据结构存储在原子性引用变量内。在下面的代码片段中，定义了 AtomicBuffer 类，它支持并发的 "+=" 操作。在此操作中，先从原子性引用变量 buffer 中读取当前不可变的 List 值，并创建一个包含 x 的新的 List 对象。然后，触发一个 CAS 操作，来原子性地更新 buffer。如果 CAS 操作不成功，此操作会重新执行。

```
class AtomicBuffer[T] {
  private val buffer = new AtomicReference[List[T]](Nil)
  @tailrec def +=(x: T): Unit = {
    val xs = buffer.get
    val nxs = x :: xs
    if (!buffer.compareAndSet(xs, nxs)) this += x
  }
}
```

将不可变容器和原子性变量或 synchronized 语句结合起来使用，程序会比较简单，但是如果太多线程同时访问一个原子性变量，也可能会导致可扩展性问题。

如果一定要使用可变容器，那么需要将相关操作置于 synchronized 语句中。

```
def asyncAdd(numbers: Seq[Int]) = execute {
  buffer.synchronized {
    buffer ++= numbers
    log(s"buffer = $buffer")
  }
}
```

只要容器操作在 synchronized 语句中不会造成阻塞，这种方案还是不错的。实际上，此方案支持为容器操作实现卫式代码块，这在第 2 章中的 SynchronizedPool 例子中已经介绍过。不过，如果有太多线程同时尝试获得锁，则 synchronized 语句同样会导致可扩展性问题。

最后小结一下，并发容器指的是可以不同步而在多线程环境下安全使用的容器。除线程安全的相应容器操作之外，有些并发容器还提供了其他一些表现力更强的操作。从概念上看，同样的操作完全可以用原子性原语、synchronized 语句或卫式代码块来实现，但是并发容器在性能和可扩展性上优秀得多。

3.4.1　并发队列

并发编程中采用的一种常见模式是生产者—消费者模式。在此模式下，不同部分的计算任务的责任被划分给不同的线程。比如，在 FTP 服务器中，一个或多个线程负责从磁盘上读取大文件的数据块。这些线程被称为生产者。另外一些线程则负责将数据块发送到网络中，这类线程称为消费者。两者之间的关系是，消费者必须响应生产者创建的工作要素。通常情况下，两者之间并不会很好地同步，所以工作要素需要先缓存起来。

支持这种缓存功能的并发容器被称为并发队列。并发队列有 3 种主要的操作，包括用于生产者往队列中加入工作要素的 enqueue 操作；用于消费者从队列中删除工作要素的 dequeue 操作；另外，还有 inspect 操作，用于在不改变队列内容的前提下检查队列是否为空，或检查下一个元素的值。

并发队列可以是有界的，指的是队列中只能保存有限个元素，否则，称为无界的。当有界队列中的元素数目达到最大值时，此队列称为满的。不同版本的 enqueue 和 dequeue 操作的语义会有所差别，主要体现在如何处理满队列添加元素的情况和空队列删除元素的情况。并发队列需要采用不同的方式处理这些特例。在单线程编程中，串行队列满了或空了，通常会在这些特殊情况发生时返回诸如 null 或 false 的特殊值，或直接抛出异常。在并发编程中，空队链表示生产者暂时还没有添加元素，而满队链表示消费者还没来得及删除队列中的元素。出于这种理解方式，有些并发队列使用阻塞式 enqueued 和 dequeue 实现方式，即让调用者处于阻塞状态，直到队列不满或非空为止。JDK 在 java.util.concurrent 包中提供了 BlockingQueue 接口，它用于提供多种高效的并发队列实现。为了不重复造轮子，Scala 将这些并发队列纳入自己的并发工具箱中，因而并没有专门实现阻塞队列的特质。

BlockingQueue 接口包含了多个版本的基本并发队列操作，每一种都有稍微不同的语义。表 3.1 中列出了不同版本的 enqueue、dequeue 以及 inspect-next 方法。

如表 3.1 第二列所示，inspect、dequeue 和 enqueue 抛出异常的版本分别为 element、remove 和 add；当队列为空或 null 时，会抛出异常。诸如 poll 和 offer 的方法返回 null 或 false 这样的特殊值。这些方法的延时版本会阻塞调用者一段时间，然后返回一个元素或特殊值。而阻塞版本则会阻塞调用者，直到队列不为空或不再满为止。

表 3.1

操作	异常	特殊值	延时	阻塞
dequeue	remove():T	poll():T	poll(t:Long,u:TimeUnit):T	take():T
enqueue	add(x:T)	offer(x:T):Boolean	offer(x:T,t:Long,u:TimeUnit)	put(x:T)
inspect	element:T	peek:T	—	—

ArrayBlockingQueue 类是一种有界阻塞队列的具体实现。当创建 ArrayBlockingQueue 类时，需要指定其容量，即队列满员时的元素数目。如果生产者潜在的生产速度超过了消费者的处理速度，则需要使用有界队列。否则，队列会不断增大，以至于耗尽所有系统内存。

另一种具体的队列实现为 LinkedBlockingQueue。这种队列是无界的，其应用于消费者总是比生产者效率更高的情况。它是本章并发文件系统 API 的日志模块的理想实现工具。日志必须返回用户执行代码时的反馈。在一个文件管理器中，日志是在用户界面（User Interface，UI）内为用户产生消息，而在 FTP 服务器中，这些反馈会通过网络发送。为了让示例简洁一些，这里只是将消息输出在标准输出上。

对于并发文件系统 API 不同组件产生的各种消息，可以使用 LinkedBlockingQueue 容器进行缓存。将此队列声明为一个称为 messages 的私有变量。独立的守护进程 logger 会不断调用 messages 的 take 方法。由表 3.1 可知，take 方法是阻塞式的，它会阻塞 logger，直到队列中有消息为止。然后，logger 线程会调用 log 来输出消息。之前 prepareForDelete 方法中用过的 logMessage 方法只是简单地调用 messages 队列的 offer 方法。其实，还可以调用 add 或 put，只是因为这是一个无界队列，所以这些方法永远不会抛出异常或阻塞。

```
private val messages = new LinkedBlockingQueue[String]
val logger = new Thread {
  setDaemon(true)
  override def run() = while (true) log(messages.take())
}
logger.start()
def logMessage(msg: String): Unit = messages.offer(msg)
```

上面的这些方法以及前面定义的 prepareForDelete 方法都被放进了 FileSystem 类。为了测试此类，实例化 FileSystem 类，并调用其 logMessage 方法。一旦主线程终止了，logger 线程会自动停止。

```
val fileSystem = new FileSystem(".")
fileSystem.logMessage("Testing log!")
```

串行队列和并发队列之间的一个重要区别在于并发队列具有弱一致性遍历器。
iterator 方法产生的遍历器可在生成之时用于遍历队列中的元素。但是，如果在遍历
结束之前有一个 enqueue 或 dequeue 操作结束了，此遍历器就可能完全失效，它可能
会反映修改情况，也有可能不会。考虑下列示例，其中，一个线程遍历并发队列，而另
一个线程删除其元素。

```
object CollectionsIterators extends App {
  val queue = new LinkedBlockingQueue[String]
  for (i <- 1 to 5500) queue.offer(i.toString)
  execute {
    val it = queue.iterator
    while (it.hasNext) log(it.next())
  }
  for (i <- 1 to 5500) queue.poll()
  Thread.sleep(1000)
}
```

主线程创建了一个包含 5500 个元素的队列，然后启动一个并发任务，它用于创建遍
历器并逐个输出队列中的元素。同时，主线程开始以同样的顺序删除队列中的所有元素。
此程序的运行结果会比较奇怪，用户会期待输出 1～5500 的连续数字，但实际上可能会
输出类似于 1、4779 和 5442 这样的无意义结果。出现这种情况时，称这个遍历器不是
一致的。它既没有崩溃也没有抛出异常，但是不会返回一个和某时刻的队列保持一致的
元素集合。除极少数特例外，绝大多数并发数据结构的遍历器会有这样的效果。

> 创建一个并行数据结构的遍历器时，需要确认直到该遍历器的 hasNext
> 返回 false 时都没有其他线程修改该数据结构，这样才能安全地使用这个
> 遍历器。

JDK 中的 CopyOnWriteArrayList 和 CopyOnWriteArraySet 容器则是例外，
但只要这些容器对象发生修改，其内部数据就会被复制，因此效率很低。后文会介绍
scala.collection.concurrent 包中的 TrieMap，这是一种并发容器，用于在不
复制内部数据的情况下创建一致性遍历器，并支持遍历过程中的任意修改。

3.4.2　并发集合和映射

并发 API 设计者们执着于为程序员们提供类似于串行编程的接口，而前文介绍的并

发队列就是典型的例子。其主要应用场景是生产者—消费者模式，而 BlockingQueue 接口还额外提供了相关方法的阻塞版本，这与串行编程中的队列就更像了。并发映射和并发集合分别是在多线程下能够安全访问的映射和集合容器。类似于并发队列，它们也保留了相应的串行容器的 API。但和并发队列不同的是，它们并没有阻塞操作。原因在于其主要应用场景不是生产者—消费者模式，而是程序状态的编码。scala.collection 包中的 concurrent.Map 特质包含了不同的并发映射的实现。本章的并发文件系统 API 用它来追踪文件系统中的文件。

```
val files: concurrent.Map[String, Entry]
```

这个并发映射包含了路径和相应的 Entry 对象，也是前文的 prepareForDelete 所用到的那些 Entry 对象。当创建 FileSystem 时，这个并发映射就会产生。本节的示例中，需要在 build.sbt 文件中添加下面的依赖项，以便用 Apache Commons IO 库处理文件。

```
libraryDependencies += "commons-io" % "commons-io" % "2.4"
```

这里只允许 FileSystem 对象追踪特定目录（称为根目录）中的文件。若用字符串"."来实例化 FileSystem 对象，根目录即示例代码的工程目录。这样，可以保证数据安全，最坏的情况也只不过是不小心将所有示例代码删掉。FileSystem 类的定义如下面的代码片段所示。

```
import scala.collection.convert.decorateAsScala._
import java.io.File
import org.apache.commons.io.FileUtils
class FileSystem(val root: String) {
  val rootDir = new File(root)
  val files: concurrent.Map[String, Entry] =
    new ConcurrentHashMap().asScala
  for (f <- FileUtils.iterateFiles(rootDir, null, false).asScala)
  files.put(f.getName, new Entry(false))
}
```

这里首先调用 java.util.concurrent 中的 ConcurrentHashMap 方法，并调用 asScala 将它封装成一个 Scala 中的 concurrent.Map 特质。此方法可用于封装大部分 Java 中的容器，只要像本例一样，将 decorateAsScala 中的内容全部导入进来即可。asScala 方法让 Java 容器也可使用相应的 Scala 容器和 API。FileUtils 类中的 iterateFiles 方法返回一个 Java 遍历器，它能遍历某个目录中的文件；在推导式中只能用 Scala 遍历器，因此还需要调用一次 asScala。iterateFiles 方法的第一个参数指定了根目录,第二个可选参数指定了文件的过滤器。最后的参数 false 表示不在根目录的子目录中递归扫描。这里采取了比较安全的方式,只让 FileSystem 访问根目录下的文件。然后,通过并发映射的 put 方法,将每个文件 f 连同一个新的 Entry 对象添加到 files 中。这里不需要使用 synchronized 语句,因为并发映射是线程安全的,它会处理好同步的问题。put 操作是原子性的,它与之后的 get 操作之间构成了一种前发生关系。其他方法也有类似的性质,比如从并发映射中删除键值二元组的 remove 方法。现在,就可以使用 prepareForDelete 方法来实现原子性的删除操作了,它会将文件锁定,然后从 files 映射中删除,于是有如下的 deleteFile 的实现方式。

```scala
def deleteFile(filename: String): Unit = {
  files.get(filename) match {
    case None =>
      logMessage(s"Path '$filename' does not exist!")
    case Some(entry) if entry.isDir =>
      logMessage(s"Path '$filename' is a directory!")
    case Some(entry) => execute {
      if (prepareForDelete(entry))
        if (FileUtils.deleteQuietly(new File(filename)))
          files.remove(filename)
    }
  }
}
```

如果 deleteFile 方法发现此并发映射中存在指定的文件名,它会调用 execute 方法来异步地删除此文件,以免阻塞调用者线程。由 execute 触发的并发任务调用了 prepareForDelete 方法。如果 prepareForDelete 方法返回 true,则调用 Commons IO 库中的 deleteQuietly 方法是安全的。此方法从磁盘上物理地删除文件。如果删除文件成功了,files 中会删除这一个文件名。

下面的示例中,假设新建了一个称为 test.txt 的新文件,用来测试 deleteFile 方法(这里使用新文件进行测试,而非项目构建定义文件)。

```scala
fileSystem.deleteFile("test.txt")
```

如果再调用这行代码,logger 线程会报告文件并不存在。这时,查看操作系统文件管理器,可以发现 test.txt 确实不存在了。

concurrent.Map 特质还定义了几个复杂可线性化方法。复杂可线性化操作指的是涉及多次读写的操作。在并发映射的场合中,一个方法如果多次调用 get 和 put 方法，但它们都是在单个时间点上执行的，那么此方法是复杂可线性化操作。这样的方法在并发编程中是非常强大的工具。前面已经介绍过，易失读写不足以实现 getUniqueId 方法，还需要 compareAndSet 方法辅助。相较而言，并发映射上的类似方法就有优势了。原子性映射上的不同原子性方法的总结如表 3.2 所示。注意，和 CAS 指令不同，这些方法使用结构性等式来比较键和值，而且它们调用 equals 方法。

表 3.2

类型声明	描述
putIfAbsent(k:K,v:V):Option[V]	如果 k 不在映射中，则原子性地将值 v 赋给键 k。否则，返回 k 在映射中的值
remove(k:K,v:V):Boolean	如果键值二元组(k,v)在映射中，则原子性地将其删除，删除成功后返回 true
replace(k:K,v:V):Option[V]	原子性地将值 v 赋给键 k，然后返回 k 原来的值
replace(k:K,ov:V,nv:V):Boolean	如果 k 原来的值为 ov，则原子性地将值 nv 赋给键 k，成功后返回 true

回到正题，下面看看这些方法是如何方便地实现并发文件系统 API 的。现在，先实现 FileSystem 类的 copyFile 方法。读者可回忆一下图 3.2 所示的状态变换，copy 操作仅仅发生在文件处于 Idle 或 Copying 状态时，然后还需要原子性地将文件状态从 Idle 变成 Copying，或将 Copying 变成另一种 Copying 状态，并将 n 递增。可以通过 acquire 方法实现这一点，如下所示。

```
@tailrec private def acquire(entry: Entry): Boolean = {
  val s0 = entry.state.get
  s0 match {
    case _: Creating | _: Deleting =>
      logMessage("File inaccessible, cannot copy."); false
    case i: Idle =>
      if (entry.state.compareAndSet(s0, new Copying(1))) true
      else acquire(entry)
    case c: Copying =>
      if (entry.state.compareAndSet(s0, new Copying(c.n+1))) true
      else acquire(entry)
  }
}
```

当一个线程完成文件的复制之后，还需要释放 Copying 锁，这是由一种 release 方法实现的，它将递减 Copying 状态的计数，或将 Copying 状态修改为 Idle 状态。注意，此方法必须在文件创建之后调用，以便将 Creating 状态切换至 Idle 状态。到目前为止，在 CAS 操作失败之后进行重试的编程模式对读者而言应该是小菜一碟了，如下所示。

```
@tailrec private def release(entry: Entry): Unit = {
  Val s0 = entry.state.get
  s0 match {
    case c: Creating =>
      if (!entry.state.compareAndSet(s0, new Idle)) release(entry)
    case c: Copying =>
      val nstate = if (c.n == 1) new Idle else new Copying(c.n-1)
      if (!entry.state.compareAndSet(s0, nstate)) release(entry)
  }
}
```

现在，已经完成所有实现 copyFile 方法所需的准备工作。此方法会先检查 files 映射中是否存在 src 项，如果存在，copyFile 会启动一个并发任务来复制文件。此并发任务尝试获得此文件的控制权，复制文件，并创建一个处于 Creating 状态的新的 destEntry 文件项。然后调用 putIfAbsent 方法，它会原子性地检查目标文件路径是否位于映射中。如果不在，则添加 (dest,destEntry)。此时，srcEntry 和 destEntry 这两项都处于锁定状态，所以 Commons IO 库中的 FileUtils.copyFile 可用于进行磁盘上的复制操作。一旦复制完成，srcEntry 和 destEntry 都会被释放。

```
def copyFile(src: String, dest: String): Unit = {
  files.get(src) match {
    case Some(srcEntry) if !srcEntry.isDir => execute {
      if (acquire(srcEntry)) try {
        val destEntry = new Entry(isDir = false)
        destEntry.state.set(new Creating)
        if (files.putIfAbsent(dest, destEntry) == None) try {
          FileUtils.copyFile(new File(src), new File(dest))
        } finally release(destEntry)
      } finally release(srcEntry)
    }
  }
}
```

读者大概会认为这个 copyFile 方法不太对。假设第一次调用 get 检查 dest 是否在映射中，然后调用 put 将 dest 放入映射。这会让另一个线程的 get 和 put 步骤插入进来，从而可能覆盖 files 映射中的已有项。于是，putIfAbsent 方法的重要性就体现出来了。concurrent.Map 特质从 mutable.Map 特质中继承了一些非原子性的方法。其中一个是 getOrElseUpdate 方法，它从映射中获得一个已有项，或者用另一元素更新映射。此方法不是原子性的，但它的每一个步骤都是原子性的；当多个线程同时调用 getOrElseUpdate 方法时，这些步骤就会交织在一起。另一个是 clear 方法，它一般不是原子性的，其行为类似于并发数据结构的遍历器。

concurrent.Map 特质中的 +=、-=、put、update、get、apply 和 remove 方法都是可线性化方法。而其他的 putIfAbsent、条件 remove 和 replace 方法是仅有的复杂可线性化方法。

和 Java 的并发库一样，Scala 目前并没有针对并发集合的专门的特质。Set[T] 类型的并发集合可用 ConcurrentMap[T,Unit] 类型来模拟，保留键而忽略值即可。这也是并发框架中较少出现并发集合的实现的原因。极少情况下，Java 的并发集合需要转化为一个 Scala 并发集合，比如 ConcurrentSkipListSet[T] 类，这时可以用 asScala 方法将其转化为 mutable.Set[T] 类。

最后需要注意的是，绝对不要使用 null 作为并发映射/集合中的键或值。很多 JVM 上实现的并发数据结构将 null 视为一种特殊标识符，用来表示元素不存在。

不要使用 null 作为并发数据结构中的键或值。

在有些保守的实现方式中，会在 null 出现时抛出异常；而在其他实现中，使用 null 会造成意料外的行为。即使某个并发容器允许使用 null，用户也应避免使用 null，防止影响日后代码的重构。

3.4.3 并发遍历

读者应该已经注意到，Scala 直接从 Java 的并发软件包中继承了很多基本并发工具。毕竟这些工具都是由 JVM 的并发编程专家实现的。因此，Scala 只稍稍做了一些改动，让这些传统 Java 并发工具更符合 Scala，其他的就无须重新"造一遍轮子"了。

不过，使用并发容器时还是会有些问题，特别是用户无法在安全遍历容器的同时修改数据。这对串行编程不是什么大问题，因为循环访问容器并使用遍历器的是同一个线程。但在并发系统中，线程之间并没有很好的同步，难以保证遍历过程中不会发生修改。

幸运的是，Scala 在并发容器的访问上有一个解决方案。scala.collection.concurrent 包中的 TrieMap 容器基于并发的 Trie 数据结构，它是一种并发的映射数据结构,可以产生具有一致性的遍历器。当其 iterator 方法被调用时,TrieMap 容器会原子性地对所有元素实现一个快照。快照指的是一个数据结构的状态的完整信息。然后,遍历器使用这个快照来遍历元素。如果 TrieMap 容器之后被修改了,那么此改动在之前的快照中是不可见的,因此快照和遍历器并没有发现这个改动。读者可能会想,生成一个快照的开销应该会比较大,因为需要复制所有元素,但事实并非如此。当某个线程第一次访问 TrieMap 容器的某个部分时,TrieMap 类的 snapshot 方法会增量式地重建这个部分。iterator 方法内部使用了 readOnlySnapshot 方法,此方法还要更高效一些,它可确保只复制那些被修改的部分。如果没有再发生并发的修改,则 TrieMap 容器也不再需要进行复制。

下面用一个示例比较一下 **Java** 的 ConcurrentHashMap 和 **Scala** 的 concurrent.TrieMap 容器。假设有一个并发映射,其作用是将名称映射为数值。比如,"Jane"被映射为 0,而"John"被映射为 4。在一个并发任务中,将 John 的不同名称按照 0~10 的顺序添加到 ConcurrentHashMap 容器中。然后,并发地遍历此映射,并输出名称。

```
object CollectionsConcurrentMapBulk extends App {
  val names = new ConcurrentHashMap[String, Int]().asScala
  names("Johnny") = 0; names("Jane") = 0; names("Jack") = 0
  execute {
    for (n <- 0 until 10) names(s"John $n") = n }
  execute {
    for (n <- names) log(s"name: $n") }
  Thread.sleep(1000)
}
```

如果此遍历器具有一致性,理应看到初始的 3 个名称 Johnny、Jane 和 Jack,然后,以一定间隔时间依次显示 John 1、John 2、John 3 等。然而,实际上看到的结果却是随机的,比如 John 8 和 John 5,显然是哪里出现了问题。John 8 绝不能在 John 7 之前出现。这种情况在并发的 TrieMap 容器中是不会发生的。用 TrieMap 容器重新做上述实验,并让输入按字典序排序。运行下列程序,可发现输出的所有名称都是依次排序的。

```
object CollectionsTrieMapBulk extends App {
  val names = new concurrent.TrieMap[String, Int]
  names("Janice") = 0; names("Jackie") = 0; names("Jill") = 0
  execute {for (n <- 10 until 100) names(s"John $n") = n}
  execute {
    log("snapshot time!")
    for (n <- names.map(_._1).toSeq.sorted) log(s"name: $n")
  }
}
```

这在实际中有什么用处呢？想象一下，在文件系统中需要获得一个一致性的快照，包含某一时刻文件管理器或 FTP 服务器看到的所有文件。TrieMap 容器可保证删除或复制文件的线程不会干涉提取文件的线程。因而，在本章的并发文件系统 API 中，可用 TrieMap 容器存储文件，然后，定义一个简单的 allFiles 方法，用于返回所有文件。在 for 推导式中的 files 映射会产生一个快照，里面包含了文件系统中的所有文件。

```
val files: concurrent.Map[String, Entry] = new concurrent.TrieMap()
def allFiles(): Iterable[String] = for ((name, state) <- files) yield name
```

然后，就可以使用这个 allFiles 方法来显示根目录中的所有文件。

```
val rootFiles = fileSystem.allFiles()
log("All files in the root dir: " + rootFiles.mkString(", "))
```

看完本章介绍的这些并发映射之后，读者可能会问，到底应该选哪一个？这就要看具体使用场合了。如果应用程序需要一致性遍历器，那么应该使用 TrieMap 容器。但如果一致性遍历器不是必需的，并且容器极少发生修改，那么可以考虑使用 ConcurrentHashMap 容器，因为它的查询操作速度要稍微快一些。

需要一致性遍历器就用 TrieMap 容器，如果 get 和 apply 操作成为性能瓶颈，则请使用 ConcurrentHashMap。从性能的角度看，本建议只适用于只有读操作的情况。实际中，这样的情况并不多见，所以用户还是要根据需要选择一种适合的容器。

3.5 定制的并发数据结构

本节将介绍如何设计并发数据结构。本节示例中的定制数据结构相对简单，但足以展示一般性的设计方法。用户可以将本节介绍的相关方法应用于其他更复杂的数据结构。

不过，这里要先声明一下：设计一种并发数据结构是很难的，因此，用户应尽量不要这样做。即便实现了一种正确且高效的并发数据结构，其代价往往也是很大的。并发数据结构不容易设计的原因如下。

● 要确保正确性。由于天然的不确定性，并发数据结构中的错误更难以察觉、重现及分析。

● 要避免影响处理器并发效率，即并发数据结构必须是可扩展的。

● 并发数据结构有性能要求，至少不能比单处理器下的串行版本运行速度更慢。

下面开始设计一种称为并发池的数据结构。

3.5.1　实现一个无锁的并发池

本节将实现一种无锁的并发池，以展示设计并发数据结构的基本方法。池是一种简单的抽象数据结构，它只有两个操作，即 add 和 remove 操作。add 操作只简单地往池中添加一个元素，而相比集合或映射上的 remove 操作，池上的 remove 操作限制更多。remove 并不是从池中删除一个具体的元素，而是在池非空时删除任意元素。顾名思义，无锁的池指的是操作不用上锁的池。

虽然概念简单，但池这个抽象概念却是非常有用的，因为它可用于临时存储一些重新创建代价很大的对象，比如工作线程或数据库连接。对于这些应用场景，用户并不关心 remove 删除的是哪个元素，只要返回某个元素即可。

设计并发数据结构的第一步是确定有哪些操作。清楚地知道需要设计哪些操作，了解了它们各自确切的语义，基本就确定了后续的设计过程。如果之后再添加其他的操作，则很有可能会破坏此并发数据结构的确定性关系。通常情况下，一旦已实现一个并发数据结构，就很难再正确地扩展了。

确定完必须支持的操作之后，第二步是考虑数据的表达方式。因为已经要求每个操作都必须是无锁的，所以，将状态编码为一个 AtomicReference 对象，用它来保存一个不可变链表的指针，这貌似是合理的做法。

```
val pool = new AtomicReference[List[T]]
```

然后，add 和 remove 都可根据这种数据表达方式自然地设计出来。需要添加元素时，先读取旧链表，然后在链表头部添加元素，并触发 CAS 操作，它用于替换旧链表，当然，有时会出现失败重试的情况。删除元素的过程与之类似。

不过，这种实现方式的可扩展性并不好。多个处理器需要访问同一个内存区域，从而会导致重试过于频繁。预期的操作时间是 $O(P)$，其中 P 为并发执行 add 和 remove 操作的处理器数目。

为解决这个问题，需要让不同的处理器更新数据结构时访问的是该数据结构中的不同内存位置。还记得本节要实现的是一个并发池吧，这个前提条件恰好能解决这里的问题，因为 remove 操作并不需要搜索哪个具体的元素，它只要能返回任意一个元素即可。而 add 操作可以将元素添加到此数据结构中的任意位置。

出于上述考虑，内部数据表示可以使用一个原子性引用的数组，每个引用指向一个不可变链表。因此，不同的处理器可以在多个原子性引用中任选一个进行更新。这个过程如下面的代码所示。

```scala
class Pool[T] {
  val parallelism = Runtime.getRuntime.availableProcessors * 32
  val buckets =
    new Array[AtomicReference[(List[T], Long)]](parallelism)
  for (i <- 0 until buckets.length)
    buckets(i) = new AtomicReference((Nil, 0L))
}
```

注意，每个原子性引用中不仅保存了一个链表，还有一个 Long 类型的值。这是一个唯一的时间戳，每次更新时都会递增，其重要性后文再介绍，这里先实现 add 操作。

add 操作必须在数组中选一个原子性引用，创建一个新版本的链表，用于包含新元素，然后触发 CAS 指令，直到相应的原子性引用被更新。选择数组中的某一项时，当前处理器必须确保没有其他处理器在占用它，以避免竞争和重试。实现这一点的方法有很多，但这里只使用相对简单的一种：根据线程 ID 和元素散列码计算出数组索引。一旦选定数组中的一项，add 操作将遵循前文介绍过的重试模式，如下面的代码所示。

```scala
def add(x: T): Unit = {
  val i =
    (Thread.currentThread.getId ^ x.## % buckets.length).toInt
  @tailrec def retry() {
    val bucket = buckets(i)
    val v = bucket.get
    val (lst, stamp) = v
    val nlst = x :: lst
    val nstamp = stamp + 1
    val nv = (nlst, nstamp)
    if (!bucket.compareAndSet(v, nv)) retry()
  }
  retry()
}
```

remove 操作则更复杂一些。和 add 可以在任意数据项位置上插入元素不一样，remove 操作必须选一个非空的数组项。当前的数据结构设计中并没有方法能用于提前知道数组中哪一项是非空的，所以只能选一些出来逐个扫描，直到找到非空项为止。这种做法有两个问题。首先，如果并发池几乎是空的，则在最坏的情况下需要扫描所有数组项。remove 操作只有在池相对较满的情况下是可扩展的。其次，当池几乎是空的时，几乎无法原子性地扫描所有数组项。因为在扫描过程中，可能会有另一个线程在已经扫描过的数组项中插入了元素，也可能会有其他线程从非扫描项中删除一个元素。在这种情况下，remove 操作会得出错误的结论，认为池是空的，显然事实并非如此。

为解决第二个问题，可在每个数组项中使用时间戳。前文提到过，每次数组项发生修改时，其时间戳都会递增。因而，如果时间戳的和保持不变，说明池上没有发生过任何操作。基于这个事实，可以将数组扫描两次，如果时间戳之和没有变化，则说明池没有被更新。这对于 remove 操作至关重要，它需要基于这个信息来确定终止的时机。

remove 操作首先根据当前线程 ID 来选择一个数组项，然后执行一个尾递归 scan 方法。scan 方法用于遍历整个数组，搜索非空项。当找到一个空项时，其时间戳累加到局部变量 sum 上。当找到一个非空项时，执行标准的 CAS 操作，在 retry 方法中尝试删除此项中的元素。如果删除成功，则此元素会立刻被 remove 操作删除。不然，待数组遍历中上一个时间戳之和等于当前时间戳之和时，终止 scan 方法。此过程如下面的代码所示。

```scala
def remove(): Option[T] = {
  val start =
    (Thread.currentThread.getId % buckets.length).toInt
  @tailrec def scan(witness: Long): Option[T] = {
    var i = (start + 1) % buckets.length
    var sum = 0L
    while (i != start) {
      val bucket = buckets(i)

      @tailrec def retry(): Option[T] = {
        bucket.get match {
          case (Nil, stamp) =>
            sum += stamp
            None
          case v @ (lst, stamp) =>
            val nv = (lst.tail, stamp + 1)
            if (bucket.compareAndSet(v, nv)) Some(lst.head)
            else retry()
        }
      }
      retry() match {
        case Some(v) => return Some(v)
        case None =>
      }

      i = (i + 1) % buckets.length
    }
```

```
      if (sum == witness) None
      else scan(sum)
    }
    scan(-1L)
}
```

测试此并发池。首先，实例化一个并发散列映射（hash map），用于追踪每个被删除的元素。然后，创建一个并发池，设置线程数 p 和元素数目 num。

```
val check = new ConcurrentHashMap[Int, Unit]()
val pool = new Pool[Int]
val p = 8
val num = 1000000
```

首先启动 p 个插入线程，将不重叠的整数区间插入池。然后等待线程结束。

```
val inserters = for (i <- 0 until p) yield ch2.thread {
  for (j <- 0 until num) pool.add(i * num + j)
}
inserters.foreach(_.join())
```

类似地，启动 p 个删除线程，用于从池中删除元素，并将被删除的元素保存到 check 散列映射中。因为每个线程删除 num 个元素，所以在所有线程完成删除之前，池都不会为空。

```
val removers = for (i <- 0 until p) yield ch2.thread {
  for (j <- 0 until num) {
    pool.remove() match {
      case Some(v) => check.put(v, ())
      case None => sys.error("Should be non-empty.")
    }
  }
}
removers.foreach(_.join())
```

最后，顺序地遍历 check 散列映射，查看被删除的元素，并检查它们是否和预期一致，如下面的代码所示。

```
for (i <- 0 until (num * p)) assert(check.containsKey(i))
```

到此就算完成了！本节实现的并发池的测试通过了。虽然没有严格地证明，但是差不多可以声称 add 操作的时间复杂度为 $O(1)$，remove 操作在池中元素足够多时的时间复杂度为 $O(1)$，而池几乎为空时的时间复杂度为 $O(P)$。作为练习，读者可以尝试改进

remove 操作，让它的时间复杂度总为 $O(1)$。

3.5.2　进程的创建和处理

到目前为止，本书的关注点都是 JVM 线程上的 Scala 程序的并发性。当希望并发执行多个计算时，就创建新线程，或向 Executor 线程发送 Runnable 对象。另一种并发的方式是创建独立的进程。在第 2 章中解释过，独立的进程具有独立的内存空间，且无法直接共享内存。

但创建独立的进程偶尔也是有必要的。第一，虽然 JVM 拥有非常丰富的生态系统和足以完成各种任务的数千个软件库，但有时候某个软件组件唯一可用的实现却是一个命令行或未封装好的程序。在新的进程中运行此程序可能是使用其功能的唯一方式。第二，有时候用户希望在沙盒中运行不可信的 Scala 代码或 Java 代码。第三方插件可能必须在受限权限下运行。第三，有时候用户会出于性能方面的考虑，不想在同一个 JVM 进程中运行所有代码。只要机器内存足够多，独立进程中的垃圾回收或即时编译（just-in-time compilation）就应该不会影响进程的运行。

scala.sys.process 包中包含处理其他进程的一套精简 API。用户可以同步运行子进程，父进程中运行子进程的那个线程会等待子进程结束。也可以异步，即子进程与父进程中的调用线程并发运行。下面的代码展示了如何运行一个新进程。

```
import scala.sys.process._
object ProcessRun extends App {
  val command = "ls"
  val exitcode = command.!
  log(s"command exited with status $exitcode")
}
```

导入 scala.sys.process 包中的内容之后，用户可以对任意字符串调用!方法。然后字符串中的 Shell 命令会从当前进程所在的工作目录中开始运行。其返回值为新进程的退出码：正常退出时为 0，否则为非零值。

有时候，用户对退出码不关心，而对进程的标准输出更感兴趣。这种情况下，可以调用!!方法。假设用户想实现 lineCount 方法，用于 FileSystem 中的文本文件内容的统计，但又不想从头实现，则可以使用下面的代码。

```
def lineCount(filename: String): Int = {
  val output = s"wc $filename".!!
  output.trim.split(" ").head.toInt
}
```

首先，用 String 类型的 trim 方法将输出字符串前后的空白字符删除，然后将其第一部分转换为整数，这样就得到了文件中的单词数目。

为了异步地启动这个进程，可以对一个用字符串表示的命令调用 run 方法。此方法返回一个 Process 对象，它有一个 exitValue 方法，它在进程终止前都处于阻塞状态；还有一个 destroy 方法，它会立刻终止进程。假设有一个可能会运行很久的进程，用于列出文件系统中的所有文件。运行 1 s 后，用户希望用 Process 对象的 destroy 方法终止进程。

```
object ProcessAsync extends App {
  val lsProcess = "ls -R /".run()
  Thread.sleep(1000)
  log("Timeout - killing ls!")
  lsProcess.destroy()
}
```

通过对 run 方法的重载，可以定制输入流和输出流，或在每次创建新进程时添加一个定制日志记录器，从而达到与进程通信的目的。

scala.sys.process 的 API 还提供了其他功能，比如启动多个进程并将它们的输入一起导出、在当前进程失效时重启新进程或者将输出重定向到文件。显然，这些功能都在模仿 UNIX 的 Shell 脚本。更多信息请参考 Scala 标准库中关于 scala.sys.process 的文档。

3.6 小结

本章介绍了如何在 Scala 中用传统工具构造并发程序，包括如下几个方面。

● 使用 Executor 对象运行并发计算。

● 使用原子性原语来动态切换不同状态，以及实现有锁和无锁的算法。

● 实现了懒值，讨论了它对并发程序的影响。

● 介绍了并发容器中几个重要的类及其实际用法。

● 介绍了 scala.sys.process 包的基本使用方法。

本章涉及的思想并不限于 Scala，对大多数语言和平台而言，同样需要类似的并发工具。

《Java 并发编程实战》一书介绍了 Java 中的其他一些并发 API。如果还想了解诸如无锁（lock-freedom）、原子性变量、各种类型的锁或并发数据结构等概念，建议参考《多处理器编程的艺术》一书。虽然本章介绍的并发工具已经比第 2 章介绍的并发原语高级不少，但时不时还是会出现一些"坑"。用户必须小心，比如在运行时避免阻塞，避开 ABA 问题，避免在使用懒值的对象上同步，确保并发容器在遍历时不要发生修改等。这些都会给用户带来很大的负担。那么，并发编程不能再简单一些吗？答案是能，Scala 可以支持更高层次的声明式的并发抽象样式，从而更不容易出现死锁、饥饿或不确定性的问题，而且一般也更易推断出错原因。

后文将介绍 Scala 特有的并发 API，这些 API 使用起来会更加直观、安全。第 4 章将首先介绍 Future 和 Promise，让用户以线程安全而且更直观的方式实现异步计算的组合。

3.7　练习

下面的练习覆盖了本章的各个主题。大部分练习要求使用原子性变量和 CAS 指令实现新的并发数据结构。这些并发数据结构也可以使用 synchronized 语句来实现，所以读者可以比较这两者的优劣。

1. 定制一个 ExecutionContext 类 PiggybackContext，它的作用是在调用 execute 方法的同一线程上执行 Runable 对象。保证这些可运行对象也可以调用 execute 方法并能合理地汇报异常。

2. 实现一个 TreiberStack 类，对并发栈进行抽象。

```
class TreiberStack[T] {
  def push(x: T): Unit = ???
  def pop(): T = ???
}
```

用一个原子性引用变量指向之前被压入栈中的一个节点链表。保证实现过程是无锁的，且不易出现 ABA 问题。

3. 实现一个 ConcurrentSortedList 类，对并发排序链表进行抽象。

```
class ConcurrentSortedList[T](implicit val ord: Ordering[T]) {
  def add(x: T): Unit = ???
  def iterator: Iterator[T] = ???
}
```

在实现中，ConcurrentSortedList 类要使用一个原子性引用的链表。保证实现是无锁的，避免 ABA 问题。由 iterator 方法返回的 Iterator 对象必须能够正确地升序遍历链表（假设中途没有并发调用 add 方法）。

4．如果有必要，修改练习 3 中的 ConcurrentSortedList 类，让 add 方法的运行时间与链表长度线性相关，并且在并发 add 调用时，创建恒定数量的新对象。

5．实现一个 LazyCell 类，接口如下。

```
class LazyCell[T](initialization: =>T) {
  def apply(): T = ???
}
```

创建一个 LazyCell 对象的语义为声明一个懒值，而 apply 方法的语义为读取其值。在实现中不允许使用懒值。

6．实现一个 PureLazyCell 类，其接口和语义与上一题的 LazyCell 相同。PureLazyCell 假设初始化参数没有"副作用"，所以可以多次执行。apply 方法必须是无锁的，且应尽可能少地调用初始化过程。

7. 实现一个 SyncConcurrentMap 类，扩展 scala.collection.concurrent 包中的 Map 接口。使用 synchronized 语句来保护此并发映射的状态。

8．实现方法 spawn，它接收一个 Scala 代码块，然后启动一个新的 JVM 进程，接着在新进程中运行此代码块。

```
def spawn[T](block: =>T): T = ???
```

一旦代码块返回一个值，则此 spawn 方法应该从子进程中返回此值。如果代码块抛出异常，则 spawn 方法也应该抛出同一异常。

 使用 Java 序列化来传输代码块、返回值，以及父子 JVM 进程之间的异常。

9．改进本章中的无锁池的实现，实现 foreach 操作来遍历池中所有元素。实现另一版本的 foreach，要求无锁和可线性化。

10．证明本章中的无锁池的实现是正确的。

11．目前，本章中的无锁池的 remove 操作的最坏时间复杂度为 $O(P)$，其中 P 为机器上的处理器个数。改进此实现，使得这些操作的时间复杂度相对于元素个数和处理器个数都是 $O(1)$。

第 4 章
基于 Future 和 Promise 的异步编程

函数式编程让代码的状态变化一目了然，从而更易推理。而在纯函数式系统中，绝不会出现线程竞态。

——约翰·卡马克（John Carmack）

在前文的示例中，往往会采用阻塞式的计算。阻塞式同步会有副作用，比如产生死锁、让线程池饥饿或者破坏懒值初始化。虽然有些情况下阻塞是必要的，但多数情况下是可以避免的。异步编程指的是让执行过程独立于主程序控制流的一种编程风格。当资源不可用时，异步编程可以既不暂停线程也不产生阻塞；一旦资源可用了，就可立刻调度一个独立的计算过程。

在某种程度上，前文介绍过的很多并发编程模式都支持异步编程。比如，创建线程和调度执行上下文任务可以在主程序控制流之外启动一个并发计算过程。然而，直接使用这些工具来避免阻塞或设计异步计算过程并不直观。本章将介绍 Scala 中的 Future 和 Promise 这两种抽象概念，它们是专门为异步计算而设计的。

具体而言，本章将介绍如下主题。

- 启动异步计算，并使用 Future 对象。

- 安装回调，用于处理异步计算的结果。

- Future 对象的异常语义以及如何使用 Try 类型。

- Future 对象的函数式组合。

- 使用 Promise 对象来封装基于回调的 API，实现 Future 组合子并支持取消。

- 在异步计算中阻塞线程。

- 使用 Scala 的 Async 库。

4.1 节将介绍 Future 及其用处。

4.1 Future

2.1 节介绍过并发程序中的并行执行过程的实体称为线程。在任意时刻，线程的执行可临时暂停，直到满足某个条件为止。这种暂停称为阻塞。那么，并发编程中为何一定要阻塞线程呢？其中一个原因是资源是有限的，如果多个计算过程共享同一资源，有些计算过程可能就不得不进入等待状态。另一个原因是计算过程所需的数据还没准备好，比如负责数据生产的线程运行速度太慢，或数据由外部程序提供。一个典型的例子是通过网络请求数据。假设有一个 getWebpage 方法，其输入是网页的网络地址 url，它返回网页的内容，如下所示。

```
def getWebpage(url: String): String
```

getWebpage 方法的返回内容的类型是 String，此方法必须返回该网页的字符串内容。可是，当发送一个 HTTP 请求之后，网页内容不能立刻得到。网络请求发送到服务器再传回来是需要时间的。因而，该方法获得网页的字符串内容的唯一办法是等待。但是，从计算机程序的角度来看，这个等待时间太长了。即使是高速网络连接，getWebpage 方法或多或少都免不了等待。因为调用 getWebpage 方法的线程无法立刻得到网页内容，它就不得不停止执行，所以 getWebpage 方法的唯一正确实现方式只能是阻塞。

前文介绍过阻塞的副作用，那么可不可以让 getWebpage 立刻返回某个特殊值呢？答案是肯定的。在 Scala 中，这个特殊值称为 Future。Future 是一种占位符，即某个值的内存位置。当创建 Future 时，相应的占位符中不需要有值；可以随着 getWebpage 方法的执行，在未来的某个时间将值放进去。于是，可以对 getWebpage 的接口进行修改，如下所示。

```
def getWebpage(url: String): Future[String]
```

这里的 Future[String] 类型表示此 Future 对象最终会包含一个 String 类型的值。现在，可以用非阻塞式方式来实现 getWebpage 方法了，即异步启动 HTTP 请求，然后当网页内容下载完成时将其放到 Future 对象中。需要强调的是，当 Future 对象获得某个值之后，它就不再变化了。

 Future[] 类型隐含了程序的延时过程，其程序语义是，资源过一会儿才可用。

这样就消除了 getWebpage 的阻塞，但当前调用线程如何将 Future 对象中的内容提取出来呢？目前这一点仍然不清楚。轮询（polling）是一种提取 Future 对象中的内容的一种非阻塞式方式。在轮询法中，当前调用线程会调用一个特殊的方法，让线程在值可用之前处于阻塞状态。虽然这种方法不会消除阻塞，但它将 getWebpage 方法中的阻塞转移给了调用线程。Java 定义了它自己的 Future 对象，用于保存未来才可用的值。不过，作为 Scala 开发者，还是应该使用 Scala 的 Future 对象，因为 Scala 提供了更多处理 Future 值并避免阻塞的方法，本章会介绍这些内容。

在 Scala 中用 Future 编程时，用户需要区分 Future 值和 Future 计算。一个类型为 Future[T]的 Future 值表示当前可能不可用,但过一段时间可用的一个类型为 T 的值。通常提到的 Future，往往指的是 Future 值。在 scala.concurrent 包中，Future 表示为 Future[T]特质。

```
trait Future[T]
```

而 Future 计算是指能产生 Future 值的异步计算。Future 计算可通过调用 Future 伴随对象的 apply 方法来启动。此方法位于 scala.concurrent 包中，接口代码如下。

```
def apply[T](b: =>T)(implicit e: ExecutionContext): Future[T]
```

此方法定义中有一个类型为 T 的命名参数，表示此异步计算的函数体返回类型为 T 的值。它还可以隐式接收一个 ExecutionContext 参数，它包含了让线程在何时何地执行的信息，详情参见第 3 章。读者可回忆一下，Scala 中的隐式参数既可以在调用方法时指定（和正常参数一样），也可以不指定。在这里，Scala 编译器会在外围作用域中搜索一个 ExecutionContext 类型的值。大部分 Future 方法都隐式授受一个执行上下文的参数。最后，Future.apply 方法返回一个类型为 T 的 Future 对象，当异步计算完成时，会将 b 输入其值。

4.1.1　启动 Future 计算

下面用一个示例展示如何开始一个 Future 计算。首先,导入 scala.concurrent 包，然后从 Implicits 对象中导入全局执行上下文，这可确保 Future 计算是在全局上下文中执行的，这也是大部分情况下的默认执行上下文。

```
import scala.concurrent._
import ExecutionContext.Implicits.global
object FuturesCreate extends App {
  Future { log("the future is here") }
  log("the future is coming")
```

```
  Thread.sleep(1000)
}
```

log 方法的（关于 Future 计算和主线程的）执行顺序是非确定性的。这个 Future 单例对象后面接了一个代码块，其只不过是一个用来调用 Future.apply 的语法糖。Future.apply 方法的行为类似于第 3 章中的 execute 语句。区别在于 Future.apply 方法返回一个 Future 值。要想访问此值，可以用轮询法等待 Future 计算完成。在下面的示例中，使用 scala.io.Source 对象来在 Future 计算中读取 build.sbt 文件的内容。Future 计算返回 buildFile 这个 Future 值，而主线程调用其 isCompleted 方法。有可能这个文件的读取过程不是那么快，因此 isCompleted 会返回 false。经过 250 ms 之后，主线程再次调用 isCompleted 方法，这次返回结果为 true。最后，主线程调用 value 方法，它返回的是文件内容。

```
import scala.io.Source
object FuturesDataType extends App {
  val buildFile: Future[String] = Future {
    val f = Source.fromFile("build.sbt")
    try f.getLines.mkString("\n") finally f.close()
  }
  log(s"started reading the build file asynchronously")
  log(s"status: ${buildFile.isCompleted}")
  Thread.sleep(250)
  log(s"status: ${buildFile.isCompleted}")
  log(s"value: ${buildFile.value}")
}
```

在此例中，主线程使用了轮询法来获得 Future 的值。Future 单例对象的 polling 方法是非阻塞式的，但它们也是非确定性的。isCompleted 会返回 false，直到 Future 计算完成。值得一提的是，Future 计算的完成对于轮询调用来说是一种前发生关系。如果 Future 计算在 polling 方法调用之前完成，则其效果在轮询完成之后对线程是可见的。轮询过程如图 4.1 所示。

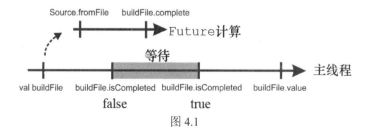

图 4.1

轮询类似于潜在雇主每 5 min 问一次申请者："你有工作吗？"但申请者只不过想投一份简历，然后再去其他地方看一看，并不想无止境地等待潜在雇主的回应。一旦潜在雇主决定雇用申请者了，他完全可以用申请者留下的电话号码来向申请者告知结果。Future 的计算过程也一样，当事情做完了，直接调用之前留下的函数即可。这是 4.1.2 节要讨论的内容。

4.1.2　Future 回调

回调是指一旦参数可用就立即执行的函数。当向 Scala 的 Future 输入一个回调函数后，此回调总是会执行的。只不过，在 Future 实现某个值之前并不会调用此回调。

假设用户需要查询万维网联盟（World Wide Web Consortium，W3C）的 URL 规范详情，而且对 telnet 关键字感兴趣。URL 规范是 W3C 网站上的一个文本文档，于是可以用 scala.io.Source 对象来获取规范内容，并在 getUrlSpec 方法中用 Future 来异步执行这个 HTTP 请求。getUrlSpec 方法首先调用 fromURL 方法，得到一个文本文档的 Source 对象。然后调用 getLines 得到文档中的所有行的链表。

```
object FuturesCallbacks extends App {
  def getUrlSpec(): Future[List[String]] = Future {
    val url = "http://www.w3.org/Addressing/URL/url-spec.txt"
    val f = Source.fromURL(url)
    try f.getLines.toList finally f.close()
  }
  val urlSpec: Future[List[String]] = getUrlSpec()
}
```

为了在 urlSpec 这个 Future 对象中找出所有包含 telnet 关键字的行，可使用 find 方法，它的输入是行的链表和一个关键字，返回值为匹配到的字符串。

```
def find(lines: List[String], keyword: String): String =
lines.zipWithIndex collect {
    case (line, n) if line.contains(keyword) => (n, line)
  } mkString("\n")
```

find 方法的参数是 List[String]，但 urlSpec 的类型却是 Future[List[String]]，显然无法直接将 urlSpec 这个 Future 对象直接传给 find。其实更主要的原因是调用 find 方法的时候，这个字符串链表还不存在。

所以，只能用 foreach 方法在 Future 对象中装入一个回调函数。注意，foreach 方法与 onSuccess 方法是等价的。foreach 方法的参数是部分函数，这个函数接收一个 Future 值，然后会执行某个操作，如下所示。

```
urlSpec foreach {
  case lines => log(find(lines, "telnet"))
}
log("callback registered, continuing with other work")
Thread.sleep(2000)
```

需要强调的是，安装回调的过程是非阻塞的。主线程中的 log 语句会在回调注册完毕后立刻执行，而回调里面的 log 语句则会在很久之后才执行。过程如图 4.2 所示。

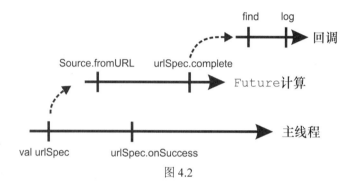

图 4.2

注意，回调函数不一定会在 Future 完成之后立刻执行。大部分执行上下文会安排一个任务专门处理回调，即使安装回调时 Future 已经完成，也同样如此。

 当 Future 完成后，回调函数总会执行，不过同一个 Future 上的不同回调之间是相互独立的。执行上下文决定了由哪个线程在何时执行回调函数。完成 Future 和执行回调之间存在前发生关系。

Future 上可以安装多个回调，比如，用户还想查找 password 关键字，可以安装如下回调。

```
urlSpec foreach {
  case lines => log(find(lines, "password"))
}
Thread.sleep(1000)
```

有经验的 Scala 程序员都听说过参考透明（referential transparency），大致来说，如果一个函数没有任何副作用，比如没有变量赋值、修改可变集合或执行标准输出写操作，那么这个函数就被称为是参考透明的。Future 对象上的回调函数有一个非常有用的性质，即只使用 Future.apply 和 foreach 调用参考透明的回调函数的程序是确定的。换句话说，这样的程序对同一输入总得到相同结果。

 由参考透明的 Future 计算和回调组成的程序具有确定的结果。

到目前为止的示例中，本章都假定异步计算产生的 Future 总是会成功完成的。但是，失败的计算或异常总是难免的，4.1.3 节将介绍如何在异步计算中处理异常。

4.1.3　Future 和异常

如果一个 Future 计算抛出异常，则相应的 Future 对象不能完成相应值的计算。理想情况下，若发生异常，用户希望得到通知。比如，申请者提交了简历，但潜在雇主却招了别人，申请者还是希望至少能够被电话通知一下。不然，就只能在电话旁干等了。

当 Scala 的 Future 计算完成时，它既可能是成功的，也可能是失败的。若 Future 计算完成时失败了，称此 Future 失败了。图 4.3 总结了 Future 所有可能的状态，首先，创建一个 Future，没有安装任何回调；然后，任意数量的回调函数 f1、f2 等会被安装上去。当此 Future 计算完成时，它既可以是成功的，也可以是失败的。完成之后，Future 的状态不再改变，当再给它安装回调时，它会立即安排任务来执行回调。

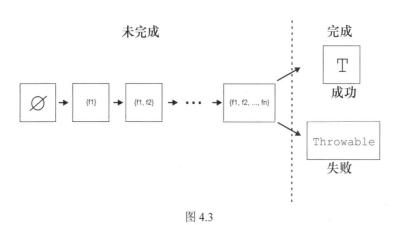

图 4.3

下面更详细地讨论失败情况的处理。因为 foreach 方法接收的回调只用来处理成功的 Future 的值，所以还需要安装处理失败情况的回调，称为 failed。它返回一个 Future[string] 对象，其中包含了当前对象失败时抛出的异常，供 foreach 语句访问。

```
object FuturesFailure extends App {
  val urlSpec: Future[String] = Future {
    val invalidUrl = "http://www.w3.org/non-existent-url-spec.txt"
    Source.fromURL(invalidUrl).mkString
  }
  urlSpec.failed foreach {
    case t => log(s"exception occurred - $t")
  }
  Thread.sleep(1000)
}
```

此例中，异步 HTTP 请求发送了一个非法的 URL，于是，`fromURL` 方法抛出异常，所以 Future 对象 `urlSpec` 失败了。然后，程序会用 `log` 语句输出异常的名称和消息。

4.1.4　使用 Try 类型

有时候为了简洁，用户会希望在同一个回调中同时处理成功和失败的情况。要实现这一点，需要使用 `Try[T]` 类型，此类型和 `Option[T]` 类型非常类似。如果熟悉 Scala 串行编程，读者应该知道 `Option[T]` 类型用来存储一个类型为 `T` 的对象或空值，即 `Option[T]` 类型的值既可以是类型 `Some[T]`，也可以是 `None`，即什么也没有。这两者是通过模式匹配来区分的。Option 类型是另一种使用 null 值的方式，在 Java 中会经常这样做，但是，`Option[T]` 无法在它的 `None` 子类型中存储失败信息，用户无法从 None 子类型中获得异常的任何信息，这时 `Try[T]` 就派上用场了。

`Try[T]` 类型有两种实现，一种是 `Success[T]` 类型，它保存了计算成功后的结果；另一种是 `Failure[T]` 类型，它保存了计算失败时抛出的 `Throwable` 对象。然后，可以用模式匹配来确定 `Try[T]` 对象到底是哪一种。

```
def handleMessage(t: Try[String]) = t match {
  case Success(msg) => log(msg)
  case Failure(error) => log(s"unexpected failure - $error")
}
```

`Try[T]` 对象是在同步场合下使用的不可变对象，在创建时就将值或异常保存下来了，这和 Future 对象不一样。相比 Future，`Try[T]` 更像容器。用户甚至可以在 for 推导式中组合 `Try[T]` 值。在下面的代码中，将当前线程的名称和某个文本组合起来。

```
import scala.util.{Try, Success, Failure}
object FuturesTry extends App {
  val threadName: Try[String] = Try(Thread.currentThread.getName)
```

```
    val someText: Try[String] = Try("Try objects are synchronous")
    val message: Try[String] = for {
      tn <- threadName
      st <- someText
    } yield s"Message $st was created on t = $tn"
    handleMessage(message)
}
```

这里首先创建了两个 Try[String] 值，即 threadName 和 someText。然后 for 推导式从 threadName 中提取出线程名称 tn，并从 someText 中提取出文本 st。然后，这些值用于生成另一个字符串。如果 for 推导式中的任意一个 Try 值失败了，则最后的 Try 值会失败，抛出的是失败的那个 Try 值抛出的异常。如果所有的 Try 值都成功了，则最后的 Try 值也是成功的，从而由 yield 关键字后面的表达式得到最后的值。如果这个表达式抛出异常，则最后的 Try 值还是会失败，并抛出同一异常。

注意，上述示例总是输出主线程的名称。Try 对象的创建以及在 for 推导式中的使用总是在调用线程中完成。

　　和 Future[T] 值不同，Try[T] 值的操作过程不是异步的。

在大部分情况下，模式匹配使用的是 Try 值。当调用 onComplete 回调函数时，会为它提供匹配 Success 值或 Failure 值的部分函数。示例中获取 URL 规范的代码如下所示。

```
urlSpec onComplete {
  case Success(txt) => log(find(txt))
  case Failure(err) => log(s"exception occurred - $err")
}
```

4.1.5　致命异常

前面已经介绍过 Future 中可存储计算失败时抛出的异常。不过，有些 Throwable 对象是 Future 计算捕捉不到的。在下面的程序中，Future 对象 f 上的回调函数永远不会被执行。从而，InterruptedException 异常的堆栈追踪（stack trace）会在标准错误输出中输出。

```
object FuturesNonFatal extends App {
  val f = Future { throw new InterruptedException }
```

```
    val g = Future { throw new IllegalArgumentException }
    f.failed foreach { case t => log(s"error - $t") }
    g.failed foreach { case t => log(s"error - $t") }
}
```

InterruptedException 异常和某些严重的程序错误, 比如 LinkageError、VirtualMachineError、ThreadDeath 以及 **Scala** 的 ControlThrowable 错误等, 会传递给执行上下文的 reportFailure 方法, 参见第 3 章。这类 Throwable 对象被称为 "致命错误"。为了确认某个 Throwable 对象会不会被存储到 Future 实例中, 可以在模式匹配中使用 NonFatal 提取器。

```
f.failed foreach {
  case NonFatal(t) => log(s"$t is non-fatal!")
}
```

注意, 用户并不需要手动匹配来查看 Future 中的异常是不是致命的。致命错误会自动传递给执行上下文。

 Future 计算不会捕捉致命错误。可以用 NonFatal 提取器来模式匹配非致命错误。

4.1.6　Future 上的函数式组合

回调函数很有用, 但在大型程序中不利于分析控制流。而且, 回调函数不能实现异步编程中的某些模式, 特别是用一个回调函数监听多个 Future 对象是比较烦琐的。还好 **Scala** 提供了 Future 的解决方案, 称为函数式组合。

Future 的函数式组合支持在推导式中使用 Future, 而且相比于回调函数更为直观。

Future 的引入将阻塞的责任由 **API** 转移给了调用者。foreach 方法可帮助用户完全避免阻塞。它还消除了轮询法固有的非确定性问题, 比如 isCompleted 和 value。不过, 仍有一些场合 foreach 不是最好的解决方案。

比如, 要实现 **Git** 版本控制系统中的某个功能, 利用 .gitignore 文件来确定工程目录中哪些文件不应该进行版本管理。可将问题简化一下, 假设 .gitignore 文件中只包含一些被屏蔽的文件路径前缀, 没有正则表达式。

可以用两个异步行为来实现这个功能。首先, 用一个 Future 计算读取 .gitignore

文件中的内容。然后，根据文件内容，异步扫描工程目录中匹配的那些文件。编写代码时要先导入必要的文件处理的包，除 scala.io.Source 之外，还需要 java.io 以及 apache.commons.io.FileUtils 类。

```
import java.io._
import org.apache.commons.io.FileUtils._
import scala.collection.convert.decorateAsScala._
```

如果读者阅读前文时没有在 build.sbt 中添加 Commons IO 库的依赖项，那么现在正是添加的时候，如下所示。

```
libraryDependencies += "commons-io" % "commons-io" % "2.4"
```

首先用 blacklistFile 方法来创建一个 Future 对象，它用于读取 .gitignore 文件中的内容。鉴于当今技术发展迅速，很难判断会不会出现一个更流行的版本管理系统，所以，这里添加了一个 name 参数，表示黑名单文件的名称（这里是 .gitignore）。读取文件内容时过滤掉空行和注释行（以 # 符号开头的行），然后，将文件内容转换为一个链表，如下面代码所示。

```
object FuturesClumsyCallback extends App {
  def blacklistFile(name: String): Future[List[String]] = Future {
    val lines = Source.fromFile(name).getLines
    lines.filter(x => !x.startsWith("#") && !x.isEmpty).toList
  }
}
```

在本书中，blacklistFile 方法返回的 Future 对象最终会包含一个链表，链表中只有一个字符串，即 SBT 存储 Scala 编译器输出文件的 target 目录。然后，可实现另一个名为 findFiles 的方法，它会根据模式链表，找出当前目录中匹配这些模式的所有文件。Commons IO 库中的 iterateFiles 方法返回一个工程文件的 Java 遍历器，通过 asScala 可将其变成一个 Scala 遍历器。最后输出所有匹配的文件路径。

```
def findFiles(patterns: List[String]): List[String] = {
  val root = new File(".")
  for {
    f <- iterateFiles(root, null, true).asScala.toList
    pat <- patterns
    abspat = root.getCanonicalPath + File.separator + pat
    if f.getCanonicalPath.contains(abspat)
```

```
    } yield f.getCanonicalPath
}
```

如果想要得到被屏蔽的文件，首先要对 Future 对象 blacklistFile 调用
foreach 方法，如下所示。然后在回调中调用 findPatterns。

```
blacklistFile(".gitignore") foreach {
  case lines =>
    val files = findFiles(lines)
    log(s"matches: ${files.mkString("\n")}")
}
Thread.sleep(1000)
```

假设有一个同事想要实现另一个 blacklisted 方法，参数是黑名单文件的名称，
返回结果为黑名单文件链表的 Future 对象。这样，就可以实现独立地指定回调函数了，
而不是仅仅将文件链表在标准输出中输出。在回调函数中可以实现任意其他操作，比如
将黑名单文件安全地备份。

```
def blacklisted(name: String): Future[List[String]]
```

资深的面向对象的程序员会希望重用 blacklistFile 和 findFiles 方法，毕竟，
现成的功能不用白不用。读者可以挑战一下自己，重用这些已有的方法，来实现新的
blacklisted 方法，可以试一试 foreach 语句。这个任务其实是很困难的，到目前为止，
还没有哪个方法能够利用已有的 Future 对象中的值来产生新的 Future 对象。Future 特
质有一个 map 方法，它可将一个 Future 中的值映射到另一个 Future 中的值。

```
def map[S](f: T => S)(implicit e: ExecutionContext): Future[S]
```

此方法是非阻塞的，它会立即返回 Future[S] 对象。当原来的 Future 完成值 x
的计算之后，它会返回 Future[S] 对象，并最终完成 f(x) 的计算。通过 map 方法，
前面的任务就很容易完成了，可用 findFiles 文件将黑名单文件模式转换为匹配文件
链表模式。

```
def blacklisted(name: String): Future[List[String]] =
  blacklistFile(name).map(patterns => findFiles(patterns))
```

Scala 开发者都清楚，map 操作用于将一个容器转换为另一个容器。为了更方便地理
解 Future 对象上的 map 操作，可以将 Future 理解为一种特殊形式的容器，只不过它
最多只有一个元素。

函数式组合是一种编程模式，其思想是用高阶函数（称为组合子）将简单值组合成复杂值。Scala 容器的函数式组合在 Scala 串行编程中很常见。比如，容器上的 map 方法可产生一个新的容器，其中的元素是原容器中的元素在指定函数的变换下得到的。

Future 对象上的函数式组合过程是类似的，对已有的 Future 进行变换或合并，可以产生新的 Future，如前面的例子所示。回调函数依然有用，只是它们难以像 map 使用组合子那样用于函数式组合。和回调函数一样，传递给组合子的函数只有在相应的 Future 完成之时才会被调用。

 Future 的完成和它的任意组合子中的函数的调用之间存在前发生关系。

Future 的处理方式太多，让人难以取舍。那么什么时候用函数式组合，什么时候用回调呢？经验法则是，对于依赖于单个 Future 的有副作用的行为，使用回调，其他情况使用函数式组合。

 若一个行为依赖于单个 Future 的值，就使用回调。当后续行为依赖于多个 Future 的值，或者会产生新的 Future 时，就使用函数式组合。

下面介绍函数式组合的几个关键组合子。Future[T] 的 map 方法的参数是映射函数 f，返回一个新的 Future[S] 类型的 Future。当 Future[T] 完成后，通过 f 作用于 Future[T] 中的值，Future[S] 也完成了。如果 Future[T] 失败了，异常为 e，或映射函数 f 抛出异常 e，则 Future[S] 也会失败，异常为 c。

Scala 支持对有 map 方法的对象使用 for 推导式，所以也可以在 for 推导式中使用 Future。假设用户想从 build.sbt 文件中找出最长的行，计算过程分两步。第一步是从磁盘中读出该文件的所有行；第二步是调用 maxBy 方法，以得到最长的行。

```
val buildFile = Future {
  Source.fromFile("build.sbt").getLines
}

val longest = for (ls <- buildFile) yield ls.maxBy(_.length)
longest foreach {
  case line => log(s"longest line: $line")
}
```

for 推导式只不过是语法糖，longest 的声明会被 Scala 编译器还原成如下代码。

```
val longest = buildFile.map(ls => ls.maxBy(_.length))
```

只有在使用 flatMap 时，for 推导式的真正优势才能显现出来。该组合子的函数声明如下所示。

```
def flatMap[S](f: T => Future[S])(implicit e: ExecutionContext): Future[S]
```

flatMap 组合子使用当前类型为 Future[T] 的 Future 对象，产生另一个类型为 Future[S] 的 Future。当 Future[T] 对象中的 x 值完成了，而 f(x) 执行完之后，待返回的 Future[S] 对象也完成了，flatMap 也就完成了。map 和 flatMap 的区别在于，map 只要求 f(x) 执行完就算完成，而 flatMap 要求 f(x) 返回的 Future 也必须完成才算完。

为了理解为何 flatMap 组合子有用，考虑下面的例子。假设读者申请到了一个新工作，工作第一天收到秘书的一长串电子邮件。邮件中声称不要打开所有以 ftp:// 开头的 URL，因为都包含了病毒。作为一个技术老手，读者马上识别出这是一封有问题的邮件，因而决定发送一些指令给秘书，教秘书如何用邮件交流，并解释 FTP 链接长什么样。于是读者写了一个小型程序异步地回复邮件，毕竟不能成天只发邮件。

```
val netiquetteUrl = "http://www.ietf.org/rfc/rfc1855.txt"
val netiquette = Future { Source.fromURL(netiquetteUrl).mkString }
val urlSpecUrl = "http://www.w3.org/Addressing/URL/url-spec.txt"
val urlSpec = Future { Source.fromURL(urlSpecUrl).mkString }
val answer = netiquette.flatMap { nettext =>
  urlSpec.map { urltext =>
    "Check this out: " + nettext + ". And check out: " + urltext
  }
}
answer foreach { case contents => log(contents) }
```

此程序异步地获取旧的 RFC 1855 文档（电子邮件通信和网络礼节指南）。然后，异步地获取 FTP 的 URL 规范。程序希望将两段文本拼接起来，它对第一个 Future 对象 netiquette 调用了 flatMap 方法。基于 netiquette 中的 nettext 值，flatMap 需要返回另一个 Future。它可以直接返回 urlSpec，但结果 answer 中只包含了 URL 规范，而没有 nettext。所以，需要调用 urlSpec 的 map 组合子，将其值 urltext 映射为 nettext 和 urltext 的拼接文本。这需要另一个中间 Future 对象，用于保存这个接拼文本；一旦此 Future 对象完成了，answer 也就完成了。整个过程如图 4.4 所示。

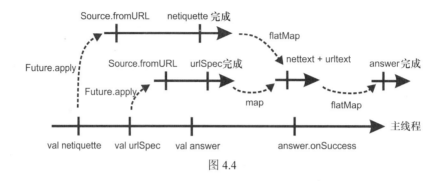

图 4.4

由图 4.4 可以看出，各个异步计算之间是存在某种内在顺序的，这个顺序可以用有向图表示，如图 4.5 所示。

图 4.5

这个有向图称为数据流图，因为它描述了数据从一个 Future 流向另一个 Future 的过程。图 4.5 中每个节点都表示 Future，而异步计算为连接各节点的有向边。一条边从一个节点指向另一个节点，表示此异步计算依赖于第一个节点的值，计算出来的值则存于第二个节点中。在此有向图中，Future.apply 产生的 Future 对象是源节点，它只有出边，没有入边。诸如 map 和 flatMap 的 Future 组合子将不同的节点连接起来。像 foreach 这样的回调函数会产生汇节点 answer.onSuccess，即只有入边，没有出边。有些组合子，比如 flatMap，可以使用多个节点中的值。

　flatMap 组合子将两个 Future 组合成一个：一个是 flatMap 作用的那个 Future，另一个是参数函数返回的那个 Future。

对于前面的电子邮件示例有两个注意事项。第一是对秘书的态度要好，她并不是技术高手；第二是直接使用 flatMap 会让程序难以理解。在 Scala 社区中并没有多少开发者像这样使用 flatMap。所以，应该在 for 推导式中隐式地使用 flatMap，如下所示。

```
val answer = for {
  nettext <- netiquette
  urltext <- urlSpec
```

```
} yield {
  "First, read this: " + nettext + ". Now, try this: " + urltext
}
```

这个 for 推导式实际上等价于直接使用 flatMap，但是更为简单，程序几乎是自解释的。netiquette 这个 Future 的值为 nettext，urlSpec 这个 Future 的值为 urltext，将两者拼接起来构成了最后的结果 Future。

 用户应该在 for 推导式中隐式地使用 flatMap，让程序更简洁和易懂。

注意，下面的 for 推导式与之前的类似，但两者并不等价。

```
val answer = for {
  nettext <- Future { Source.fromURL(netiquetteUrl).mkString }
  urltext <- Future { Source.fromURL(urlSpecUrl).mkString }
} yield {
  "First, read this: " + nettext + ". Now, try this: " + urltext
}
```

在上面的代码中，nettext 值从第一个 Future 中提取出来，但只有每一个 Future 完成之后，第二个 Future 才会开始。如果第二个异步计算依赖于 nettext，那这个过程是合理的。但对于本例，两个过程应该是同时进行的。

到目前为止，还只考虑了成功的 Future 的组合子。当组合子的输入 Future 中有一个失败了，那么结果 Future 也会失败，并抛出同一异常。在某些情况下，用户希望像串行编程的 try-catch 语句那样处理 Future 中的异常，在这种情况下使用的组合子为 recover，其声明如下所示。

```
def recover(pf: PartialFunction[Throwable, T])
  (implicit e: ExecutionContext): Future[T]
```

当此组合子作用于一个 Future 时，若成功计算完成类型为 T 的值 x，则结果 Future 完成了相同的值 x。但如果某个 Future 失败了，则部分函数 pf 被作用于那个抛出的 Throwable 对象。如果 pf 对这个 Throwable 对象没有定义，则返回的 Future 是失败的，抛出同一 Throwable 对象。否则，结果 Future 是 pf 作用于此 Throwable 对象的结果。如果 pf 本身抛出异常，则结果 Future 是失败的，抛出同一异常。

假设读者担心 netiquette 文档的 URL 拼写错了，希望将 recover 组合子作用于 netiquette，并在失败时提供一个合理的默认消息。

```
val netiquetteUrl = "http://www.ietf.org/rfc/rfc1855.doc"
val netiquette = Future { Source.fromURL(netiquetteUrl).mkString }
val answer = netiquette recover {
  case e: java.io.FileNotFoundException =>
    "亲爱的秘书，感谢你的电子邮件。" +
    "你可能会对 FTP 链接的相关知识感兴趣 " +
    "其实 FTP 链接也是可以指向我们的服务器上的正常文件的。"
}
answer foreach { case contents => log(contents) }
Thread.sleep(2000)
```

Future 还可以有其他一些组合子，比如 filter、fallbackTo 或 zip，但是这里将不介绍了，因为对基本的组合子有所了解就足够了。其他的组合子可以在 API 文档中找到。

4.2　Promise

在第 2 章中实现过一个异步方法，它接收一个工作线程和一个任务队列，然后执行异步计算。读者应该可以从该例子中初步感受到 execute 方法在执行上下文中是如何实现的。读者可能会问 Future.apply 方法是如何返回并完成一个 Future 对象的。本节介绍的 Promise 将回答这个问题。Promise 是指只能一次性赋值或抛出异常的一种对象。这也是 Promise 有时候又被称为单赋值变量的原因。Scala 中，Promise 表示为 Promise[T] 类型。为创建一个 Promise 实例，可以使用 Promise 伴随对象上的 Promise.apply 方法。

```
def apply[T](): Promise[T]
```

此方法返回一个新的 Promise 实例。类似于 Future.apply 方法，Promise.apply 也是立即返回的，即它是非阻塞的。不过，Promise.apply 方法并不会启动异步计算，它只是创建一个全新的 Promise 对象。当 Promise 对象创建后，它并不包含值或异常。为了将值或异常赋值给一个 Promise，需要分别使用 success 或 failure 方法。

读者大概已经注意到 Promise 和 Future 的相似之处。两者初始都为空，而且既可以是值也可以是异常。这种设计是有意的，事实上每个 Promise 对象恰好对应一个 Future 对象。为获得 Promise 对象对应的 Future 对象，可以调用 Promise 的 future 方法。多次调用此方法返回的都是同一个 Future 对象。

Promise 和 Future 分别表示一个单赋值变量的两个方面，Promise 对象让用户往 Future 对象中赋值，而 Future 对象让用户可以将值读出来。

在下面的代码中，创建了 Promise 对象 p 和 q，用于保存字符串。然后可以在 p 的 Future 对象上安装一个 foreach 回调，并等待 1 s。这个回调在 p 通过调用 success 方法来完成之前是不会被执行的。然后，以相同的方式让 q 失败，并安装一个 failed.foreach 回调。

```
object PromisesCreate extends App {
  val p = Promise[String]
  val q = Promise[String]
  p.future foreach { case x => log(s"p succeeded with '$x'") }
  Thread.sleep(1000)
  p success "assigned"
  q failure new Exception("not kept")
  q.future.failed.foreach { case t => log(s"q failed with $t") }
  Thread.sleep(1000)
}
```

用户还可以使用 complete 方法，并指定一个 Try[T] 对象来完成此 Promise 对象。当 Try[T] 成功时，此 Promise 会成功完成，否则会失败。需注意的是，当一个 Promise 成功完成或失败之后，它无法再以任意方式赋值或指定异常，强行这么做会抛出一个异常。注意，即使同时有多个线程调用 success 或 complete 方法，这一点也同样成立。只有一个线程可完成此 Promise，其余的皆会抛出异常。

 为一个已经完成的 Promise 赋值或指定异常是不允许的，这会抛出异常。

用户还可以使用 trySuccess、tryFailure 和 tryComplete 方法，其分别对应于 success、failure 和 complete，不同之处在于会返回一个布尔值，标识赋值是否成功。前文提过，只使用 Future.apply 和引用参考透明的回调的程序是确定的。只要不使用 trySuccess、tryFailure 和 tryComplete 方法，而 success、failure 和 complete 方法都没有抛出异常，则可使用 Promise，且程序仍然是确定的。

现在万事俱备，可以实现一个定制的 Future.apply 方法了。在下面的示例中称其为 myFuture。myFuture 方法有一个命名参数 b，表示异步计算。首先，该方法创建一个 Promise 对象 p；然后，在全局执行上下文上启动一个异步计算，此计算尝试计算 b，并完成此 Promise 对象。不过，如果 b 计算过程中抛出一个非致命异常，则这个异步计算会让该 Promise 失败，并抛出同一异常。同时，myFuture 方法在启动异步计算后立刻返回 Future 对象。

```
import scala.util.control.NonFatal
object PromisesCustomAsync extends App {
  def myFuture[T](b: =>T): Future[T] = {
    val p = Promise[T]
    global.execute(new Runnable {
      def run() = try {
        p.success(b)
      } catch {
        case NonFatal(e) => p.failure(e)
      }
    })
    p.future
  }
  val f = myFuture { "naa" + "na" * 8 + " Katamari Damacy!" }
  f foreach { case text => log(text) }
}
```

这是一种产生 Future 对象的常用模式。创建一个 Promise，让某个其他计算完成此 Promise，然后返回相应的 Future。不过，Promise 并不是仅仅用于定制 Future 的计算方法的，比如这里的 myFuture。下面的内容将介绍 Promise 的其他应用场合。

4.2.1　包装基于回调的 API

Scala 的 Future 是很好的，有助于避免阻塞，而回调则可用于避免轮询和忙等待。前文已经介绍过 Future 可以很好地与函数式组合子以及 for 推导式结合，但是有一个不得不面对的现实是：不是所有旧版本的 API 都使用了 Scala 的 Future。虽然现在的异步计算的正确方式是使用 Future，但大量的第三方库使用其他表达延迟的方法。

旧版本的框架常使用原始的回调函数来处理程序中的延迟问题。执行时间待定的方法并不会返回结果，取而代之的是，它们接收一个回调函数的参数，此回调函数用于读取将来的结果。JavaScript 中的库和框架是这种编程模式的范例，因为 JavaScript 是单线程的，所以阻塞是不可接受的。

在大型系统开发中使用这样的旧版本的系统是有问题的。首先，它们难以像本章介绍的方法那样很好地组合起来。其次，基于回调的代码难以理解和推理，大量没有结构化设计的回调函数混在一起乱得就像"意大利面"。这样的程序的控制流不是显而易见的，而完全由软件库内部决定，因此称为控制反转（inversion of control）。控制反转需要避免，因此，基于回调的 API 和 Future 之间需要一座"桥梁"，于是 Promise 就派上用场了。

  将 Promise 作为基于回调的 API 和 Future 之间的桥梁。

现在考虑 Commons IO 库中的 org.apache.commons.io.monitor 包，它用于监听文件系统事件，比如文件和目录的创建和删除。熟练使用 Future 之后，读者可能不会愿意再直接使用这类 API。因此，这里将实现一个 fileCreated 方法，它的参数是一个目录名称，返回的是一个 Future，其中的值是这个新创建目录中的第一个文件的名称。

```
import org.apache.commons.io.monitor._
```

为了用这个包来监听文件系统事件，首先要实例化一个 FileAlterationMonitor 对象。此对象周期性地监听文件系统的变化情况。之后，还需要创建一个 FileAlteration-Observer 对象，它会观察特定目录中的修改情况。最后，还需要创建一个 FileAlteration-ListenerAdaptor 对象，表示回调。当文件系统中新创建一个文件时，其 onFileCreate 方法就会被调用。这里用这个方法来完成一个 Promise，用于获得被修改文件的名称。

```
def fileCreated(directory: String): Future[String] = {
  val p = Promise[String]
  val fileMonitor = new FileAlterationMonitor(1000)
  val observer = new FileAlterationObserver(directory)
  val listener = new FileAlterationListenerAdaptor {
    override def onFileCreate(file: File): Unit =
      try p.trySuccess(file.getName) finally fileMonitor.stop()
  }
  observer.addListener(listener)
  fileMonitor.addObserver(observer)
  fileMonitor.start()
  p.future
}
```

注意，此方法的结构与 myFuture 方法的结构是一样的。都是首先创建一个 Promise，然后将它的完成置于某个其他计算之后，并返回此 Promise 的 Future。这种模式称为 Future—回调桥。

现在就可以用 Future 来监听文件系统中第一个文件的修改情况了。为

fileCreated 返回的 Future 添加一个 foreach 调用，然后在编辑器中创建一个新文件，并观察程序是否检测到了新文件。

```
fileCreated(".") foreach {
  case filename => log(s"Detected new file '$filename'")
}
```

Future 上面尚缺乏的一个常用工具是 timeout 方法。用户常希望调用 timeout 方法，传入 t ms 的参数，然后让它返回一个至少 t ms 之后才能完成的 Future。要实现这个方法，可以对 java.util 包中的 Timer 类应用 Future—回调桥的模式。先定义一个 timer 对象，供所有 timeout 调用。

```
import java.util._
private val timer = new Timer(true)
```

同样，还是先创建一个 Promise 对象 p，它没有包含什么有用信息，只不过它是待完成的，且类型为 Promise[Unit]。然后，调用 Timer 类的 schedule 方法，传入一个 TimerTask 对象，用于在 t ms 之后完成 Promise 对象 p。

```
def timeout(t: Long): Future[Unit] = {
  val p = Promise[Unit]
  timer.schedule(new TimerTask {
    def run() = {
      p success ()
      timer.cancel()
    }
  }, t)
  p.future
}
timeout(1000) foreach { case _ => log("Timed out!") }
Thread.sleep(2000)
```

timeout 方法返回的 Future 可进一步用于安装回调，或者通过组合子与其他 Future 组合起来。在 4.2.2 节中将介绍用于达到这个目的的组合子。

4.2.2　扩展 Future API

通常情况下，现有的 Future 组合子已经能满足绝大多数任务的需求，但是，偶尔也会有定制的需求。这是 Promise 的另一个使用案例。假设需要为 Future 添加如下组合子。

```
def or(that: Future[T]): Future[T]
```

此方法返回一个与参数同一类型的 Future，且其为当前 Future 和 that 中先完成的那个。虽然 Future 特质定义在 Scala 标准库中，无法直接为其添加这个方法，但还是可以用隐式转换的方式间接添加此方法。读者应该还记得，如果对某类型 A 的对象调用一个不存在的方法 xyz，Scala 编译器会尝试将类型 A 的对象隐式转换为另一个具有 xyz 方法的对象。定义这种隐式转换的一种方式是使用 Scala 的隐式类。

```
implicit class FutureOps[T](val self: Future[T]) {
  def or(that: Future[T]): Future[T] = {
    val p = Promise[T]
    self onComplete { case x => p tryComplete x }
    that onComplete { case y => p tryComplete y }
    p.future
  }
}
```

这个隐式类用于将类型为 Future[T] 的 Future 对象转换为新增了 or 方法的 FutureOps 对象。在 FutureOps 对象中，原来的 Future 对象被命名为 self，但这是个保留字，用于指向 FutureOps 对象。or 方法会在 self 和 that 这两个 Future 上安装回调。每个回调都调用 Promise 对象 p 上的 tryComplete 方法，先成功执行完的那个回调即完成 Promise 的那个回调。而另一个回调中的 tryComplete 方法会返回 false，且不影响 Promise 的状态。

 可以使用 Promise 来为 Future 扩展增加新的函数式组合子。

注意，上面的例子中使用了 tryComplete 方法，而组合子 or 的结果是不确定的，即结果 Future 的完成值取决于输入的两个 Future 的执行调度情况。当然，这种不确定性语义是符合要求的。

4.2.3 异步计算的取消

在某些情况下，用户会希望取消 Future 计算。原因可能是计算超时了，或用户单击了用户界面上的取消按钮。无论是哪种情况，被取消的 Future 都应该获得某个替代值。

Future 本身并不提供取消功能。一旦某个 Future 计算启动了，直接对其进行取消是不可行的。在第 2 章中提到过,强行停止并发程序是有害的,这也是早期的 JDK 中将 Thread 类的 stop 标识为不推荐使用的原因。

取消 Future 计算的一种可能的方法是,将其与另一个称为取消 Future 的 Future 组合起来。当一个 Future 计算被取消了,取消 Future 会提供一个默认值。这里将 4.2.2 节介绍的组合子 or 和 timeout 方法结合起来,从而实现 Future 与取消 Future 的组合。

```
val f = timeout(1000).map(_ => "timeout!") or Future {
  Thread.sleep(999)
  "work completed!"
}
```

运行上面的程序时,组合子 or 的不确定性是显而易见的,因为 timeout 和 sleep 表达式几乎是同时发生的。另外需要注意的是,如果发生了超时,由 Future.apply 启动的计算实际上并没有停止。虽然 Future 对象 f 获得了完成值"timeout!",但 Future 计算实际上还在并发运行。只不过,当它运行完成时,它已经无法在组合子 or 中用 tryComplete 来为 Promise 对象赋值。在许多情况下,这并不是什么大问题。比如 HTTP 请求需要完成一个 Future,但它不会占用任何计算资源,最终可能会出现超时。又如,一个键盘事件需要完成一个 Future,它被触发时只会消耗极少的 CPU 时间。从上一个例子中可以看到,基于回调的 Future 常常可以被取消。另一方面,实现异步计算的 Future 对象也可能会占用大量的 CPU 资源或其他资源,比如扫描文件系统或下载大型文件,这类行为必须要能够及时被终止。Future 计算不可强行终止,所以 Future 计算和 Future 客户之间需要存在某种合作机制。在目前见到的所有例子中,异步计算总是将使用 Future 作为通信手段将一个值传递给客户,而客户则需要反向通信让异步计算适可而止。这种双向通信可以自然地用 Future 和 Promise 来实现。

首先,定义类型 Cancellable[T] 为 Promise[Unit] 和 Future[T] 类型的二元组。客户将用到 Promise[T] 部分实现取消操作请求,而 Future[T] 部分则用于订阅计算结果。

```
object PromisesCancellation extends App {
  type Cancellable[T] = (Promise[Unit], Future[T])
}
```

cancellable 方法的参数为异步计算的代码块 b,代码块 b 的参数是一个类型为 Future[Unit] 的参数,用于检查是否有取消操作请求。cancellable 方法创建了类型为 Promise[Unit] 的 Promise 对象 cancel,并将它的 Future 传递给异步计算。

这种 Promise 对象称为取消 Promise。cancel 对象用于通知异步计算 b 何时停止。当异步计算 b 返回某个值 r 之后，cancel 将会失败。这确保了当 Future[T]类型的对象完成之后，客户将不能再成功地用 cancel 来取消计算。

```
def cancellable[T](b: Future[Unit] => T): Cancellable[T] = {
  val cancel = Promise[Unit]
  val f = Future {
    val r = b(cancel.future)
    if (!cancel.tryFailure(new Exception))
      throw new CancellationException
    r
  }
  (cancel, f)
}
```

如果在 Promise 对象 cancel 上调用 tryFailure 时返回 false，则客户必然已经完成 cancel。在这种情况下，客户的取消请求将不能被阻止，从而抛出异常 CancellationException。注意，这个检测必不可少，因为它可避免客户成功取消计算的同时 Future 计算也完成的情况出现。

此异步计算必须时不时用 cancel 上的 isCompleted 方法检查一下这个 Future 是否被取消了。如果检测到被取消了，则必须通过抛出 CancellationException 异常实现计算的终止。

```
val (cancel, value) = cancellable { cancel =>
  var i = 0
  while (i < 5) {
    if (cancel.isCompleted) throw new CancellationException
    Thread.sleep(500)
    log(s"$i: working")
    i += 1
  }
  "resulting value"
}
```

在 cancellable 的计算启动之后,主线程会等待 1500 ms,然后调用 trySuccess 来完成取消 Promise。这时，此取消 Promise 可能已经失败。在这种情况下，若不调用 trySuccess 而直接调用 success，则会产生异常。

```
Thread.sleep(1500)
cancel trySuccess ()
```

```
    log("computation cancelled!")
    Thread.sleep(2000)
}
```

最后，若不出意外，"working"消息会出现在主线程的"computation cancelled!"
之后，因为异步计算使用轮询，且不会立即检测到它已经被取消。

 可以使用 Promise 实现取消或其他形式的客户和异步计算之间的双向
通信。

注意，调用 cancel 上的 trySuccess 方法不能保证计算一定会被取消。有可能
在客户有机会取消计算之前，异步计算就已经让 cancel 失败。这时候，客户（比如这
里的主线程）一般应该使用 trySuccess 方法的返回值来检测是否成功取消。

4.3　Future 和阻塞

从本书的例子中应该可以看出，阻塞有时候被视为反模式。Future 和异步计算主
要用于避免阻塞，但有时候用户又不得不使用阻塞。因此，阻塞和 Future 之间的交互
方式仍然是值得讨论的。

阻塞 Future 有两种方式，第一种是等待 Future 完成，第二种是在异步计算内部
阻塞。本节将讨论这两种方式。

4.3.1　等待 Future 完成

在极少数情况下，靠回调或 Future 组合子是无法避免阻塞的。比如，主线程启动
了多个异步计算，并等待它们全部完成。如果一个执行上下文使用了后台线程，比如全
局执行上下文，那么主线程需要用阻塞来阻止 JVM 进程终止。

在这些情况中，可使用 scala.concurrent 包中的 Await 对象上的 ready 和
result 方法。ready 方法阻塞调用线程，直到指定的 Future 完成为止。result 方
法也可阻塞调用线程，如果 Future 成功完成，则返回 Future 的值；如果 Future 失
败，则抛出其异常。

这两种方法都需要指定一个 timeout 参数，即调用线程需要等待 Future 计算的
最长时间，超时后会抛出一个 TimeoutException 异常。指定 timeout，需要导入
scala.concurrent.duration 包，通过这个包，用户可以使用 10.seconds 这样
的表达式。

```
import scala.concurrent.duration._
object BlockingAwait extends App {
  val urlSpecSizeFuture = Future {
    val specUrl = "http://www.w3.org/Addressing/URL/url-spec.txt"
    Source.fromURL(specUrl).size
  }
  val urlSpecSize = Await.result(urlSpecSizeFuture, 10.seconds)
  log(s"url spec contains $urlSpecSize characters")
}
```

在此例中，主线程启动一个计算，用于下载 URL 规范，然后等待结果。为避免 W3C 网站误以为出现 DOS 网络攻击，这是本书中最后一次下载 URL 规范。

4.3.2　在异步计算内部阻塞

等待 Future 计算的完成不是唯一的阻塞方式。有些旧版本的 API 不使用回调来异步返回结果，而是使用阻塞方法。当调用一个阻塞方法时，用户失去对线程的控制权，完全由这个阻塞方法来决定何时将线程解锁并交还控制权。

执行上下文通常是用线程池实现的，从第 3 章可知，阻塞式工作线程可能会导致线程饥饿。因而，若启动的 Future 计算阻塞了，就有可能减弱并行性，甚至会产生死锁。这一点可由下面的例子看出，其中，16 个独立的 Future 计算调用了 sleep 方法，而主线程会一直等待下去。

```
val startTime = System.nanoTime
val futures = for (_ <- 0 until 16) yield Future {
  Thread.sleep(1000)
}
for (f <- futures) Await.ready(f, Duration.Inf)
val endTime = System.nanoTime
log(s"Total time = ${(endTime - startTime) / 1000000} ms")
log(s"Total CPUs = ${Runtime.getRuntime.availableProcessors}")
```

假设用户处理器有 8 个内核，那么这个程序在 1 s 内完成不了。实际上，Future.apply 启动的头一批的 8 个 Future 会让所有的工作进程阻塞 1 s，然后，另一批的 8 个 Future 会另外阻塞 1 s。结果是，8 个内核都无法有意义地运行 1 s。

在异步计算时应避免使用阻塞，否则可能会造成线程饥饿。

如果一定要阻塞，则阻塞的那部分代码应该置于 blocking 调用中。这相当于告诉执行上下文工作线程被阻塞了，必要时可以临时启动另一个工作线程。

```
val futures = for (_ <- 0 until 16) yield Future {
  blocking {
    Thread.sleep(1000)
  }
}
```

通过将 sleep 调用置于 blocking 调用中，全局执行上下文会启动其他线程处理多余的工作。这样，16 个 Future 计算都可以并发计算了，程序也可以在 1 s 之后结束。info:Await.ready 和 Await.result 语句会阻塞调用线程，直到 Future 完成为止。这两个操作是阻塞操作，大部分情况下被用于异步计算之外。blocking 语句则用于异步计算之内，用于标识内部代码块包含阻塞调用，但它本身并不是阻塞操作。

4.4　Scala 的 Async 库

本节主要介绍 Scala Async 库。不过，这个库并没有什么关于 Future 和 Promise 的新概念。即使不看本节，根据前文的内容，读者也已经了解了关于异步计算、回调、Future 组合子、Promise 和 blocking 的知识，这对于编写异步应用也完全够用了。那为什么还要介绍 Scala Async 库呢？因为它提供了 Future 和 Promise 辅助工具，利用它可以更方便地链式表达异步计算。每个用 Scala Async 库编写的程序都还可以用 Future 和 Promise 表达，只不过用 Scala Async 库编写的版本通常更精简和易懂。

Scala Async 库引入了两个新方法：async 和 await。async 在概念上等价于 Future.apply，它启动一个异步计算，并返回一个 Future 对象。而对于 await 方法则不能将其和 Await 对象弄混了，后者用于阻塞 Future，await 方法则用于接收一个 Future 对象并返回它的值。而且和 Await 对象上的方法不同，await 方法不会阻塞当前线程，后面很快会介绍这一点是如何实现的。

Scala Async 库目前还不属于 Scala 标准库，使用时需要在构建定义文件中加入以代码。

```
libraryDependencies +=
  "org.scala-lang.modules" %% "scala-async" % "0.9.1"
```

下面的 delay 方法是一个简单示例，它返回一个 Future 对象，在 n s 之后完成计算。其中使用了 async 方法启动异步计算，又调用了 sleep 方法。当 sleep 返回结果时，Future 计算也完成了。

```
def delay(n: Int): Future[Unit] = async {
  blocking { Thread.sleep(n * 1000) }
}
```

await 方法必须被静态地包含在同一方法中的 async 代码块中，如果 await 在 async 代码块之外，则会产生一个编译时错误。每当 async 代码块内部执行到 await 语句时，它会等到 await 返回的 Future 完成计算之后再继续执行，如下所示。

```
async {
  log("T-minus 1 second")
  await { delay(1) }
  log("done!")
}
```

这里，async 代码块中的异步计算输出字符串"T-minus 1 second"。然后，调用 delay 方法获得一个在 1 s 之后完成的 Future。await 的作用就是让计算等待，直到 delay 返回的 Future 完成。之后，async 代码块完成字符串的输出。

读者可能会自然地想到一个问题：Scala Async 库在执行上面的示例时不会发生阻塞吗？答案是 Scala Async 库使用 Scala Macros 将 async 语句中的代码进行了变换。此变换使 await 之后的代码都变成了注册到 await 内的 Future 对象上的回调。将这个变换大大简化之后，上述代码等价于如下计算过程。

```
Future {
  log("T-minus 1 second")
  delay(1) foreach {
    case x => log("done!")
  }
}
```

可以看到，Scala Async 产生的等价代码完全没有阻塞。async/await 风格的代码的优势在于更易懂。比如，它支持定制一个 countdown 方法，参数是 n s 和每秒执行一次的函数 f。countdown 的 async 代码块内用到了一个 while 循环：每次触发一个 await 语句时，执行过程会暂停 1 s。使用 Scala Async 的代码看起来和通常的过程式代码没有两样，但不会有额外的阻塞代价。

```
def countdown(n: Int)(f: Int => Unit): Future[Unit] = async {
  var i = n
  while (i > 0) {
    f(i)
    await { delay(1) }
    i -= 1
  }
}
```

countdown 方法可用于主线程中每隔 1 s 将字符串输出到标准输出中。因为 countdown 返回的是一个 Future 对象，所以可在每个 countdown 方法执行完之后安装一个 foreach 回调。

```
countdown(10) { n => log(s"T-minus $n seconds") } foreach {
  case _ => log(s"This program is over!")
}
```

既然 Async 库在实际中这么好用，那么问题来了，什么时候用它来取代回调、Future 组合子和 for 推导式呢？在大部分情况下，只要单个方法内的多个异步计算构成逻辑上的串行计算，需要表示成链式形式，就可以用 Async 库。至于使用的具体时机，则完全由用户自己决定了，这里的建议是应总是选择更精简、更可维护的编程风格。

 当多个异步计算需要串行使用时，使用 Scala Async 库的 async/await 语句可以将代码表示成更直观的过程式代码。

4.5　其他 Future 框架

Scala 的 Future 和 Promise 的 API 的目标是将异步计算的不同 API 统一起来，其他类似的 API 还有旧版本的 Scala 的 Future、Akka 的 Future、Scalaz 的 Future，以及 Twitter 的 Finagle Future。旧版本 Scala 的 Future 和 Akka 的 Future 已经融为了本章正在使用的 Future 和 Promise API。Finagle 的 com.twitter.util.Future 也将逐步实现和 scala.concurrent.Future 相同的接口，而 Scalaz 的 scalaz.concurrent.Future 类型的接口稍有不同。本节将简要介绍一下 Scalaz 的 Future。

为使用 Scalaz，要在 `build.sbt` 中添加如下依赖项。

```
libraryDependencies +=
  "org.scalaz" %% "scalaz-concurrent" % "7.0.6"
```

下面，使用 Scalaz 来编写一个异步程序 tombola。Scalaz 中的 Future 类型并没有 foreach 方法，而是有 runAsync，它能异步地进行 Future 计算，并返回其值，然后调用指定的回调。

```
import scalaz.concurrent._
object Scalaz extends App {
  val tombola = Future {
    scala.util.Random.shuffle((0 until 10000).toVector)
  }
  tombola.runAsync { numbers =>
    log(s"And the winner is: ${numbers.head}")
  }
  tombola.runAsync { numbers =>
    log(s"... ahem, winner is: ${numbers.head}")
  }
}
```

除非用户无比幸运，否则重复两次随机"洗牌"之后，此程序的运行结果中两次 runAsync 调用将输出不同的数字。每次 runAsync 调用都独立随机地对数字洗牌。这个结果并不意外，因为 Scalaz 的 Future 具有 pull 语义，即每次某个回调发出请求时才会发生求值计算，这和 Finagle 和 Scala 的 Future 的 push 语义不同，即回调会被存起来，当异步计算开始进行时就会被执行。

为实现和 Scala 的 Future 同样的语义，需要使用 start 组合子，它会运行一次异步计算，并将结果缓存起来。

```
val tombola = Future {
  scala.util.Random.shuffle((0 until 10000).toVector)
} start
```

这么修改之后，两次 runAsync 调用将得到相同的随机数 tombola，并输出相同的值。

至于每个框架的内部实现，这里就不赘述了。本章介绍的关于 Future 和 Promise 的基础知识应该够用了，据此读者可以很容易地转向了解其他异步编程库。

4.6 小结

本章介绍了一些"强大"的抽象异步编程概念，包括如何用 Future 类型来编码延迟语义，如何避免 Future 上的回调的阻塞，以及如何将多个 Future 组合起来。还介绍了结合使用 Future 和 Promise，Promise 与旧版本的基于回调的系统的交互，以及当阻塞不可避免时如何使用 Await 对象和 blocking 语句。最后，介绍了 Scala Async 库，它提供了一种可以更精简地表示 Future 计算的编程方式。

Future 和 Promise 只允许一次处理一个值，那万一异步计算在完成之前产生了多个值呢？类似地，如何高效地执行大型数据集上的不同元素的数千个异步操作呢？这时候还应该使用 Future 吗？第 5 章将介绍 Scala 对于数据并行的支持，这是一种在不同容器元素上并行执行异步计算的并发编程形式。届时，读者会意识到当数据集很大时，数据并行容器会比 Future 更适用，因为它的性能更好一些。

4.7 练习

下面的练习总结了本章关于 Future 和 Promise 的内容，需要读者定制 Future 工厂方法和组合子。有些练习还涉及确定性编程抽象，比如单赋值变量和映射，这是本章尚没有提到过的。

1. 实现一个命令行程序，它能提示用户输入一个网站 URL，然后显示此网站的超文本标记语言（Hypertext Markup Language，HTML）内容。当用户按 Enter 键之后和下载 HTML 内容完成之前，此程序要求反复在标准输出中每隔 50 ms 输出 . 符号，超时间隔为 2 s。要求只使用 Future 和 Promise，不能使用前文介绍的同步原语，但可以重用本章中的 timeout 方法。

2. 实现一个称为单赋值变量的抽象数据结构，由如下 IVar 类表示。

```
class IVar[T] {
  def apply(): T = ???
  def :=(x: T): Unit = ???
}
```

当创建之后，IVar 类中没有值，这时调用 apply 会抛出异常。当用 := 方法赋值之后，后续的 := 也会抛出异常，而 apply 方法则会返回第一次赋值的值。要求只使用 Future 和 Promise，不能使用前文介绍的同步原语。

3. 用 exists 方法扩展 Future[T]类型，此方法接收一个断言函数，返回一个 Future[Boolean]对象。

```
def exists(p: T => Boolean): Future[Boolean]
```

当且仅当原来的 Future 完成且断言函数 p 返回 true 时，返回的 Future 的完成值为 true，否则完成值为 false。读者可以使用 Future 组合子，但不允许创建任何 Promise 对象。

4. 重复练习 3，但只能使用 Promise 对象，而不能使用 Future 组合子。

5. 重复练习 3，但请使用 Scala Async 库。

6. 实现 spawn 方法，参数为一个命令行字符串，此方法在一个子进程中异步执行此命令行，并返回一个 Future，其完成值为子进程的退出码。

```
def spawn(command: String): Future[Int]
```

确保实现代码中不要出现线程饥饿。

7. 实现 IMap 类，用它来表示一个单赋值映射。

```
class IMap[K, V] {
  def update(k: K, v: V): Unit
  def apply(k: K): Future[V]
}
```

键和值的二元组可添加到 IMap 对象中，但加入之后就不能再删除或修改它了。一个键只能赋值一次，后续更新会抛出异常。用一个键来调用 apply 方法会返回一个 Future，当此键的值插入映射之后，这个 Future 才会完成。除了 Future 和 Promise，读者还可以使用 scala.collection.concurrent.Map 类。

8. 用 compose 方法扩展 Promise[T]类型，其参数是类型为 S => T 的函数，返回一个 Promise[S]对象。

```
def compose[S](f: S => T): Promise[S]
```

当结果 Promise 完成值为 x（或完成失败）时，原来的 Promise 必须异步地完成为 f(x)（或完成失败），除非原来的 Promise 已经完成。

9. 实现 scatterGather 方法，其参数是一系列任务 tasks，此方法将这些任务以并行异步计算的方式完成，然后将它们的结果组合起来，并返回包含这些结果的序列的 Future。scatterGather 方法具有如下接口。

```
def scatterGather[T](tasks: Seq[() => T]): Future[Seq[T]]
```

10. 为本章中的 timeout 实现另一个版本,但不能使用 blocking 或 Thread.sleep,应该使用 JDK 中的 java.util.Timer 类。这个新版本有什么优点?

11. 有向图是由有限个节点构成的数据结构,每个节点被连接到有限个其他节点,这些连接被称为有向边。有向无环图(Directed Acyclic Graph,DAG)指的是一种没有闭环的有向图,即从任意一个节点 N 出发,沿有向边无法回到 N。换句话说,DAG 的有向边不能构成封闭路径。下面是表示 DAG 节点的一种方式。

```
class DAG[T](val value: T) {
  val edges = scala.collection.mutable.Set[DAG[T]]
}
```

下面是一个 DAG 声明的示例。

```
val a = new DAG("a")
val b = new DAG("b")
val c = new DAG("c")
val d = new DAG("d")
val e = new DAG("e")
a.edges += b
b.edges += c
b.edges += d
c.edges += e
d.edges += e
```

上面的 DAG 声明的图形化表示如图 4.6 所示。

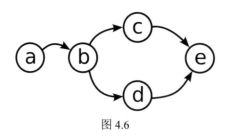

图 4.6

DAG 常用来定义不同对象的依赖关系,比如工程构建工具或集成开发环境(Integrated Development Environment,IDE)中的任务之间的依赖关系。读者的任务是实现一个 fold 方法，其参数是一个 DAG 节点和一个函数，此函数将每一个节点及其输入映射为某个值，然后返回一个 Future，其完成值为输入节点的结果值。

```
def fold[T, S](g: DAG[T], f: (T, Seq[S]) => S): Future[S]
```

fold 方法异步执行 DAG 中的每一个节点上的任务，并将节点任务及其输入映射为一个新值。计算过程需要保持 DAG 每一个节点之间的依赖关系，即一个节点任务只能在它所有的依赖项完成计算之后再执行。比如，图 4.6 中的任务 b 只能在任务 c 和 d 都产生结果之后再执行。

第 5 章
数据并行容器

不成熟的优化是"罪恶之源"。

——唐纳德·克努特（Donald Knuth）

到目前为止，本书介绍了如何将多个计算线程组合成一个安全的并发程序，这样做主要是为了确保计算的正确性。另外还介绍了其他一些内容，比如如何避免并发程序中的阻塞，如何响应异步计算的结束，以及如何在线程之间用并发数据结构进行通信。了解这些可以让用户更容易地组织并发程序的结构。本章的主要目标是实现更好的性能，对于已有的程序结构不会进行太多改变，更侧重于用多处理器来减少运行时间。第 4 章中的 Future 在某种程度上已经可以做到这一点，只不过 Future 相对来说属于重量级工具，而且如果 Future 中的异步计算粒度较小，则性能提升有限。

数据并行指的是用同一个计算过程并行处理不同数据元素的一种计算形式。它不采用同步的方式进行并发通信，而是将相互独立的计算过程的结果用某种方式合并起来。数据并行操作的输入一般是数据集，比如一个容器，而合并结果可以是一个值，也可以是另一个数据集。

本章将介绍如下内容。

- 使用数据并发操作。

- 配置数据并行容器的并发层次。

- 性能的测量及测量的重要性。

- 串行容器和并行容器的区别。

- 结合使用并行容器和并发容器。

- 定制一个并行容器，比如并行字符串。

- 其他数据并行框架。

在 Scala 中，数据并行编程已经应用于标准容器框架，以加速批量操作，因为批量操作本身就具有声明式特点，天生适合数据并行。在讨论数据并行容器之前，这里首先要简单介绍一下 Scala 的容器框架。

5.1 Scala 容器概述

Scala 的容器模块是 Scala 标准库中的一个包，它包含一系列通用容器类型。Scala 容器提供一种通用和易用的方式来声明式地用函数式组合子来操作数据。比如，在下面的程序中，对某个范围的数字用 filter 组合子过滤，返回 0～100000 的回文数字（palindrome number），即左右对称的十进制数字。

```
(0 until 100000).filter(x => x.toString == x.toString.reverse)
```

Scala 容器中定义了 3 种基础容器类型：序列、映射和集合。序列中存储的元素可用 apply 方法和一个整数索引来获取。映射中存储的键值二元组可用一个键来获取相应的值。集合则可用 apply 方法来测试元素是否存在。Scala 容器对不可变容器（一旦创建就不可修改）和可变容器（创建之后可以更新）是区别对待的。常用的不可变序列包括 List 和 Vector，而常用的可变序列是 ArrayBuffer。可变 HashMap 和 HashSet 容器都是用散链表实现的，而不可变 HashMap 和 HashSet 容器则是基于少为人知的散列 trie 数据结构的。

Scala 容器可用 par 方法变换为相应的并行版本，所得的容器称为并行容器，并行容器的操作可以通过多处理器并行加速。前面的示例可用如下方式并行运行。

```
(0 until 100000).par.filter(x => x.toString == x.toString.reverse)
```

上述代码中的 filter 组合子是一个数据并行操作。本章将详细介绍并行容器，包括创建并行容器的时机和方式，如何与串行容器结合使用，以及如何定制并行容器类。

5.2 使用并行容器

本书前文介绍的大部分并发编程工具都用于实现不同线程之间的通信，比如原子性变量、synchronized 语句、并发队列、Future 和 Promise 等，它们主要用于确保并发程序的正确性。而并行容器编程模型的设计目标是让并行容器与串行容器等价，只不过在速度方面有差异，本章将测量两者的性能差异。为了更容易测量，本章还将介绍

timed 方法，此方法的输入是一个代码块 body，返回的是 body 执行的运行时间。该方法首先用 JDK 的 System 类中的 nanoTime 方法记录当前时间，然后运行 body，并记录 body 执行完之后的时间，再测量时间差异。

```
@volatile var dummy: Any = _
def timed[T](body: =>T): Double = {
  val start = System.nanoTime
  dummy = body
  val end = System.nanoTime
  ((end - start) / 1000) / 1000.0
}
```

JVM 中的某些运行优化技术，比如死代码清除，可能会清除 body 的触发过程，从而得到错误的运行时间。为防止出现这种情况，这里将 body 代码块的返回值赋给易失变量 dummy。

程序性能与多种因素有关，在实际情况中非常难以预测。但只要有可能，用户都应该通过测量的方式验证性能假设。在下面的例子中，使用了 Scala 的 Vector 类来创建包含 500 万个数字的矢量（vector），然后用 scala.util 中的 Random 类来打乱数字的顺序。再分别计算串行版的 max 方法和并行版的 max 方法，找出 numbers 中的最大数。

```
import scala.collection._
import scala.util.Random
object ParBasic extends App {
  val numbers = Random.shuffle(Vector.tabulate(5000000)(i => i))
  val seqtime = timed { numbers.max }
  log(s"Sequential time $seqtime ms")
  val partime = timed { numbers.par.max }
  log(s"Parallel time $partime ms")
}
```

本书使用的计算机的配置为具备超线程功能的 Intel Core i7-4900MQ 四核处理器，Java 环境为 Oracle JVM 1.7.0_51，运行串行 max 的时间为 244 ms，而并行版本耗时 35 ms。之所以性能提升这么多，主要是因为并行容器的优化做得更好。但是使用不同的处理器和 JVM 可能会有不同的结果。

 可以通过测量运行时间来判断性能假设是否成立。

max 方法特别适合并行计算，因为子线程可以独立地扫描容器子集。当子线程在各处的子集中找到了最大值，它会通知其他处理器，直到它们都能在最大值上达成一致。最后一步操作比在容器子集中搜索最大值耗时要少。因而称 max 方法是平凡且可并行化的。

和 max 相比，通常的数据并行操作涉及更多处理器之间的通信。回忆第 3 章中介绍的原子性变量上的 incrementAndGet 方法，也可用它来计算唯一标识符。只不过，这里将用并行容器生成大量的唯一标识符。

```
import java.util.concurrent.atomic._
object ParUid extends App {
  private val uid = new AtomicLong(0L)
  val seqtime = timed {
    for (i <- 0 until 10000000) uid.incrementAndGet()
  }
  log(s"Sequential time $seqtime ms")
  val partime = timed {
    for (i <- (0 until 10000000).par) uid.incrementAndGet()
  }
  log(s"Parallel time $partime ms")
}
```

此例中，for 循环中用到并行容器，而且前文介绍过，每个 for 循环都会被编译器编译成一个 foreach 调用。这里的并行 for 循环等价于如下代码。

```
(0 until 10000000).par.foreach(i => uid.incrementAndGet())
```

当调用一个并行容器的 foreach 方法时，容器中的元素将并发地处理。即不同的工作线程同时触发指定的函数，所以还需要有恰当的同步措施。在本例中，同步性是由原子性变量保证的，详细介绍参见第 3 章。

但这个程序运行起来似乎并没有提高速度，实际上这个并行版本甚至比串行版本运行得还慢，一台四核计算机的一次测试显示，运行串行版本只要 320 ms，而运行并行版本居然要 1041 ms。

读者看到这个结果大概会很惊讶，四核计算机上的并行程序运行起来难道不应该快 4 倍吗？但实际上并行程序并不总能提高效率，这里的并行 foreach 之所以会运行得慢，是因为工作线程同时调用了原子性变量 uid 上的 incrementAndGet 方法，并且将结果立刻写入相同的内存区域。

在现代计算机体系结构中，内存写入并不是直接操作随机存取存储器（Random Access Memory，RAM），因为这太慢了。相反，现代计算机体系结构中，CPU 和内存之间还有好几层缓存：容量小的缓存往往速度更快也更贵，它里面存的是处理器当前处理的数据复制。离 CPU 最近的缓存层称为 L1 缓存，L1 缓存又被划分为多个称为缓存行（cache line）的连续空间，其典型大小为 64B。在标准的多核处理器中，多个内核可以同时访问同一个缓存行，但写操作是互斥的，同时只能有一个内核拥有某个缓存行。如果同时有另一个内核请求写入同一个缓存行，那么此缓存行的内容将会被复制到那个内核的 L1 缓存中。维护这种缓存一致性的协议称为修改、互斥、共享、非法（Modified Exclusive Shared Invalid，MESI），其具体内容超出了本书范围。读者只需要知道交换缓存行的所有权的代价是比较大的（相对处理器的时间尺度而言）。

因为变量 uid 是原子性的，JVM 需要确保 uid 的写操作和读操作之间具有前发生关系（见第 2 章）。为保证实现前发生关系，内存写操作必须对其他处理器可见。要做到这一点，唯一的办法是在写之前让缓存行是独占的。在上面的例子中，不同的处理器内核反复交换缓存行的所有权，以实现 uid 的分配，于是造成了并行版本的速度比串行版本的还慢。这个过程如图 5.1 所示。

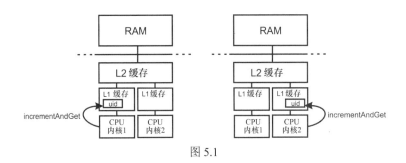

图 5.1

如果不同处理器只读取一个共享内存区域，则不会影响速度，但写操作会影响速度，这是可扩展性的一大障碍。

 多个线程往同一内存区域写入数据需要恰当的同步措施，这会造成竞争和性能瓶颈，因此，在数据并行操作中要尽量避免这种情况。

并行程序除了要共享计算能力外，还要共享其他资源。当不同的并行计算请求更多的资源时，就会产生所谓的资源竞争。上一个例子中的资源竞争称为内存竞争，即争夺同一内存区域的"独家"写入权。

类似的性能瓶颈还有很多，比如多线程并发触发同一对象的 synchronized 语句，重复修改并发映射中的同一个键，或同时往并发队列中插入元素。这些行为都涉及往同一内存区域写入数据。不过，这并不是说多线程就绝不应该写入同一内存区域。在一些应用中，并发写操作并不频繁；内存竞争时间和其他任务时间的比值决定了并行化是否值得，但只看程序本身是很难预测这个比值的。上面的 ParUid 例子表明，要想了解资源竞争的影响，就不得不坚持使用测量的手段。

5.2.1　并行容器的类继承谱系

如前文所述，并行容器的操作同时在不同的工作线程上运行。在并行操作执行时的任意时刻，容器中每一个元素最多只能被一个工作线程处理。并行操作中指定的代码块分别作用在容器中的每一个元素上，在 ParUid 例子中，incrementAndGet 方法被并发执行了很多次。每当并行操作可能会出现副作用时，就需要使用恰当的同步措施。如果直接使用 var 来存储 uid，会产生数据争用（见第 2 章），而这在串行容器中不会出现。

这造成的后果是并行容器不能是串行容器的子类型。让并行容器继承某个串行容器，会违反 Liskov 替换原则。Liskov 替换原则指的是如果类型 S 是类型 T 的子类型，则类型为 T 的对象可以替换为类型为 S 的对象，而不会影响程序的正确性。

假如并行容器是串行容器的子类型，则某些方法必须返回具有静态类型 Seq[Int] 的串行序列容器，而这个序列对象在运行时却是一个并行序列容器。客户端可以在容器上调用诸如 foreach 的方法，却不知道 foreach 方法中的代码需要同步，所以程序结果将不正确。出于这些原因，并行容器构成一个与串行容器相互独立的继承谱系，如图 5.2 所示。

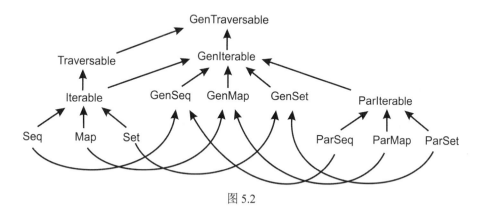

图 5.2

图 5.2 显示了简化版的 Scala 容器的继承关系，左边是串行容器。常用的容器类型称为 Traversable。它的一些容器操作是用相应的抽象 foreach 方法实现的，比如 find、map、filter 或 reduceLeft。它的 Iterable[T] 子类型提供了其他一些操作，比如 zip、grouped、sliding 和 sameElements，它们是用其 iterator 方法实现的。

Seq、Map 和 Set 特质是可遍历容器，分别表示 Scala 中的序列、映射和集合。这些特质用于编写基于泛型容器的代码。下面的 nonNull 方法将容器 xs 中的非 null 元素复制出来。这里的 xs 容器可以是 Vector[T]、List[T] 或其他序列容器。

```
def nonNull(xs: Seq[T]): Seq[T] = xs.filter(_ != null)
```

并行容器构成了另一个谱系，常用的并行容器称为 ParIterable。ParIterable 上的方法是并行的，比如 foreach、map 或 reduce。ParSeq、ParMap 和 ParSet 容器也是并行容器，分别对应于 Seq、Map 和 Set，但不是它们的子类。使用并行容器可以重载前面的 nonNull 方法。

```
def nonNull(xs: ParSeq[T]): ParSeq[T] = xs.filter(_ != null)
```

虽说实现过程是相同的，用户不能再将串行容器传入这个并行版本的 nonNull 方法中，但是可以调用串行容器 xs 的 .par，生成一个并行容器，只不过这时的 filter 就是并行运行的了。那能不能编写和容器类型无关的代码呢？泛型容器类型就是起这个作用的，它们是 GenTraversable、GenIterable、GenSeq、GenMap 和 GenSet。它们每一个都是相应串行或并行容器类型的超类。比如，GenSeq 泛型序列类型可用于编写如下 nonNull 方法。

```
def nonNull(xs: GenSeq[T]): GenSeq[T] = xs.filter(_ != null)
```

当使用泛型容器类型时，用户需要牢记的是，它既可以是串行容器也可以是并行容器。因而，只要泛型容器上的操作可能有副作用，就要使用同步。

 用户要假设泛型容器类型上的操作是并行的。

5.2.2　配置并行层次

并行容器默认线程数和处理器数目一样多，即程序执行时使用的工作线程数目。当然，这个默认行为是可以改变的，修改并行容器的 TaskSupport 对象即可。这里用到的一个简单的 TaskSupport 实现是 ForkJoinTaskSupport 类，它接收一个 ForkJoinPool 容器，用来调度并行操作。

因而，为了配置一个并行容器的并行层次，可以实例化一个 ForkJoinPool 容器，以实现想要达到的并行层次。

```
import scala.concurrent.forkjoin.ForkJoinPool
object ParConfig extends App {
  val fjpool = new ForkJoinPool(2)
  val customTaskSupport = new parallel.ForkJoinTaskSupport(fjpool)
  val numbers = Random.shuffle(Vector.tabulate(5000000)(i => i))
  val partime = timed {
    val parnumbers = numbers.par
    parnumbers.tasksupport = customTaskSupport
    val n = parnumbers.max
    println(s"largest number $n")
  }
  log(s"Parallel time $partime ms")
}
```

一个 TaskSupport 实例可以用于不同的并行容器，将其赋值给每个并行容器的 tasksupport 字段即可。

5.2.3 测量 JVM 上的性能

正确测量 JVM 上的程序的运行时间并非易事，因为 JVM 在背后做了很多面上看不到的工作。Scala 编译器并没有编译出可直接在 CPU 上运行的机器码，而是生成一种被称为 Java 字节码的特殊中间层指令代码。当 Scala 生成的字节码运行在 JVM 上时，首先它会以所谓的解译模式执行；JVM 会解译每一条字节码指令，并模拟程序的执行。只有当 JVM 确认某个方法中的字节码运行次数足够多时，它才将此字节码编译成机器码，这样才能直接运行在处理器上。这个过程称为即时编译。

JVM 需要用标准化的字节码来实现跨平台，同样的字节码可以运行在任意处理器或操作系统上，只要它们支持 JVM 即可。不过，一个程序的所有字节码并不能在程序开始运行时被全部编译成机器码，因为编译过程太慢了。JVM 会及时编译部分程序，比如特定的方法，这是一种渐进的编译方式，能增加编译次数、减少每次编译的时间。此外，如果程序中某部分运行得过于频繁，JVM 还可以进一步优化。因而，JVM 上运行的程序通常开始的时候运行慢，然后才逐渐达到最优性能。一旦实现最优性能，则 JVM 达到稳定状态。对于 JVM 上的性能测量，人们一般对稳定状态比较感兴趣，大部分程序的运行时长足够达到这个状态。

下面的例子将展示这个效果。假设用户想要知道 HTML 中的 TEXTAREA 标签的含义，于是编写一个程序来下载 HTML 规范，并查询第一次出现 TEXTAREA 的字符串。利用第 4 章介绍的异步编程技术，首先启动一个异步计算过程来下载 HTML 规范，返回一个 Future 对象，其完成值为 HTML 规范的内容。然后，在 Future 上注册一个回调函数；当 HTML 规范下载完之后，可以用 indexWhere 方法来处理 HTML 规范的各行内容，从中找出匹配正则表达式.*TEXTAREA.*的那一行。

```
object ParHtmlSearch extends App {
  def getHtmlSpec() = Future {
    val url = "http://www.w3.org/MarkUp/html-spec/html-spec.txt"
    val specSrc = Source.fromURL(url)
    try specSrc.getLines.toArray finally specSrc.close()
  }
  getHtmlSpec() foreach { case specDoc =>
    def search(d: GenSeq[String]): Double =
      timed { d.indexWhere(line => line.matches(".*TEXTAREA.*")) }
    val seqtime = search(specDoc)
    log(s"Sequential time $seqtime ms")
    val partime = search(specDoc.par)
    log(s"Parallel time $partime ms")
  }
}
```

在 SBT 中多次运行此示例，可以看到耗时是变化的。一开始时，串行版本和并行版本可能各耗时 45 ms 和 16 ms。随后，分别耗时 36 ms 和 10 ms，接下来就变成耗时 10 ms 和 4 ms 了。注意，这里是在同一个 JVM 进程中将示例运行为 SBT 进程所测量的时间。

读者可能会误以为这就是稳定状态了，其实不然。还需要运行更多次，JVM 才能正确地优化所有代码。因而，这里在 package 对象中添加 warmedTimed 方法，此方法在运行代码块 n 次之后再测量运行时间。n 的默认值可设为 200，这个值并没有特殊含义，也没有人能保证 JVM 在执行代码块 200 次之后就能达到稳定状态，这只不过是一个比较合理的默认值而已。

```
def warmedTimed[T](n: Int = 200)(body: =>T): Double = {
  for (_ <- 0 until n) body
  timed(body)
}
```

现在，就可以调用 warmedTimed 方法取代 timed 方法来对 ParHtmlSearch 进行计时了。

```
def search(d: GenSeq[String]) = warmedTimed() {
  d.indexWhere(line => line.matches(".*TEXTAREA.*"))
}
```

然后，就可以看到串行版本和并行版本各自耗时 1.5 ms 和 0.5 ms。

 在测量出程序在 JVM 稳定状态下的运行时间之前，不要妄下断言。

JVM 的性能测量非常困难还有其他原因。即使 JVM 达到稳定状态，即时编译器也会时不时在编译代码时暂停执行过程，这会让程序显著变慢。此外，JVM 还具备自动内存管理功能。在像 C++这样的语言中，new 关键字用于为一个对象分配空间，它还需要有一个成对的 delete 调用，用于释放该对象的内存，以便于重用。在像 Scala 和 Java 这样的语言中，delete 语句就没必要了，新创建的对象总是会在某个时候被自动释放掉，这称为垃圾回收（Garbage Collection，GC）。于是，JVM 会周期性地停止执行过程，扫描出堆中的所有不再被使用的对象，并释放它们占用的内存。如果待测量的代码频繁触发垃圾回收循环过程，则很有可能测量时间会变得很长。某些情况下，同一程序的不同 JVM 进程的性能都会有差异，因为对象分配内存时会产生一种特殊的内存访问模式，从而影响程序的性能。

为获得更可靠的运行时间，需要启动不同的 JVM 进程，让它们达到稳定状态再测量运行时间，这样测量多次后取每次测量的平均值即可。有一些框架，比如 ScalaMeter，在自动化测量方面做了大量的工作，详情参考第 9 章。

5.3　并行容器的缺点

并行容器的设计目标是提供与 Scala 串行容器类似的编程 API。每一种串行容器都有对应的并行版本，而且它们大部分操作的函数声明也都相同。不过，并行容器仍然有一些缺点，本节将研究这方面的内容。

5.3.1　不可并行容器

并行容器中的并行操作使用分裂器（splitter）。分裂器表示为 Splitter[T]类型，它是遍历器的更高级的形式，除 next 和 hasNext 方法之外，它还定义了 split 方法，其作用是将分裂器 S 划分为多个分裂器的序列，用于分别遍历 S 的不同部分。

```
def split: Seq[Splitter[T]]
```

此方法支持用多个处理器来遍历输入容器的不同部分。split 方法的实现必须非常高效，因为并行操作过程中会多次调用此方法。用计算复杂性理论的话来说，split 方法所允许的渐进运行时间是 $O(\log(N))$，其中 N 是分裂器中元素的数目。分裂器可以用扁平数据结构来实现，比如数组或散链表；也可以用树状数据结构来实现，比如不可变散列映射或矢量。像 Scala 的 List 或 Stream 容器这样的线性数据结构无法高效地实现 split 方法。将容器中一个很长的节点链表划分为两个部分，遍历所有节点需花费的时间与容器的大小成正比。

有些 Scala 容器上的操作是可以并行的，比如 Array、ArrayBuffer、可变 HashMap、可变 HashSet、Range、Vector、不可变 HashMap、不可变 HashSet 以及并发 TrieMap。在这类容器上调用 par 方法可以生成一个并行容器，且与原串行容器共享同一份数据，因为不需要复制数据，所以这个转换过程很快。

其他 Scala 容器在调用 par 时需要转换数据，被称为不可并行容器。在不可并行容器上调用 par 方法需要将数据元素复制到新容器中。比如，在 List 容器上调用 par 方法需要将数据元素复制到 Vector 容器中，如下面的代码所示。

```
object ParNonParallelizableCollections extends App {
  val list = List.fill(1000000)("")
  val vector = Vector.fill(1000000)("")
  log(s"list conversion time: ${timed(list.par)} ms")
  log(s"vector conversion time: ${timed(vector.par)} ms")
}
```

在一次测试中，调用 List 上的 par 方法花费了 55 ms，而调用 Vector 上的 par 方法只花费了 0.025 ms。而且，由于由串行容器转换为并行容器这个操作本身并不是可并行的，因此会成为性能瓶颈。

将不可并行串行容器转换为并行容器这个操作不是并行操作；它是在当前调用者线程上执行的。

有时候，将不可并行容器转换为并行容器是可接受的。如果之后的并行操作节省的时间超过了转换操作的时间，那么用户也只能承受。当然，最好还是尽可能将数据放在可并行容器中，这样就能享受快速转换的好处。如果用户还不是很确定如何选择，测量一下运行时间就行了。

5.3.2　不可并行操作

虽然大部分并行容器操作在多个处理器上执行时可实现很好的性能，但有些操作在逻辑上就是串行的，其语义本身不支持并行。比如下面来自 Scala 容器 API 的 foldLeft

方法。

```
def foldLeft[S](z: S)(f: (S, T) => S): S
```

此方法从左至右访问容器中的元素，将它们加到类型为 S 的累加器上，累加器初始值为 z，然后函数 f 将当前累加器和类型为 T 的元素相加，得到新的累加器，并参与下一次计算。比如，对于整数链表 List(1, 2, 3)，可以通过下链表达式计算链表中元素之和。

```
List(1, 2, 3).foldLeft(0)((acc, x) => acc + x)
```

这里的 foldLeft 方法首先将 0 赋值给 acc，然后取出链表中第一个元素 1，用函数 f 计算 0 + 1，然后 acc 就变成了 1。这个过程会持续下去，直到整个链表中的元素都被访问为止，最后 foldLeft 返回结果 6。此例中，累加器中的 S 类型被设置为 Int 类型。一般而言，累加器可以处理任意类型。比如，需要将一个链表的数字转换为字符串，初始值为空字符串，而函数 f 的作用是将一个字符串和一个数字拼接起来。

foldLeft 的一个关键性质是它从左至右访问链表中的每个元素，这一点反映在函数 f 的参数上，其参数是一个类型为 S 的累加器和一个类型为 T 的链表元素。函数 f 不能将两个累加器合并为一个累加器。因而，计算累加器的过程不可能是并行的，foldLeft 方法不能用两个不同处理器合并两个累加器。下面的程序可以验证这一点。

```
object ParNonParallelizableOperations extends App {
  ParHtmlSearch.getHtmlSpec() foreach { case specDoc =>
    def allMatches(d: GenSeq[String]) = warmedTimed() {
      val results = d.foldLeft("") { (acc, line) =>
        if (line.matches(".*TEXTAREA.*")) s"$acc\n$line" else acc
      }
    }
    val seqtime = allMatches(specDoc)
    log(s"Sequential time - $seqtime ms")
    val partime = allMatches(specDoc.par)
    log(s"Parallel time - $partime ms")
  }
  Thread.sleep(2000)
}
```

上面的程序中，getHtmlSpec 方法用于抓取 HTML 规范的每一行内容；而 foreach 中的回调用于处理下载的每一行内容；allMatches 方法用于调用 foldLeft

操作，把规范中每个包含 TEXTAREA 的行累加起来。此程序的运行结果表明，串行和并行的 foldLeft 操作所需的时间都是一样的，比如 5.6 ms。

为了能够将不同处理器产生的累加器合并起来，需要用到 aggregate 方法。aggregate 方法类似于 foldLeft，只不过它没有按从左至右的方式指定整个链表中的元素，而是指定一个子集（访问顺序仍然是从左至右）。每个子集可生成一个独立的累加器。aggregate 方法的参数是类型为(S, S) => S的加法函数，其作用是合并多个累加器。

```
d.aggregate("")(
  (acc, line) =>
    if (line.matches(".*TEXTAREA.*")) s"$acc\n$line" else acc,
    (acc1, acc2) => acc1 + acc2
)
```

再次运行此例，可以看到串行容器和并行容器之间的性能差异；在一次测试中，并行容器的 aggregate 方法耗时仅 1.4 ms。

对于这类并行的归约操作，用户也可以使用 reduce 或 fold 方法，只不过这两个方法不保证实现从左至右的访问顺序。aggregate 方法的表现力更强一些，因此它允许累加器的类型和容器中的元素类型不同。

可以使用 aggregate 方法来执行并行归约操作。

逻辑上串行的操作还有 foldRight、reduceLeft、reduceRight、reduceLeft-Option、reduceRightOption、scanLeft 和 scanRight，另外还有一些产生不可并行容器的方法，比如 toList 方法。

5.3.3　并行操作中的副作用

顾名思义，并行操作是指用多个线程并发地执行。在第 2 章中介绍过，若不使用同步，多线程不能正确地修改共享内存。将并行容器操作的结果赋给一个可变变量是比较吸引人的，但是结果几乎可以肯定是错误的。下面的例子很好地展现了这一点，此程序计算集合 a 和子集 b 之间相交的元素的数目，统计数目时用的是可变变量 total。

```
object ParSideEffectsIncorrect extends App {
  def intersectionSize(a: GenSet[Int], b: GenSet[Int]): Int = {
    var total = 0
```

```
    for (x <- a) if (b contains x) total += 1
    total
  }
  val a = (0 until 1000).toSet
  val b = (0 until 1000 by 4).toSet
  val seqres = intersectionSize(a, b)
  val parres = intersectionSize(a.par, b.par)
  log(s"Sequential result - $seqres")
  log(s"Parallel result - $parres")
}
```

这个并行版本的程序的结果并不是 250，而是某个不确定的错误值，结果如下所示。
（注意，用户看到的并行版本程序的结果会稍有不同。）

run-main-32: Sequential result - 250
run-main-32: Parallel result - 244

为确保并行版本程序的结果正确，需要使用原子性变量及其 incrementAndGet
方法。不过，这会产生前文提到的可扩展性问题。更好的办法是使用并行的 count 方法。

```
a.count(x => b contains x)
```

如果每个元素的处理开销比较小，而匹配过程又非常频繁，那么并行的 count 方法
的性能会比原子性变量的 foreach 方法的性能更好。

为避免使用同步，并获得更好的可扩展性，应尽量使用声明式的并行操作，
而非在循环中使用并行操作（有副作用）。

类似地，用户需确保并行操作读取的内存位置上不能有并发的写操作。在上面的例
子中，当前并发操作正在执行时，子集 b 不应该被其他线程并发地修改，否则会导致和
可变变量一样的错误结果。

5.3.4 非确定性的并行操作

在第 2 章中介绍过，大部分多线程程序具有非确定性特点；对于同样的输入，不同
的执行调度过程会产生不同的输出。串行版本的 find 容器操作会返回一个匹配指定断
言的元素，而并行版本的 find 容器操作返回的则是第一个被处理器返回的结果。在下
面的例子中，使用 find 来搜索 HTML 规范中出现 TEXTAREA 的位置，两次运行的结果
是不一样的，因为 TEXTAREA 在 HTML 规范中多次出现。

```
object ParNonDeterministicOperation extends App {
  ParHtmlSearch.getHtmlSpec() foreach { case specDoc =>
    val patt = ".*TEXTAREA.*"
    val seqresult = specDoc.find(_.matches(patt))
    val parresult = specDoc.par.find(_.matches(patt))
    log(s"Sequential result - $seqresult")
    log(s"Parallel result - $parresult")
  }
  Thread.sleep(3000)
}
```

想搜索到 TEXTAREA 第一次出现的位置，应使用 indexWhere 方法。

```
val index = specDoc.par.indexWhere(_.matches(patt))
val parresult = if (index != -1) Some(specDoc(index)) else None
```

虽然 find 的结果是不确定的，但对于其他并行容器操作，只要它们的运算子是纯函数，那么结果将是确定的。纯函数指的是给定相同输入总是得到相同输出的函数，即没有任何副作用。比如，函数(x: Int) => x + 1 是纯函数。而下面的函数则不是纯函数，因为它修改了 uid 值的状态。

```
val uid = new AtomicInteger(0)
val f = (x: Int) => (x, uid.incrementAndGet())
```

即使一个函数没有修改任何内存位置，如果它读取的内存位置有可能发生变化，那它也不是纯函数。比如，下面的函数 g 就不是纯函数。

```
val g = (x: Int) => (x, uid.get)
```

当使用了不纯的函数时，并行操作就会变得不确定。下面的调用将一个区间的值并行地映射为唯一的标识符，其结果将是不确定的。

```
val uids: GenSeq[(Int, Int)] = (0 until 10000).par.map(f)
```

每次执行中得到的结果序列 uids 都是不同的。并行映射操作保持了 0～10000 的元素的相对顺序，所以 uids 中的二元组的顺序由它们的第一个元素（来自 0～100001）决定，而第二个元素则是不确定的唯一标识符。比如，第一次执行得到的结果可能是(0, 0), (1, 2), (2, 3), ...，而第二次执行就变成了(0, 0), (1, 4), (2, 9), ...。

5.3.5 可交换和可结合的操作

有些并行容器操作输入中可使用二元运算子，比如 reduce、fold、aggregate 和 scan 等。二元运算子指的是有两个参数的函数。如果二元运算子 op 的两个参数可交换顺序，则此二元运算子是可交换的，即 op(a, b) == op(b, a)。比如，两个数字相加是可交换的操作。拼接两个字符串不是可交换的操作，因为交换顺序之后，拼接结果就不一样了。

并行的 reduce、fold、aggregate 和 scan 操作不需要可交换的二元运算子。只要容器中的元素之间存在某种顺序，它的并行的容器操作在使用二元运算子时就总会保持参数的相对顺序。有些串行容器中的元素总是有顺序的，比如 ArrayBuffer 容器。其他类型容器也可以对元素进行排序，但并非必要。

下面的例子将 ArrayBuffer 容器中的字符串拼接成一个很长的字符串，分别使用了串行的 reduceLeft 操作和并行的 reduce 操作。ArrayBuffer 容器被转化为一个集合，而集合是不进行排序的。

```
object ParNonCommutativeOperator extends App {
  val doc = mutable.ArrayBuffer.tabulate(20)(i => s"Page $i, ")
  def test(doc: GenIterable[String]) {
    val seqtext = doc.seq.reduceLeft(_ + _)
    val partext = doc.par.reduce(_ + _)
    log(s"Sequential result - $seqtext\n")
    log(s"Parallel result - $partext\n")
  }
  test(doc)
  test(doc.toSet)
}
```

从结果可以看到，并行的 reduce 操作正确地完成了并行数组中的字符串的拼接。但是对集合而言，无论是串行的 reduceLeft 还是并行的 reduce，结果都是错的，因为默认的 Scala 集合的实现中没有考虑元素的排序。

 并行操作中的二元运算子不需要可交换性。

如果二元运算子 op 依次作用于任意 3 个值 a、b 和 c，且两种组合方式都能得到同样的结果，即 op(a, op(b, c)) == op(op(a, b), c)，则此二元运算子是可结合的。两个数字相加或求两个数字的最大值都是可结合的操作。减法操作则是不可结合的操作，比如 1 - (2 - 3) 和 (1 - 2) - 3 的结果就不一样。

　　并行容器操作通常要求二元运算子是可结合的。若在 reduceLeft 操作中使用减法，则意味着容器中的所有数字都要从第一个数字中减去，相比而言，在 reduce、fold 或 scan 方法中使用减法时，结果就完全不确定了，如下面的代码所示。

```
object ParNonAssociativeOperator extends App {
  def test(doc: GenIterable[Int]) {
    val seqtext = doc.seq.reduceLeft(_ - _)
    val partext = doc.par.reduce(_ - _)
    log(s"Sequential result - $seqtext\n")
    log(s"Parallel result - $partext\n")
  }
  test(0 until 30)
}
```

reduceLeft 操作总是返回 -435，而 reduce 操作返回的则是随机值。

　　　　　　应保证并行操作中的二元运算子是可结合的。

　　有些并行操作要用到多个二元运算子，比如 aggregate 操作。

```
def aggregate[S](z: S)(sop: (S, T) => S, cop: (S, S) => S): S
```

　　sop 运算子和 reduceLeft 中的运算子类型一样，其参数也是一个累加器和一个容器元素。sop 运算子的作用是将指定给一个处理器的子集元素合并为一个累加器。cop 运算子的类型与 reduce 和 fold 的运算子的一样，其作用是将两个累加器合并为一个累加器。aggregate 操作要求 cop 是可结合的，而 z 为累加器的初始值，即 cop(z, a) == a。此外，无论指定给处理器的子集元素顺序如何，sop 和 cop 运算子都必须给出相同的值，即 cop(sop(z, a), sop(z, b) == cop(z, sop(sop(z, a), b))。

5.4　将并行容器和并发容器结合起来

　　前文总是强调，在没有同步的情况下，执行并行容器操作时不允许访问可变状态，包括在一个并行操作中修改 Scala 串行容器（前文的统计交集元素数目的示例中使用了可变变量）。在下面的示例中，将下载 URL 和 HTML 规范，并将内容转化为单词的集合，然后尝试找出两者的单词集合的交集。在 intersection 方法中，用了一个 HashSet

容器，且并行地对它进行更新。scala.collection.mutable 包中的容器不是线程安全的。下面的示例会随机地丢弃元素、损坏缓冲区状态或抛出异常。

```
object ConcurrentWrong extends App {
  import ParHtmlSearch.getHtmlSpec
  import ch4.FuturesCallbacks.getUrlSpec
  def intersection(a: GenSet[String], b: GenSet[String]) = {
    val result = new mutable.HashSet[String]
    for (x <- a.par) if (b contains x) result.add(x)
    result
  }
  val ifut = for {
    htmlSpec <- getHtmlSpec()
    urlSpec <- getUrlSpec()
  } yield {
    val htmlWords = htmlSpec.mkString.split("\\s+").toSet
    val urlWords = urlSpec.mkString.split("\\s+").toSet
    intersection(htmlWords, urlWords)
  }
  ifut onComplete { case t => log(s"Result: $t") }
  Thread.sleep(3000)
}
```

第 3 章介绍过并发容器可安全地被多个线程修改，而无须担心数据被损坏。intersection 实现中使用 JDK 的 ConcurrentSkipListSet 链表容器来对同时出现在两个规范中的单词进行累加。decorateAsScala 对象用于为 Java 容器添加 asScala 方法。

```
import java.util.concurrent.ConcurrentSkipListSet
import scala.collection.convert.decorateAsScala._
def intersection(a: GenSet[String], b: GenSet[String]) = {
  val skiplist = new ConcurrentSkipListSet[String]
  for (x <- a.par) if (b contains x) skiplist.add(x)
  val result: Set[String] = skiplist.asScala
  result
}
```

弱一致性遍历器

第 3 章提到部分并发容器的遍历器是弱一致性的，这意味着如果有其他线程并发地更新容器，则它们都无法保证能够正确地遍历数据结构。

当在并发容器上执行并行操作时，同样的限制也会出现：遍历过程是弱一致性的，即可能无法如实反映操作开始时的数据结构状态。不过 Scala 中的 TrieMap 容器是一个例外。下面的示例中创建了一个 TrieMap 容器，命名为 cache，它包含了 0～100 的数字，并将它们映射成了字符串形式。然后，用一个并行操作遍历这些数字，并在映射中添加每个数字的负数。

```
object ConcurrentTrieMap extends App {
  val cache = new concurrent.TrieMap[Int, String]()
  for (i <- 0 until 100) cache(i) = i.toString
  for ((number, string) <- cache.par) cache(-number) = s"-$string"
  log(s"cache - ${cache.keys.toList.sorted}")
}
```

这里的并行 foreach 操作并没有访问并行操作启动之后添加的元素，它只访问了那些正数。TrieMap 容器的实现中使用了 **Trie** 并发数据结构，它在并行操作开始时原子性地生成了容器的一个快照。快照的生成可以非常高效，并且不需要复制所有元素，后续的更新操作会渐进地重建 TrieMap 容器的部分数据结构。

只要是需要同时进行修改和遍历的并行操作，就一定要选择 TrieMap 容器。

5.5　实现定制的并行容器

Scala 标准库中的并行容器对大部分任务而言已经够用，但在有些情况下，用户还是希望在自己的容器中添加并行操作。Java 的 String 类没有并行容器中相对应的并行操作，本节将研究如何实现一个定制的 ParString 类，用于支持 String 上的并行操作。然后，在后面的几个示例中会使用这个定制的并行容器。

实现一个定制的并行容器的第一步是扩展恰当的并行容器特质。一个并行字符串也只不过是一个字符的序列，所以可以选择扩展针对 Char 类型的 ParSeq 特质。一旦字符串创建完成，它就不可修改了，因此，字符串是一种不可变容器。出于这一考虑，可以扩展 scala.collection.parallel.ParSeq 这个特质的子类型，即 scala.collection.parallel.immutable 包中的 ParSeq。

```
class ParString(val str: String) extends immutable.ParSeq[Char] {
```

```
def apply(i: Int) = str.charAt(i)
def length = str.length
def splitter = new ParStringSplitter(str, 0, str.length)
def seq = new collection.immutable.WrappedString(str)
}
```

扩展了一个并行容器的特质之后，还需要实现其 apply、length、splitter 和 seq 方法。apply 方法返回序列中位置 i 处的元素，而 length 方法返回序列中元素的总数。这些方法等价于串行容器中的对应方法，所以可以使用 String 类中的 charAt 和 length 方法来实现。通常的序列容器中需要定义 iterator 方法，而并行容器需要的是 splitter 方法。调用 splitter 返回类型为 Splitter[T] 的对象，这是一种特殊的遍历器，它可被分裂为子集。这里，splitter 方法返回的是一个 ParStringSplitter 对象，对于这种对象，稍后再详细介绍。最后，并行容器还需要 seq 方法，它返回的是一个串行 Scala 容器。因为 String 本身来自 Java，它并不是一个容器，所以需要用 Scala 容器库中针对 String 的 WrappedString 包装类。

现在，定制的容器类几乎已经完成，只剩下 ParStringSplitter 对象的实现了，5.5.1 节将介绍其实现方法。

5.5.1　分裂器

分裂器是一种遍历器，只不过它可以将容器高效地分割成不相交的子集。这里的高效指的是分裂器的 split 方法的时间复杂度为 $O(\log(N))$，N 是分裂器中元素的数目。不严格地说，分裂器分割容器不允许大量复制容器中的元素；如果大量复制容器中的元素，计算开销就会抵消并行带来的优势，从而形成性能瓶颈。

为 Scala 并行容器框架定义新的 Splitter 类的较容易的方法是扩展 IterableSplitter[T] 这个特质，其简化版接口如下所示。

```
trait IterableSplitter[T] extends Iterator[T] {
  def dup: IterableSplitter[T]
  def remaining: Int
  def split: Seq[IterableSplitter[T]]
}
```

这个分裂器接口声明了 dup 方法，其作用是复制当前分裂器。此方法仅仅返回一个指向容器同一子集的新的分裂器。分裂器中还定义了 remaining 方法，用于返回分裂器还可以继续访问的元素数目（在 hasNext 方法返回 false 之前可以用 next 遍历访问的元素数目）。remaining 方法不会改变分裂器的状态，因此可以被反复调用。

不过，split 方法只能被调用一次，因为它会让当前分裂器不再可用。调用 split 方法之后，分裂器的所有方法都将不再可用。split 方法返回的是一个分裂器的序列，每个新的分裂器都指向原分裂器的各个不相交的子集。如果原分裂器中仍有两个或多个元素，则新的分裂器都不应该为空，且 split 方法应该返回至少两个分裂器。如果原分裂器只剩一个元素或没有元素了，则 split 可以返回空分裂器。值得一提的是，由 split 方法返回的分裂器中的元素数目应该是大致相同的，这有助于并行容器调度器（scheduler）实现良好的性能。

为支持序列相关的操作，比如 zip、sameElements 和 corresponds，并行序列容器还需要用到 IterableSplitter 特质的一个更精细的子类型，即 SeqSplitter 特质。

```
trait SeqSplitter[T] extends IterableSplitter[T] {
  def psplit(sizes: Int*): Seq[SeqSplitter[T]]
}
```

序列分裂器还额外声明了另一个方法 psplit，它的参数是一个整数链表，表示各个分裂子集的大小，而返回的分裂器的数目以及各分裂器中元素的数目与此链表一致。如果返回的元素数目总数超过了原分裂器的元素数目，则结果序列最后用一些空分裂器填充。比如，分裂器 s 中只有 15 个元素，却调用 s.psplit(10, 20, 15)，那么它还是会返回 3 个分裂器，元素数目分别为 10、5 和 0。

类似地，如果 sizes 参数指定的元素数目少于分裂器中的元素数目，则余下的元素会作为一个分裂器添加到结果序列中。

本节要实现的并行字符类是一个并行序列，所以需要实现一个序列分裂器。首先，扩展针对 Char 类型的 SeqSplitter 类。

```
class ParStringSplitter
  (val s: String, var i: Int, val limit: Int)
extends SeqSplitter[Char]
```

这里新增了 s 字段，用于指定 ParStringSplitter 构造函数中的 String 对象。并行字符串分裂器必须表示字符串的元素子集，所以又增加了一个字段 i，用于表示分裂器要遍历的下一个字符的位置。注意，i 并不需要被同步，因为分裂器一次只会被一个处理器用到。limit 字段包含了分裂器中最后一个字符的位置。这样，这个分裂器就可以表示原字符串的子字符串了。实现继承自 Iterator 特质的方法比较容易。只要 i 小于 limit 即可，hasNext 必须返回 true。next 方法使用 i 来获得相应位置处的字符，然后递增 i，并返回该字符。

```
final def hasNext = i < limit
final def next = {
  val r = s.charAt(i)
  i += 1
  r
}
```

dup 和 remaining 方法也很"直接"，dup 方法利用当前分裂器的状态创建一个新的并行字符串分裂器，而 remaining 方法使用 limit 和 i 来计算剩余元素的数目。

```
def dup = new ParStringSplitter(s, i, limit)
def remaining = limit - i
```

分裂器的主要实现在于 split 和 psplit 方法。幸运的是，split 可以用 psplit 方法来实现。如果剩余超过一个元素，则可以调用 psplit 方法。否则，没有元素可用于 split，直接返回当前分裂器即可。

```
def split = {
  val rem = remaining
  if (rem >= 2) psplit(rem / 2, rem - rem / 2)
  else Seq(this)
}
```

psplit 方法用参数 sizes 来将原分裂器分裂成新分裂器，实现这一点需要对 i 进行递增，为 sizes 中的每个 sz 创建一个新的分裂器。因为调用了 split 和 psplit 之后当前分裂器就失效了，所以字段 i 的修改是允许的。

```
def psplit(sizes: Int*): Seq[ParStringSplitter] = {
  val ss = for (sz <- sizes) yield {
    val nlimit = (i + sz) min limit
    val ps = new ParStringSplitter(s, i, nlimit)
    i = nlimit
    ps
  }
  if (i == limit) ss
  else ss :+ new ParStringSplitter(s, i, limit)
}
```

注意，绝对不要复制分裂器中的字符串，而应该更新标记了分裂器起止点的索引。

现在，ParString 类已经完成，可以用它来实现一些字符串上的操作了。比如，用它来统计字符串中大写字符的数目。

```
object CustomCharCount extends App {
  val txt = "A custom text " * 250000
  val partxt = new ParString(txt)
  val seqtime = warmedTimed(50) {
    txt.foldLeft(0) { (n, c) =>
      if (Character.isUpperCase(c)) n + 1 else n
    }
  }
  log(s"Sequential time - $seqtime ms")
  val partime = warmedTimed(50) {
    partxt.aggregate(0)(
      (n, c) => if (Character.isUpperCase(c)) n + 1 else n,
      _ + _)
  }
  log(s"Parallel time - $partime ms")
}
```

在一台个人电脑上执行这个程序，串行版的 foldLeft 要花费 57 ms，而并行版的 aggregate 则只需要 19 ms。这表明本节实现的并行字符串是比较高效的。

5.5.2   组合器

Scala 标准库中的容器方法主要可分为两类：访问器（accessor）和变换器（transformer）。访问器用于从容器中获得单一值，比如 foldLeft、find 或 exists。而变换器用于创建新容器，比如 map、filter 或 groupBy。为了实现泛型的变换器操作，Scala 容器使用一种称为构建器（builder）的抽象结构，其大致接口如下所示。

```
trait Builder[T, Repr] { // 简化接口
  def +=(x: T): Builder[T, Repr]
  def result: Repr
  def clear(): Unit
}
```

这里的 Repr 类型是具体构建器可以生成的容器类型，而 T 是容器中元素的类型。构建器可通过反复调用它的+=方法来添加更多的元素，最后通过调用 result 方法来获得一个容器。调用 result 方法之后，构建器的内容变成未定义的。clear 方法可用于重置构建器的状态。

每个容器都定制了它自己的构建器，用于各种变换器操作中。比如，filter 操作定义在 Traversable 特质中，大致实现代码如下所示。

```
def newBuilder: Builder[T, Traversable[T]]
def filter(p: T => Boolean): Traversable[T] = {
  val b = newBuilder
  for (x <- this) if (p(x)) b += x
  b.result
}
```

上述示例中，filter 的实现依赖于抽象的 newBuilder 方法，此方法在 Traversable 特质的子类中实现。这种设计可以在定义新的容器类型时只需要提供 foreach（或迭代器）和 newBuilder 方法。

组合器（combiner）是标准构建器的并行版本，用 Combiner[T, Repr]类型表示，它是 Builder[T, Repr] 类型的子类型。

```
trait Combiner[T, Repr] extends Builder[T, Repr] {
  def size: Int
  def combine[N <: T, NewRepr >: Repr]
    (that: Combiner[N, NewRepr]): Combiner[N, NewRepr]
}
```

size 方法的含义不言自明，而 combine 方法的参数是另一个组合器 that，它返回第 3 个组合器，其中包含当前组合器和 that 组合器中的元素。当 combine 方法返回结果之后，当前组合器和 that 组合器中的内容都将是未定义的，因而不应该再使用。这个限制可以让返回的组合器重用当前组合器和 that 组合器。值得一提的是，如果 that 组合器和当前组合器是同一个对象，则 combine 方法应该只返回当前组合器。

定制组合器有 3 种方法。

● 合并：有些数据结构的 merge 操作非常高效，可用于实现 combine 方法。

● 两阶段求值：元素首先被部分排序，置入桶中，以便高效地拼接起来，然后放入分配好的最终的数据结构。

● 并发数据结构：+=方法的实现方式是修改不同组合器共享的并发数据结构，而 combine 方法什么也不用做。

大部分数据结构的 merge 操作的性能不够好，所以通常不得不用两阶段求值法来实现组合器。在下面的示例中，为并行字符串用两阶段求值法实现了一个组合器。

ParStringCombiner 类包含了一个大小可变的数组 chunks，它包含了一些 StringBuilder 对象。调用+=方法会在数据中最右边的 StringBuilder 对象中添加一个字符。

```
class ParStringCombiner extends Combiner[Char, ParString] {
  private val chunks = new ArrayBuffer += new StringBuilder
  private var lastc = chunks.last
  var size = 0
  def +=(elem: Char) = {
    lastc += elem
    size += 1
    this
  }
}
```

combine 方法取出 that 组合器的 StringBuilder 对象，然后将它们添加到当前组合器的 chunks 数组中。然后，它会返回当前组合器的一个引用。

```
def combine[N <: Char, NewRepr >: ParString]
  (that: Combiner[U, NewTo]) = {
  if (this eq that) this else that match {
    case that: ParStringCombiner =>
      size += that.size
      chunks ++= that.chunks
      lastc = chunks.last
      this
  }
}
```

最后，result 方法会分配一个新的 StringBuilder 对象，并将 chunks 中的所有字符添加到结果字符串中。

```
def result: ParString = {
  val rsb = new StringBuilder
  for (sb <- chunks) rsb.append(sb)
  new ParString(rsb.toString)
}
```

下面的代码用于测试并行版的 filter 方法的性能。

```
val txt = "A custom txt" * 25000
val partxt = new ParString(txt)
```

```
val seqtime = warmedTimed(250) { txt.filter(_ != ' ') }
val partime = warmedTimed(250) { partxt.filter(_ != ' ') }
```

在一次测试中，串行版的 filter 耗时 11 ms，而并行版的只需要 6 ms。

5.6 小结

本章介绍了如何使用并行容器来改善程序性能，比如大型容器上的串行操作可以很容易地并行化，但有些容器是不可并行的，而且可变性和副作用会影响并行操作的正确性和确定性，这就要求并行操作必须使用可结合的运算子。最后，本章研究了如何定制并行容器类。

由本章的内容可以发现，程序的性能调试和优化（也称调优）是一个细致活。有些问题，比如内存竞争、垃圾回收和动态编译会影响程序性能，但读者很难通过源码发现问题。所以，本章从头到尾都建议读者保持怀疑精神，必须用实验数据来验证程序性能。理解程序的性能特点才是实现优化的第一步。

即使用户确定并行容器可提升程序性能，使用之前也需三思。唐纳德·克努特曾经说过："不成熟的优化是'罪恶之源'"。很多时候并行容器既非必须也不必要。有时候并行容器的速度优势可忽略不计，即使可实现部分优化，但那部分不一定是真正的性能瓶颈。在使用并行容器之前，用户需确认程序中哪部分最耗时，并权衡一下并行化是不是确实值得的。做到这一点的唯一可行方式是正确地测量程序各部分运行的时间。第 9 章将介绍框架 ScalaMeter，它提供了更多健壮的程序性能测量方法。

本章简要介绍了诸如随机存取存储器、缓存行和 MESI 协议等概念，如果读者对这些概念感兴趣，可参考乌尔里希·德雷佩尔（Ulrich Drepper）的文章 *What Every Programmer Should Know About Memory*。如果想更深入地了解 Scala 的容器类型继承关系，推荐读者搜索马丁·奥德斯基和莱·斯彭（Lex Spoon）的文档 *The Architecture of Scala Collections*，或者马丁·奥德斯基和亚德里亚·摩尔斯（Adriaan Moors）的论文 *Fighting Bit Rot with Types*。如果想理解数据并行框架的底层原理，读者可参考亚历山大·普罗科佩茨的博士论文 *Data Structures and Algorithms for Data-Parallel Computing in a Managed Runtime*。

本章对数据并行操作做出了一个假设，那就是所有容器元素在操作开始时都是存在的，且容器在数据并行操作过程中不改变其内容。即数据并行容器非常适用于数据已经存在，用户希望将其分块处理的场合。但还有一些应用，数据元素并不是立即可用的，而是异步生成的。第 6 章将介绍一种称为事件流的抽象结构，它适用于异步计算产生多个中间结果的场合。

5.7　练习

在下面的练习中，读者要在几个具体的并行容器案例中使用数据并行容器，并实现定制的并行容器。在所有的示例中，都强调了测量并行化带来的性能优势的必要性。即使题目中没有具体要求，读者也应该确定自己的程序的正确性和性能提升程度。

1．测量 JVM 上分配一个简单对象的平均运行时间。

2．统计一个随机生成的字符串中的空白字符的出现次数，其中空白字符出现的概率由参数 p 决定。使用并行的 foreach 方法。画出此操作的运行时间与 p 之间的相关性拟合图。

3．实现一个程序，能够并行地渲染 Mandelbrot 集合。

4．实现一个程序，能够并行地模拟一个细胞自动机。

5．实现一个并行的 Barnes-Hut-N-body 仿真算法。

6．解释如何改进本章中 ParStringCombiner 类的 result 方法的性能。此方法能并行化吗？

7．为二叉堆数据结构实现一个定制的分裂器。

8．克里斯·冈崎（Chris Okasaki）的博士论文 *Purely Functional Data Structures* 中描述的二项堆是一种不可变的数据结构，它用 4 种基本操作实现了一种高效的优先队列：插入元素、寻找最小元素、删除最小元素和合并两个二项堆。实现这个 BinomialHeap 类，然后实现它的分裂器和组合器，并覆盖 par 操作。

```
class BinomialHeap[T] extends Iterable[T] {
  def insert(x: T): BinomialHeap[T]
  def remove: (T, BinomialHeap[T])
  def smallest: T
  def merge(that: BinomialHeap[T]): BinomialHeap[T]
}
```

9．实现 Scala 标准库中的红黑树（Red-Black tree）的 Combiner 特质。用它来实现 SortedSet 特质的并行版本。

10．实现一个 parallelBalanceParentheses 方法，如果输入字符串中的括号处于平衡状态则返回 true；否则返回 false。括号处于平衡状态指的是从左至右左括号的出现次数总是大于等于右括号的出现次数，而左、右括号总的出现次数相等。比如，字符串 0(1)(2(3))4 是平衡的，而字符串 0)2(1(3) 和 0((1)2 是不平衡的。要求使用 aggregate 方法。

第 6 章
基于响应式扩展的并发编程

你的鼠标就是一个数据库。

—— 埃里克·梅耶尔（Erik Meijer）

第 4 章介绍的 Future 和 Promise 将并发编程推向了一个新高度。首先，用户不会因为生产者和消费者之间的计算和结果传输过程而产生阻塞。其次，用户可以很方便地将简单 Future 对象组合成复杂对象，这样的程序会更精简。经过 Future 封装的异步计算过程更清晰和易懂。

不过，Future 的一个缺点是它只能处理单个计算结果。对 HTTP 网络请求或只产生一个值的异步计算而言，Future 是够用的，但有时候用户需要响应来自同一个计算的不同事件。比如，Future 难以跟踪文件下载进度状态，这时，事件流框架就更适用一些。和 Future 不一样，事件流可产生任意数目的值，这种值称为事件。本章将介绍的是这样一类事件流，它可以像普通值一样用于表达式中。和 Future 一样，这类事件流可以用函数式组合子组合起来或进行变换。

在计算机科学中，事件驱动编程（event-driven programming）指的是程序控制流由事件决定的编程风格，比如外部输入（比如网络接口）、用户操作（比如用鼠标单击）或其他计算过程发送来的消息。Future 和事件流都可以归入事件驱动编程抽象模型。

另一个与事件驱动密切相关的领域是响应式编程，响应式编程主要处理程序中的数据流和数据变化的传播。传统上，响应式编程被定义为一种支持在程序和数据值之间定义各种约束的编程风格。比如，命令式编程中的 a = b + 1 将 b 的当前值增加 1。如果 b 的值后来又变了，a 的值是不变的。而在响应式编程中，只要 b 发生变化，a 也会通过约束 a = b + 1 更新。随着对并发性的需求日益迫切，对事件驱动和响应式编程的需求也越来越大。传统的基于回调和命令式 API 的方式已经难以满足需求，因为这种方式会混淆程序控制流，让并发性和程序逻辑混在一起，且依赖于可变状态。在大型应用程序中，大量没有组织好的回调函数有一个专门的名称，即"回调地狱"，表示程序员已经无法搞清楚程序的控制流到底是什么样的。换句话说，回调就是响应式编程中的GOTO 语句。事件流组合方式可以控制好回调声明，让程序员可以更容易地表达程序逻辑，从而以一种更加结构化的方式来构建基于事件的系统。

响应式扩展（Reactive Extensions，Rx）是一种用事件流将异步和事件驱动程序组合起来的编程框架。在 Rx 中，事件流产生类型为 T 的事件，表示为类型 Observable[T]。本章会介绍 Rx 框架同时集成了响应式编程和事件驱动编程中的编程原理。围绕 Rx 的基本概念可以用类似的方式处理事件和数据。

本章将研究 Rx Observable 对象的语义，以及如何用它来构建事件驱动和响应式应用。具体而言，涉及如下几个方面。

- Observable 对象的创建和订阅。

- Observable 对象的生命周期，以及如何定制一个 Observable 对象。

- 通过订阅来取消事件源。

- 用 Rx 组合子将 Observable 对象组合起来。

- 用 Rx 调度器实例控制并发性。

- 使用 Rx Subject 来设计更大型的应用程序。

下面用简单的示例展示 Observable 对象的创建和使用，以及如何传播事件。

6.1　创建 Observable 对象

本节将介绍创建 Observable 对象的几种不同方式、如何订阅 Observable 实例产生的不同种类的事件，以及如何定制 Observable 对象。最后，还要讨论两种冷、热Observable 对象的区别。

Observable 对象中定义了一个叫作 subscribe 的方法，其参数是一个被称为观察者（observer）的对象。观察者是由用户指定的对象，其中实现了事件处理的业务逻辑。当某个观察者调用 subscribe 方法时，这个观察者订阅了相应的 Observable 对象。每当此 Observable 对象产生一个事件时，订阅的观察者就会得到通知。

Scala 的 Rx 实现不属于 Scala 标准库，在 Scala 中使用 Rx 需要在 build.sbt 文件中加入如下依赖关系。

```
libraryDependencies +=
  "com.netflix.rxjava" % "rxjava-scala" % "0.19.1"
```

然后，用户就可以导入 rx.lang.scala 包中的内容，并开始使用 Rx 了。比如，用户想创建一个简单的 Observable 对象，它首先会产生几个 String 类型的事件，然后完成执行过程。这时，可以用伴生对象 Observable 上的工厂方法 items，创建一个 Observable 对象 o。然后调用其 subscribe 方法，这就类似于第 4 章提到的 Future 上的 foreach 方法。subscribe 方法的参数是一个回调函数，这样，每当 o 产生一个事件时，这些回调函数就会被触发。实现这一点的方法是创建一个 Observer 对象。和 Future 的区别在于，Observer 对象可以产生多个事件。在下面的示例中，回调函数用 log 语句将事件输出到屏幕上。

```
import rx.lang.scala._
object ObservablesItems extends App {
  val o = Observable.items("Pascal", "Java", "Scala")
  o.subscribe(name => log(s"learned the $name language"))
  o.subscribe(name => log(s"forgot the $name language"))
}
```

运行此示例时，读者应该注意两件事：所有的 log 语句都是在程序的主线程上执行的；第一次订阅中的回调函数的 3 次执行全部在第二次订阅中的回调函数的执行之前。

```
run-main-0: learned the Pascal language
run-main-0: learned the Java language
run-main-0: learned the Scala language
run-main-0: forgot the Pascal language
run-main-0: forgot the Java language
run-main-0: forgot the Scala language
```

通过本例可以得出的结论是，subscribe 方法是同步执行的，即它处理完事件流 o 中的所有事件之后才返回。但情况并不总是如此，因为 subscribe 总是立刻返回到主线程的控制中，且异步地触发回调函数。其具体的行为则和 Observable 对象的实现有关。在这里的 Rx 实现中，因为 Observable 对象是用 items 方法创建的，所以 Observable 对象创建完毕时，事件也都已经准备好。subscribe 才看起来像是同步执行的。

在上述示例中，Observable 对象看似一个不可变 Scala 容器，而 subscribe 方法类似于容器上的 foreach 方法，但 Observable 对象的适用范围更广泛，接下来读者可以看到异步发送事件的 Observable 对象的示例。

假设有一个每隔一段时间就发送一个事件的 Observable 对象，在下面的示例中，使用工厂方法 timer 创建这样的一个 Observable 对象，并将间隔时间设置为 1 s。然后，用 subscribe 注册两个回调函数。

```
import scala.concurrent.duration._
object ObservablesTimer extends App {
  val o = Observable.timer(1.second)
  o.subscribe(_ => log("Timeout!"))
  o.subscribe(_ => log("Another timeout!"))
  Thread.sleep(2000)
}
```

这一次，subscribe 方法的调用就是异步的了，要不然阻塞主线程整整 1 s，并等待计时结束就太不合理了。运行此示例可以看到主线程不等回调函数触发就继续执行了。

```
RxComputationThreadPool-2: Another timeout!
RxComputationThreadPool-1: Timeout!
```

此外，log 语句的结果表明回调函数是在 Rx 内部的线程池中触发的，且顺序是不确定的。

Observable 对象既可同步发送事件也可异步发送事件，这取决于 Observable 对象的具体实现。

如上例所示，大部分情况下订阅的时候要早于事件产生的时候，比如 UI 事件、文件修改事件或 HTTP 响应事件。为了避免阻塞调用 subscribe 方法的线程，Observable 对象在发送这类事件时都是异步的。

6.1.1　Observable 对象和异常

第 4 章提到过，异步计算有可能会抛出异常，这时，相应的 Future 对象就会失败，即它的完成结果不是一个值，而是反映了异步计算失败的一个异常。Future 对象可以通过 failed.foreach 或 onComplete 方法来注册回调函数，以对这些异常进行处理。

Observable 对象中产生事件的计算过程也有可能抛出异常。为了响应 Observable 对象抛出的异常，可以重载 subscribe 方法，此方法接收两个回调函数，生成一个观察者。两个回调函数分别是处理事件的回调和处理异常的回调。

下面的代码创建了一个可以发送数字 1 和 2 的 Observable 对象，然后抛出一个 RuntimeException 异常。items 工厂方法创建了可以发送这两个数字的一个 Observable 对象，然后，error 工厂方法创建抛出异常的另一个 Observable 对象。这两个 Observable 对象通过操作符 "++" 拼接起来。第一个回调将数字输出到标准输出，它会忽略异常。而第二个回调输出 Throwable 对象，它会忽略数字。

```
object ObservablesExceptions extends App {
  val exc = new RuntimeException
  val o = Observable.items(1, 2) ++ Observable.error(exc)
  o.subscribe(
    x => log(s"number $x"),
    t => log(s"an error occurred: $t")
  )
}
```

前面的程序首先输出数字 1 和 2，然后输出异常对象。如果没有在 subscribe 方法中传入第二个回调，则异常就会被 Observable 对象 o 发送出来，但观察者永远不会得到通知。注意，当异常发生时，Observable 对象就不再允许发送任何其他事件。下面的代码重定义了上述 Observable 对象。

```
import Observable._
val o = items(1, 2) ++ error(exc) ++ items(3, 4)
```

读者可能会认为数字 3 和 4 也能输出，但它们是不会被 Observable 对象 o 发送出来的。

 如果 Observable 对象产生了一个异常，则它就进入了错误状态，并且不再发送事件。

无论是工厂方法生成的 Observable 对象，还是定制的 Observable 对象（本章后文会介绍），Observable 对象产生异常之后都不再允许发送事件。接下来将介绍 Observable 规约（Observable 对象的生命周期）。

6.1.2 Observable 规约

前面已经介绍过如何创建简单的 Observable 对象及其事件响应方式。本节将深入讨论 Observable 对象的生命周期。每个 Observable 对象都有 3 个状态：未完成、错误和完成。只要 Observable[T] 对象处于未完成状态，它就可以发送类型为 T 的事件。而如果它产生了一个异常，则表示它进入了错误状态，从而再也无法发送任何事件了。类似地，如果一个 Observable 觉得自己不再需要产生数据了，它也可以进入完成状态。当一个 Observable 对象处于完成状态时，它也不能再发送事件。

在 Rx 中，订阅了一个 Observable 对象的对象被称为观察者。Observer[T] 特质有 3 个方法：onNext、onError 和 onCompleted。其分别用于响应 Observable 对象发送事件、产生错误和进入完成状态。这个特质的接口如下代码所示。

```
trait Observer[T] {
  def onNext(event: T): Unit
  def onError(error: Throwable): Unit
  def onCompleted(): Unit
}
```

在前面的示例中，只要调用 subscribe 方法，Rx 就会创建一个 Observer 对象，并将它赋给 Observable 对象。另一种方式是直接将 Observer 对象提供给一个重载版本的 subscribe 方法。下面的程序使用 from 工厂方法，它将一个电影标题的链表转化为一个 Observable 对象，然后创建一个 Observer 对象并将其传递给 subscribe 方法。

```
object ObservablesLifetime extends App {
  val classics = List("Good, bad, ugly", "Titanic", "Die Hard")
  val movies = Observable.from(classics)
  movies.subscribe(new Observer[String] {
    override def onNext(m: String) = log(s"Movies Watchlist - $m")
    override def onError(e: Throwable) = log(s"Ooops - $e!")
    override def onCompleted() = log(s"No more movies.")
  })
}
```

此程序输出这些电影标题，然后调用 onCompleted 并终止，最后输出"No more movies"。Observable 对象 movies 是通过有限个字符串创建而来的。当这些字符串事件发送完毕，movies 的事件流就会调用 onCompleted 方法。一般而言，Observable 对象只有在确定没有多余事件的情况下才能调用 onCompleted 方法。

Observable 对象在发送事件时都会调用它的 Observer 对象上的 onNext 方法，调用 Observer 对象的 onCompleted 表示它进入了完成状态，而调用 onError 则表示它进入了错误状态。这个过程被称为 Observable 规约，可以用图 6.1 所示的状态转换表示，其中不同的节点表示 Observable 的状态，而有向边表示 Observer 对象的不同方法。

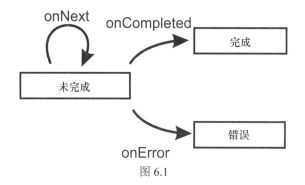

图 6.1

注意，Observable 对象如果没有事件可以发送了，它可以调用 onCompleted 或 onError，不过，它也可以两者都不调用。有些 Observable 对象知道它的最后一个事件是哪一个，比如 items。而很多 Observable 对象并不知道它的最后一个事件是哪一个，比如发送鼠标事件和键盘事件的 Observable 对象。

 Observable 对象可以没有限制地调用订阅的 Observer 对象上的 onNext 方法。它也可以调用 onCompleted 或 onError，也可以不调用，但一旦调用了之后，就再也不允许调用任何 Observer 方法了。

Rx API 产生的 Observable 对象实现了本节介绍的 Observable 规约。在实践中，用户一般并不需要关心 Observable 规约，除非自己定制 Observable 时才需要考虑，而这是 6.1.3 节需要讨论的内容。

6.1.3 定制 Observable 对象

可以用如下的工厂方法 Observable.create 创建一个定制的 Observable 对象。

```
def create(f: Observer[T] => Subscription): Observable[T]
```

此方法接收一个函数 f，返回的是一个新的 Observable 对象，f 将一个 Observer 对象映射为一个 Subscription 对象。每当 subscribe 方法被调用时，函数 f 就会作用于相应的 Observer 对象，它返回的 Subscription 对象可用于解除 Observer 对象对 Observable 对象的订阅。Subscription 特质只定义了一个称为 unsubscribe 的方法。

```
trait Subscription {
  def unsubscribe(): Unit
}
```

关于 Subscription 对象后文还会有更详细的介绍，这里只用到了一个空的 Subscription 对象，它并没有用于解除订阅。

为了展示如何使用 ObservableCreate 方法，下面的示例中实现了一个 Observable 对象 vms，它发送的消息是流行的虚拟机软件名称。在 ObservableCreate 中，逐个发送了这些虚拟机软件名称，然后调用了一次 onCompleted，最后返回空的 Subscription 对象。

```
object ObservablesCreate extends App {
  val vms = Observable.apply[String] { obs =>
    obs.onNext("JVM")
    obs.onNext("DartVM")
    obs.onNext("V8")
    obs.onCompleted()
    Subscription()
  }
  vms.subscribe(log _, e => log(s"oops - $e"), () => log("Done!"))
}
```

Observable 对象 vms 中有一个同步执行的 subscribe 方法，在返回调用 subscribe 方法的线程之前，所有事件都会被发送给观察者 obs。不过，ObservableCreate 方法常用于创建发送异步事件的 Observable 对象。6.1.4 节将介绍如何将一个 Future 对象转化为一个 Observable 对象。

6.1.4　由 Future 对象创建 Observable 对象

Future 对象用于封装异步计算的结果，而 Observable 对象可视为 Future 对象的一般化。和 Future 只生成一个成功事件或失败事件不同，Observable 对象发送一系列事件，然后才进入错误状态或完成状态。

Scala API 中处理异步计算的方式一般是返回 Future 对象，而不是返回 Observable 对象。在有些情况下，用户可能需要将 Future 对象转化为 Observable 对象。即 Future 成功完成时，相应的 Observable 对象必须发送一个包含了 Future 完成值的事件，然后调用 onCompleted 方法。如果 Future 对象失败，则相应的 Observable 对象应该调用 onError 方法。在实现这个转化之前，还需要导入 scala.concurrent 包和 ExecutionContext 对象，如下所示。

```
import scala.concurrent._
import ExecutionContext.Implicits.global
```

下面用 Observable.create 方法创建一个 Observable 对象 o，但它没有直接调用 Observer 对象的 onNext、onError 和 onCompleted 方法，而是在 Future 对象 f 上安装回调函数。

```
object ObservablesCreateFuture extends App {
  val f = Future { "Back to the Future(s)" }
  val o = Observable.create[String] { obs =>
    f foreach { case s => obs.onNext(s); obs.onCompleted() }
    f.failed foreach { case t => obs.onError(t) }
    Subscription()
  }
  o.subscribe(log _)
}
```

现在，subscribe 函数就变成异步的了。它在 Future 对象上安装完回调就立即返回了。实际上，这种模式使用得过于频繁，以至于 Rx 中都专门实现了一个工厂方法 Observable.from，它可以直接将 Future 对象转化为 Observable 对象。

```
val o = Observable.from(Future { "Back to the Future(s)" })
```

不过，学会将 Future 对象转化为 Observable 对象依然是值得的。Observable.create 方法常用于将基于回调的 API 转化为 Observable 对象，本章后面的内容会介绍这一点。

 可以使用工厂方法 Observable.create 从基于回调的 API 中创建 Observable 对象。

前面的示例中返回的都是空的 Subscription 对象，在空的 Subscription 对象上调用 unsubscribe 方法不会有任何效果。有时候，Subscription 对象需要释放相应的 Observable 对象上的资源，这时候实现 unsubscribe 方法就有必要了。6.1.5 节将介绍如何实现和使用这样的 Subscription 对象。

6.1.5 订阅

第 4 章讨论了如何用 Apache Commons IO 库中的文件监控包来监控文件的变化，当出现一个新文件时，就会有一个 Future 对象完成。由于 Future 对象只能完成一次，所以它只能使用发生变化的第一个文件的名称来完成。显然这个场景使用 Observable 更合适，因为文件系统中文件的创建和删除是常有的事，不会只出现一次。对文件浏览器或 FTP 服务器这样的应用而言，用户需要接收所有这样的事件，还要能够从 Observable 对象中解除订阅。本节将介绍如何用 Subscription 对象来实现这一点。首先，导入 Apache Commons IO 库中的文件监控包。

```
import org.apache.commons.io.monitor._
```

然后，定义一个 modified 方法，它会返回一个 Observable 对象，其中包含了指定目录中被修改文件的文件名。Observable.create 方法则用于在 Commons IO 库中基于回调的 API 与 Rx 框架之间架起桥梁。当 subscribe 方法被调用时，会创建一个 FileAlterationMonitor 对象，它用一个独立线程扫描文件系统，并每隔 1 s 发送一次文件系统事件；然后创建一个 FileAlterationObserver 对象，它指定了待监控的目录；另外还创建一个 FileAlterationListener 对象，它通过调用 Rx Observer 对象上的 onNext 方法来响应文件事件。随后，调用 fileMonitor 上的 start 方法。

最后，返回一个定制的 Subscription 对象，它的作用是终止 fileMonitor 对象。modified 方法的代码如下所示。

```
def modified(directory: String): Observable[String] = {
  Observable.create { observer =>
    val fileMonitor = new FileAlterationMonitor(1000)
    val fileObs = new FileAlterationObserver(directory)
    val fileLis = new FileAlterationListenerAdaptor {
      override def onFileChange(file: java.io.File) {
        observer.onNext(file.getName)
      }
    }
    fileObs.addListener(fileLis)
    fileMonitor.addObserver(fileObs)
    fileMonitor.start()
    Subscription { fileMonitor.stop() }
  }
}
```

在前文的示例中曾经使用过 Subscription 伴随对象上的工厂方法 apply。当返回的 Subscription 对象上的 unsubscribe 方法被调用时，指定的代码块就会运行。注意，第二次调用 unsubscribe，代码块并不会再次运行，这种行为称为幂等（idempotent），即多次调用和一次调用的效果相同。具体到本例而言，多次调用 unsubscribe 也只会让 fileMonitor 停止一次。当定制 Subscription 特质时，需要保证 unsubscribe

方法是幂等的，而 Subscription.apply 方法的作用就是方便地实现幂等性。

 Subscription 特质中的 unsubscribe 方法的实现必须是幂等的。使用 Subscription.apply 方法可以创建默认幂等的 Subscription 对象。

下面用 modified 方法来追踪当前工程项目中的文件变化。当调用 modified 方法返回的 Observable 对象上的 subscribe 方法之后，如果在编辑器中保存文件，则程序会在标准输出中输出文件修改日志，如下面的代码所示。

```
object ObservablesSubscriptions extends App {
  log(s"starting to monitor files")
  val sub = modified(".").subscribe(n => log(s"$n modified!"))
  log(s"please modify and save a file")
  Thread.sleep(10000)
  sub.unsubscribe()
  log(s"monitoring done")
}
```

注意，此例中的 FileAlterationMonitor 对象只有在触发 subscribe 方法时才会被创建。modified 方法返回的 Observable 对象只有在订阅有 Observer 时才会发送事件。在 Rx 中，Observable 对象只有在订阅存在时才会发送事件，这类 Observable 对象被称为冷观察对象。而有些 Observable 对象在没有订阅的情况下仍然发送事件，这类 Observable 对象被称为热观察对象，这种情况常发生在处理用户输入的场景，比如处理键盘事件和鼠标事件。下面的代码重新实现了一个追踪文件变化的 Observable 对象，它是热观察对象。首先要实例化和启动 FileAlterationMonitor 对象。

```
val fileMonitor = new FileAlterationMonitor(1000)
fileMonitor.start()
```

Observable 对象用 fileMonitor 对象来指定待监控目录。热观察的缺点是 Observable 对象在没有订阅的情况下也要消耗计算资源，其优点则是多个订阅之间可共享同一个 FileAlterationMonitor 对象，这会使方法变得相对轻量级一些。下面是热观察版的 hotModified 方法。

```
def hotModified(directory: String): Observable[String] = {
  val fileObs = new FileAlterationObserver(directory)
  fileMonitor.addObserver(fileObs)
  Observable.create { observer =>
    val fileLis = new FileAlterationListenerAdaptor {
```

```
      override def onFileChange(file: java.io.File) {
        observer.onNext(file.getName)
      }
    }
    fileObs.addListener(fileLis)
    Subscription { fileObs.removeListener(fileLis) }
  }
}
```

hotModified 方法创建了一个 Observable 对象,它用一个 fileMonitor 对象监控指定目录中的文件变化,并调用了 Observable.create 方法。当返回的 Observable 对象上的 subscribe 方法被调用时,会实例化并添加一个新的 FileAlterationListener 对象。在 Subscription 对象中,FileAlterationListener 会被删除,避免进一步接收文件修改事件,但程序结束之前都不会调用 fileMonitor 对象的 stop 方法。

6.2 Observable 对象的组合

在介绍完如何创建、订阅不同类型的 Observable 对象,及如何使用 Subscription 对象之后,下面就可以讨论如何将多个 Observable 对象组合成更大型的程序。从目前来看,Observable 对象对于回调 API 的优越之处还并没有体现出来。

Rx 的真正强大之处在于能够通过多种组合子将 Observable 对象组合起来。读者可以将 Observable 对象类比为 Scala 中的序列容器。在 Scala 序列 Seq[T]中,类型为 T 的元素在内存中按索引排序。而在 Observable[T]特质中,类型为 T 的事件按时间排序。

下面用 Observable.interval 工厂方法创建一个 Observable 对象,它可每隔 0.5 s 异步地发送一个数字,然后输出前 5 个奇数。为实现这个功能,首先要对 Observable 对象过滤,得到全是奇数的中间结果。注意,在 Observable 对象上调用 filter 类似于在 Scala 容器上调用 filter 方法。类似地,继续调用 map 方法,将数字变成字符串。然后调用 take 得到一个 Observable 对象 odds,它只包含前 5 个事件。最后,订阅 odds,将它发送的事件输出。

```
object CompositionMapAndFilter extends App {
  val odds = Observable.interval(0.5seconds)
    .filter(_ % 2 == 1).map(n => s"num $n").take(5)
  odds.subscribe(
    log _, e => log(s"unexpected $e"), () => log("no more odds"))
```

```
    Thread.sleep(4000)
}
```

弹珠图（marble diagram）可用于简明地解释不同 Rx 组合子的语义，这种图用图形化的方式表示 Observable 对象中的事件，以及事件在不同的 Observable 对象之间的变换。在弹珠图中，每个 Observable 对象都有一个包含了它的事件的时间线。前 3 个 Observable 对象没有调用它的观察者上的 onCompleted 方法；而最后的 Observable 对象 odds 包含至多 5 个事件，所以它在发送完成之后调用了 onCompleted 方法，onCompleted 方法的调用在弹珠图中用一条竖线表示，如图 6.2 所示。

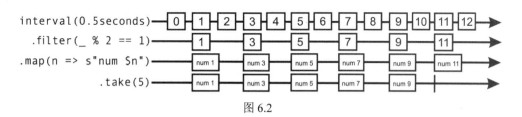

图 6.2

注意，图 6.2 表现的是不同 Observable 对象之间的高层次关系，有些事件在执行过程中可能被忽略了。有些 Rx 实现可检测到事件 11 和 12 没有在 subscribe 中被观察到，于是这些事件被忽略了，以节省计算资源。

如果读者熟悉 Scala 串行编程，会注意到用 for 推导式可以更精简地重写上一示例。比如，可以用 for 推导式输出前 5 个偶数。

```
val evens = for (n <- Observable.from(0 until 9); if n % 2 == 0)
yield s"even number $n"
evens.subscribe(log _)
```

在继续讨论更复杂的 for 推导式之前，下面将先介绍一种特殊的 Observable 对象，它的事件也是 Observable 对象。

6.2.1　嵌套 Observable 对象

嵌套 Observable 对象也称为高阶事件流，这种 Observable 对象发送的事件本身也是 Observable 对象。foreach 这样的高阶函数之所以被称为高阶函数是因为它在 (T => Unit) => Unit 类型中有一个嵌套函数。类似地，高阶事件流之所以是高阶的是因为它在类型 Observable[Observable[T]] 中嵌套了一个 Observable[T] 类型。本节将讨论嵌套 Observable 对象的使用时机和方法。

假设现在要编写一本书，并在每章开篇处加一条名人名言（引言）。为每一章都选一条合适的引言是比较困难的，要是能自动化处理就好了。方法是写一个小程序，用 Observable 对象来从某网站上每隔 0.5 s 随机选择一些引言，并将它们输出在屏幕上。一旦发现好的引言，就可以快速地将其复制到书的每章开篇处。

首先，定义一个 fetchQuote 方法，它返回一个 Future 对象，表示某条引言的文本。该网站正好有一个返回纯文本的 HTTP API，所以这里无须再解析 JavaScript 对象简谱（JavaScript Object Notation，JSON）或可扩展标记语言（Extensible Markup Language，XML）格式，直接用 scala.io.Source 对象来抓取指定 URL 的下载内容。

```
import scala.io.Source
def fetchQuote(): Future[String] = Future {
  blocking {
    val url = "http://quotes.stormconsultancy.co.uk/random.json" +
      "show_permalink=false&show_source=false"
    Source.fromURL(url).getLines.mkString
  }
}
```

前面提到过，可以用 from 工厂方法将一个 Future 对象转化为一个 Observable 对象。

```
def fetchQuoteObservable(): Observable[String] = {
  Observable.from(fetchQuote())
}
```

然后，就可以用 Observable.interval 这个工厂方法创建一个可每隔 0.5 s 发送一个数字的 Observable 对象。对本例而言，只需要取前 4 个数字。然后，将这些数字都映射成能发送一条引言（前面加上数字序号）的 Observable 对象。为实现这一点，可调用 fetchQuoteObservable 方法，然后用一个嵌套映射实现引言的转换。

```
def quotes: Observable[Observable[String]] =
  Observable.interval(0.5 seconds).take(4).map {
    n => fetchQuoteObservable().map(txt => s"$n) $txt")
  }
```

注意，这里的 map 方法实现了一个 Observable[String]实例的转换，其中包含了引言文本；然后生成的是另一个 Observable[String]实例，包含的是加上了数字序号的引言文本。外面的 map 调用将 Observable[Long] 对象（包含前 4 个数字）转换为 Observable[Observable[String]] 实例（包含能发送多条引言的 Observable 对象）。quotes 方法创建的 Observable 对象如图 6.3 的弹珠图所示。最后显示出来的嵌套 Observable 对象中的事件本身也是 Observable 事件，它们每个只包含单个事件：即 Future 对象中返回的引言文本。注意，为简洁起见，图 6.3 中省略了嵌套的 map 调用。

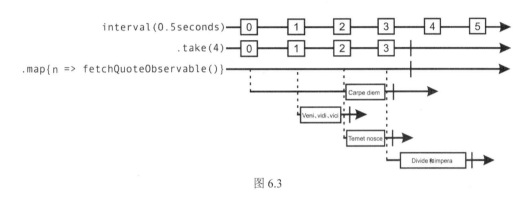

图 6.3

弹珠图可以让 Observable 对象的内容更好地被理解，但如何订阅 Observable[Observable[String]] 中的事件呢？若在 quotes 上调用 subscribe 方法，则只能处理 Observable[String] 对象，而不能直接处理 String 事件。

为了更好地理解这个问题，这里要再次用 Scala 的序列容器来进行类比。比如有一个嵌套序列 Seq[Seq[T]]，它可以用 flatten 方法实现扁平化，变成 Seq[T] 容器。实现这一点只需要将嵌套的 Seq[T] 序列拼接起来即可。Rx API 提供了类似的方法来将 Observable 对象扁平化，但用户需要处理好由事件时序引起的复杂问题。根据事件抵达的时刻，可以有不同的扁平化 Observable 对象的方法。

第一种方法称为 concat，即将嵌套的 Observable 对象直接拼接起来，方法是将每一个嵌套 Observable 对象中的事件排好序，然后依次将 Observable 对象拼接起来。先出现的 Observable 对象必须将所有事件发送完，才能轮到后面的 Observable 对象发送事件。图 6.4 的弹珠图展示了 concat 操作的过程。虽然引言 Veni、vidi 和 vici 出现在引言 Carpe diem 之前，但它们只能在 Carpe diem 对应的 Observable 对象完成之后才会被发送出来。只有当 quotes 及其所有嵌套 Observable 对象全部完成之后，最终扁平化的 Observable 对象才能完成。

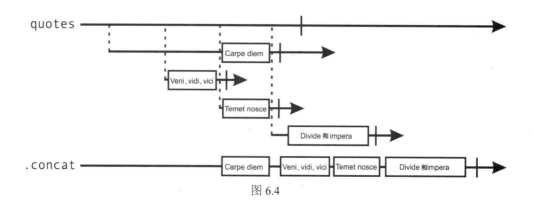

图 6.4

第二种方法称为 flatten，类似于 Scala 容器 API 中的同名方法。此方法保持嵌套 Observable 发送事件的顺序，并不关心嵌套 Observable 对象本身的启动时间。Observable 对象即使还没有完成，后续的 Observable 对象也可以发送事件。

这个过程如图 6.5 的弹珠图所示。只要任何一个嵌套 Observable 对象发送了引言，此引言就会被发送到最终的 Observable 对象中。一旦 quotes 及所有嵌套 Observable 对象完成，最终的 Observable 对象也就完成了。

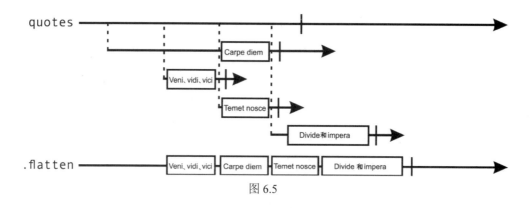

图 6.5

为测试 concat 和 flatten 方法的区别，下面的示例分别在 quotes 上用这两种方法订阅事件。如果网络不稳定或有不确定的延时，第二个 subscribe 调用得到的引言顺序将会非常混乱。读者可以将间隔时间由 0.5 s 改成 0.01 s，这样就可以更明显地看到这个效果。当使用 flatten 方法时，每条引言的序号将不再是依次排列的。

```
object CompositionConcatAndFlatten extends App {
  log(s"Using concat")
  quotes.concat.subscribe(log _)
```

```
  Thread.sleep(6000)
  log(s"Now using flatten")
  quotes.flatten.subscribe(log _)
  Thread.sleep(6000)
}
```

那么应如何选择这两种方法呢？concat 的优势在于它保持了不同 Observable 对象之间的事件先后顺序。假如需要按字典序来抓取和输出引言，那么 concat 方法是正确的选择。

如果需要保持嵌套 Observable 对象之间的事件的相对顺序，请使用 concat 方法来扁平化嵌套 Observable 对象。

concat 方法总是等当前嵌套 Observable 对象完成之后才订阅下一个嵌套 Observable 对象，但如果某个嵌套 Observable 对象耗时过长或一直完不成，那么剩下的 Observable 对象将需要等很久，或没有机会发送事件。这时候就应该使用 flatten 方法，它可以让订阅者立即响应任何一个嵌套 Observable 对象发送的事件。

如果至少有一个嵌套 Observable 对象的事件数目不确定，或其从未完成，则应该使用 flatten 方法取代 concat。

除了上述两种方法，用户也可以用 for 推导式来遍历多个 Observable 对象中的事件。Observable 对象有一个 flatMap 方法，所以可以用在 for 推导式中。调用 Observable 对象上的 flatMap 方法，等价于将它的每个事件映射成一个嵌套 Observable 对象，然后调用 flatten 方法。所以，quotes.flatten 可以重写成下面的形式。

```
Observable.interval(0.5 seconds).take(5).flatMap({
  n => fetchQuoteObservable().map(txt => s"$n) $txt")
}).subscribe(log _)
```

如果用户已经掌握 Scala 容器和 Future 上的 for 推导式，那么对 flatMap 和 map 的组合会更容易上手，可立刻联想到下面等价的 for 推导式。

```
val qs = for {
  n   <- Observable.interval(0.5 seconds).take(5)
  txt <- fetchQuoteObservable()
} yield s"$n) $txt"
qs.subscribe(log _)
```

这种写法更加简洁、易懂，使用起来仿佛又回到了 Scala 串行容器世界。但是必须要小心的是，Observable 对象上的 for 推导式并没有保持事件之间的顺序，这一点和容器的 for 推导式不一样。在前面的示例中，只要数字 n 和某条引言组成 s"$n) $txt"，它就会被发送出来，而不管之前的事件是否已经发送。

 调用 flatMap 方法或在 for 推导式中使用 Observable 对象都是收到事件就立即发送的，并不会保持不同 Observable 对象之间的相对顺序。调用 flatMap 方法在语义上等价于在 map 后面调用 flatten。

细心的读者会注意到，这里并没有考虑某个嵌套 Observable 对象通过调用 onError 终止了怎么办。当这种情况发生时，concat 和 flatten 都会调用 onError 方法，并抛出相同的异常。类似地，只要输入 Observable 对象产生了异常，map 和 filter 也会让结果 Observable 对象失败。唯一不明确的是，如何组合失败了的 Observable 对象呢？这是 6.2.2 节的内容。

6.2.2　Observable 对象的错误处理

如果运行前面的示例，读者可能已经发觉有些引言冗长难读，不适合放在每章开篇，否则就太不尊重新书的读者了。好的引言应该简短精练。

那么接下来的目标就是将长度超过 100 个字符的引言换成字符串"Retrying…"，然后把第一条短于 100 个字符的引言输出。为实现这一点，定义一条称为 randomQuote 的 Observable 对象，它每次被订阅时都发送一条随机引言。这里使用 Observable.create 是为了像之前那样获得一条随机引言，并发送出来。然后，返回一个空的 Subscription 对象，如下面的代码所示。

```
def randomQuote = Observable.create[String] { obs =>
  val url = "http://quotes.stormconsultancy.co.uk/random.json" +
    "show_permalink=false&show_source=false"
  obs.onNext(Source.fromURL(url).getLines.mkString)
  obs.onCompleted()
  Subscription()
}
```

randomQuote 方法返回的和前文的 fetchQuoteObservable 方法返回的 Observable 对象之间有细微的区别。fetchQuoteObservable 方法创建了一个 Future 对象，其中包含一条引言，并将其发送给每一个订阅者。而 randomQuote 只是在 subscribe 方法被调用时才发送 Future 中的引言。用术语表述就是

randomQuote 方法创建的是冷观察对象，而 fetchQuoteObservable 方法创建的是热观察对象（对所有观察者"一视同仁"，向它们发送同样的引言）。为了重新订阅一个失败的 Observable 对象，可以使用组合子 retry，它的输入是一个 Observable 对象，返回另一个 Observable 对象，用于转发输入 Observable 对象完成或失败之前发送的所有事件。如果输入 Observable 对象失败了，则 retry 组合子会再次订阅输入 Observable 对象。

现在，用 retry 组合子结合 randomQuote 方法来获得引言，直到短于 100 个字符的引言出现为止。首先，将用 randomQuote 方法得来的长引言转化为失败的 Observable 对象，它会激活 retry 重新订阅另一条引言。为此，定义一个被称为 errorMessage 的 Observable 对象，它发送字符串"Retrying..."，然后失败。接着，在一个 for 推导式中遍历引言，如果引言长度少于 100 个字符，则将其放入一个 Observable 对象，用于发送消息，否则使用 errorMessage。这个 for 推导式定义了一个 Observable 对象 quoteMessage，其作用是发送成功的短引言或失败的 "Retrying..."。如图 6.6 所示，弹珠图中最后的 Observable 对象为 quoteMessage，它描述了上述两种情况，并用交叉符号表示异常。

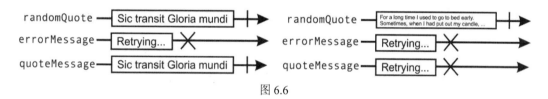

图 6.6

最后，在 quoteMessage 对象上调用 retry 方法，并订阅。retry 可以指定重试的次数，比如 5 次，不指定次数则表示一直重试下去。下面的代码为 quoteMessage 的实现过程。

```
object CompositionRetry extends App {
  import Observable._
  def errorMessage = items("Retrying...") ++ error(new Exception)
  def quoteMessage = for {
    text <- randomQuote
    message <- if (text.size < 100) items(text) else errorMessage
  } yield message
  quoteMessage.retry(5).subscribe(log _)
  Thread.sleep(2500)
}
```

多次运行此程序，读者会发现要么短引言立即输出，要么程序会重试好几次，这和引言本身的随机分布有关。读者可能会问，超过 100 个字符的长引言占多大的比例呢？这个统计计算对 Rx 而言是小菜一碟，只需要用到它的两个组合子就可以了。第一个为 repeat，类似于 retry，但它不会重新订阅失败的 Observable 对象，而会重新订阅完成的 Observable 对象。第二个为 scan，类似于容器上的 scanLeft 组合子，它的输入是一个 Observable 对象和一个用于累加的初始值，它发送的是当前的累加值，累加的过程是由指定的二元运算来决定的（累加值和新事件之间发生运算，然后用运算结果更新累加值）。repeat 和 scan 的使用方法如下面的代码所示。

```scala
object CompositionScan extends App {
  CompositionRetry.quoteMessage.retry.repeat.take(100).scan(0) {
    (n, q) => if (q == "Retrying...") n + 1 else n
  } subscribe(n => log(s"$n / 100"))
}
```

在上面的示例中，用到之前定义的 Observable 对象 quoteMessage，用于获得短引言或错误消息"Retrying..."。对于长引言，需要用 retry 来重试；对于短引言，需要用 repeat 来重复。总共统计 100 条引言，然后用 scan 运算来统计长引言的数目。通过运行此程序，可知 100 条引言中有 57 条长引言了。

retry 方法用于重新订阅已经失败的 Observable 对象中的事件。类似地，repeat 方法用于重新订阅已经完成的 Observable 对象中的事件。

在之前的示例中，如果 Observable 对象失败了，还是用同一个 Observable 对象来重新订阅并发送额外事件。在有些情况下，用户会希望在发生异常时发送指定的事件，或回退至另一个完全不同的 Observable 对象，就和 Future 对象的做法一样。Rx 中有方法支持将异常换成事件，或换成另一个 Observable 对象中的多个事件，方法分别为 onErrorReturn 和 onErrorResumeNext。在下面的程序中，首先将 status 中出现的异常换成字符串"exception occurred."，然后将异常换成另一个 Observable 对象中的字符串。

```scala
object CompositionErrors extends App {
  val status = items("ok", "still ok") ++ error(new Exception)
  val fixedStatus =
    status.onErrorReturn(e => "exception occurred.")
  fixedStatus.subscribe(log _)
  val continuedStatus =
```

```
        status.onErrorResumeNext(e => items("better", "much better"))
    continuedStatus.subscribe(log _)
}
```

本节介绍了多种 Observable 对象的组合方式之后，6.3 节将介绍 Rx 的功能。前文并没有关注 Observable 对象在哪个线程上发送事件，6.3 节将介绍如何在不同线程上的 Observable 对象之间发送事件及其使用时机。

6.3 Rx 调度器

本章开始的时候提到过不同的 Observable 对象在不同的线程上发送事件。一个同步的 Observable 对象的 subscribe 被调用时在调用线程上发送事件。Observable.timer 对象在 Rx 内部线程上异步发送事件。类似地，由 Future 对象创建的 Observable 对象在 ExecutionContext 线程上发送事件。那如何让已有 Observable 对象在指定线程上创建另一个 Observable 对象呢？

为了封装 Observable 对象选择线程来发送事件，Rx 定义了一个特殊类 Scheduler，此类类似于第 3 章中的 Executor 和 ExecutionContext 接口。Observable 带有一个称为 observeOn 的组合子，它可以返回一个新的 Observable 对象，支持在指定的 Scheduler 类上发送事件。在下面的程序中，实例化了一个 Scheduler 对象 ComputationScheduler，它用一个内部线程池发送事件，发送事件既可以使用 observeOn 组合子，也可以不使用。

```
object SchedulersComputation extends App {
  val scheduler = schedulers.ComputationScheduler()
  val numbers = Observable.from(0 until 20)
  numbers.subscribe(n => log(s"num $n"))
  numbers.observeOn(scheduler).subscribe(n => log(s"num $n"))
  Thread.sleep(2000)
}
```

从下面的输出结果可以看出，第二个 subscribe 使用了线程池。

```
run-main-42: num 0
...
run-main-42: num 19
RxComputationThreadPool-1: num 0
...
```

```
RxComputationThreadPool-1: num 19
```

ComputationScheduler 对象维持一个线程池用于计算任务。如果需要处理事件阻塞或遇到 I/O 操作，就必须使用 IOScheduler 对象，它会自动生成必要的新线程。但如果待处理的每个事件都是大粒度的任务，则可使用 NewThreadScheduler 对象，它为每个事件都生成一个新的线程。

在 UI 应用程序中使用定制的调度器

对于大部分任务 Rx 内置的调度器已经够用，但有时候用户还想要更多的控制权。大部分 UI 框架只允许在一个特殊的线程上读取和修改 UI 元素，这个线程称为事件分发线程。

这种限制简化了 UI 框架的设计和实现，并让客户端免受并发错误的影响。因为通常情况下 UI 并不是主要的计算瓶颈，这种单线程设计已经被广泛采用，比如 Swing 中使用 EventDispatchThread 对象来传播事件。

对于 UI 应用，Observable 对象尤其有用：UI 中充满了事件。在后面的示例中，将会用 Scala 的 Swing 库来展示 Rx 在 UI 代码中的用处。首先，在工程中添加如下依赖关系。

```
libraryDependencies +=
  "org.scala-lang.modules" %% "scala-swing" % "1.0.1"
```

Swing 应用中只有一个按钮，单击此按钮会在标准输出中输出一个消息。这个应用应该展示的是如何将 Swing 事件变为一个 Observable 对象。相关的 Scala Swing 库的引入代码如下。

```
import scala.swing._
import scala.swing.event._
```

要创建一个 Swing 应用，首先要扩展 SimpleSwingApplication 类，这个类只有一个抽象方法 top，它返回一个 Frame 对象。Swing 的抽象 Frame 类表示应用的窗口。这里返回的是 MainFrame 类，它是 Frame 的子类。在 MainFrame 构造函数中，窗口标题设置为"Swing Observables"，并用文本"Click"实例化一个新的 Button 对象。

这样，所有 UI 元素及其布局就算完成了，接下来还需要添加一些业务逻辑。传统上，Swing 应用的交互是由 UI 元素上的回调函数完成的。但在 Rx 中，可以将回调函数变为事件流；这里可定义一个称为 buttonClicks 的 Observable 对象，它在每次单击按钮时会发送一个事件。然后，用 Observable.create 方法注册一个 ButtonClicked 回调，用于调用观察者上的 onNext 方法。为了将单击事件输出到标准输出中，还需要订阅 buttonClicks 对象。完成的 Swing 应用程序如下所示。

```scala
object SchedulersSwing extends SimpleSwingApplication {
  def top = new MainFrame {
    title = "Swing Observables"
    val button = new Button {
      text = "Click"
    }
    contents = button
    val buttonClicks = Observable.create[Button] { obs =>
      button.reactions += {
        case ButtonClicked(_) => obs.onNext(button)
      }
      Subscription()
    }
    buttonClicks.subscribe(_ => log("button clicked"))
  }
}
```

运行此程序，会打开一个窗口，如图 6.7 所示。单击 Click 按钮会在标准输出中输出一个字符串。发送事件的线程称是 Swing 中分发事件的那个线程。

事件分发线程会阻塞 UI，因此会影响用户体验。如果每次单击按钮时都触发一个阻塞式网络请求，用户会明显感受到界面延迟。不过不用担心，将长时间运行的计算异步运行并不是什么难事。

图 6.7

一般情况下，用户并不会满足于只启动一个异步计算。一旦异步计算有了结果，还需要将它显示在应用中。但是前文说过，UI 框架不允许在计算线程中访问 UI 元素，所以必须将控制权返还给事件分发线程。Swing 定义了 invokeLater 方法，它可以在事件分发线程上调度任务。另一方面，Rx 有一个内置的 Schedulers.from 方法，它可将一个 Executor 对象转化为一个 Scheduler 对象。为了在 Swing 的 invokeLater 方法和 Rx 的调度器之间建立桥梁，还需要实现一个定制的 Executor 对象，用于将 invokeLater 的调用封装起来，然后这个 Executor 对象可被传递到 Schedulers.from 中。定制的 swingScheduler 如下所示。

```
import java.util.concurrent.Executor
import rx.schedulers.Schedulers.{from => fromExecutor}
import javax.swing.SwingUtilities.invokeLater
val swingScheduler = new Scheduler {
  val asJavaScheduler = fromExecutor(new Executor {
    def execute(r: Runnable) = invokeLater(r)
  })
}
```

然后，就可以用这个新定义的 swingScheduler 对象将事件发送回 Swing。为展示其用法，下面实现一个简单的网页浏览器应用，浏览器中包含一个地址栏和 Feeling Lucky 按钮。在地址栏中输入内容会显示有关网络地址的建议，而单击按钮会显示网页的原始 HTML 文本内容。实现此浏览器并不简单，需要将 UI 布局和 UI 业务逻辑分开。首先可定义一个 BrowserFrame 类，它描述了 UI 元素的布局。

```
abstract class BrowserFrame extends MainFrame {
  title = "MiniBrowser"
  val specUrl = "http://www.w3.org/Addressing/URL/url-spec.txt"
  val urlfield = new TextField(specUrl)
  val pagefield = new TextArea
  val button = new Button {
    text = "Feeling Lucky"
  }
  contents = new BorderPanel {
    import BorderPanel.Position._
    layout(new BorderPanel {
      layout(new Label("URL:")) = West
      layout(urlfield) = Center
      layout(button) = East
    }) = North
    layout(pagefield) = Center
  }
  size = new Dimension(1024, 768)
}
```

Scala Swing 并没有实现事件流，但可以用 Scala 的扩展事件模式和 Observable 对象来扩充现有的 UI 元素，并添加隐式类 ButtonOps 和 TextFieldOps，其分别实现方法 clicks 和 texts。clicks 方法的 Observable 对象，会在用户每次单击按钮时发送一个事件。类似地，texts 方法在文本框内容发生变化时发送一个事件。

```
implicit class ButtonOps(val self: Button) {
```

```
def clicks = Observable.create[Unit] { obs =>
  self.reactions += {
    case ButtonClicked(_) => obs.onNext(())
  }
  Subscription()
}
}
implicit class TextFieldOps(val self: TextField) {
  def texts = Observable.create[String] { obs =>
    self.reactions += {
      case ValueChanged(_) => obs.onNext(self.text)
    }
    Subscription()
  }
}
```

现在，工具准备完毕，可以开始定义网页浏览器的业务逻辑部分了。业务逻辑在一个称为 BrowserLogic 的特质中实现，并使用 self 类型的 BrowserFrame 对象。self 类型可以让用户限制 BrowserLogic 特质只混入 BrowserFrame 的子类中。这是合理的，因为浏览器的业务逻辑不需要了解 UI 事件，也不需要响应这些事件。

网页浏览器主要支持两个功能。第一，浏览器能够在用户输入地址时提供地址填充建议。为实现这一点，需要定义一个帮助类 suggestRequest，它从地址栏中取出内容，然后返回一个 Observable 对象，用于提供可能的地址填充选项。这个 Observable 对象使用 Google 的查询建议服务，用于获得一个地址链表。为了处理网络错误，此 Observable 对象会在 0.5 s 无服务响应之后超时，并发送一个错误消息。

第二，当用户单击按钮时，浏览器能够显示指定 URL 对应的网页内容。为实现这一点，还需要定义另一个帮助类 pageRequest，它会返回一个 Observable 对象，包含了网页 HTML 的文本。这个 Observable 对象会在 4 s 无服务响应的情况下超时。通过这些帮助类和 UI 元素的 Observable 对象，浏览器的业务逻辑更容易实现。每个 urlfield 文本的修改事件都会被映射为一个嵌套的 Observable 对象，其中包含了地址的填充建议。concat 会将嵌套的 Observable 对象扁平化，这些建议的事件会通过 observeOn 组合子传回 Swing 的事件分发线程。然后，就可以订阅 Swing 事件分发线程上的事件了，并相应地修改 pagefield 字段的内容。button.clicks 的订阅过程与这类似。

```
trait BrowserLogic {
  self: BrowserFrame =>
```

```scala
def suggestRequest(term: String): Observable[String] = {
  val url = "http://www.google.com/" +
    s"complete/search?client=firefox&q=$term"
  val request = Future { Source.fromURL(url).mkString }
  Observable.from(request)
            .timeout(0.5.seconds)
            .onErrorReturn(e => "(no suggestion)")
}
def pageRequest(url: String): Observable[String] = {
  val request = Future { Source.fromURL(url).mkString }
  Observable.from(request)
            .timeout(4.seconds)
            .onErrorReturn(e => s"Could not load page: $e")
}
urlfield.texts.map(suggestRequest).concat
              .observeOn(swingScheduler)
              .subscribe(response => pagefield.text = response)
button.clicks.map(_ => pageRequest(urlfield.text)).concat
              .observeOn(swingScheduler)
              .subscribe(response => pagefield.text = response)
}
```

定义好 UI 布局和 UI 业务逻辑之后，就只需要在 Swing 应用中实例化浏览器窗口了。

```scala
object SchedulersBrowser extends SimpleSwingApplication {
  def top = new BrowserFrame with BrowserLogic
}
```

运行此应用会打开一个浏览器窗口，然后用户就可以在这个基于 Rx 的网页浏览器中上网了。Mozilla 和 Google 公司的人看到图 6.8 大概会大吃一惊吧。

虽然这个浏览器的功能非常简单，但是在设计上成功实现了 UI 布局和 UI 业务逻辑的分离。UI 布局层在接口中定义了诸如 urlfield.texts 和 button.clicks 的 Observable 对象。而业务逻辑层依赖于 UI 布局层提供的功能。比如，如果不引用 Observable 对象 button.clicks，那么 pagefield 界面元素的更新是无从入手的。

这时，我们称浏览器业务逻辑依赖于 UI 布局，但反过来不成立。对于一个 UI 应用，这种依赖关系是可以接受的，但其他一些应用则对松耦合设计有更高的要求，不同层之间都不能相互直接引用。

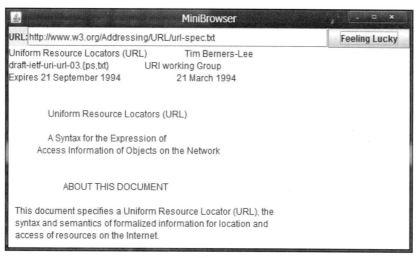

图 6.8

6.4 Subject 和自顶向下响应式编程

Observable 对象的组合类似于函数、容器或 Future 的组合。通过函数式组合，简单的 Observable 对象可构成复杂的 Observable 对象。这是非常具有 Scala 风格的模式，这样写出来的代码也会非常精简和易懂。

但函数式组合有一个不那么显而易见的缺点，就是它更青睐于自底向上的编程风格。一个复杂 Observable 对象只有通过引用它所依赖的其他 Observable 对象才能被创建出来。比如，如果没有输入 Observable 对象，并调用其 map 方法，就无法用 map 组合子生成 Observable 对象。对于自底向上的编程风格，构建复杂程序之前，首先要从最简单的组件开始，然后才能逐渐向上变得越来越复杂。而自顶向下的编程风格正好相反，首先需要定义系统中的复杂部分，然后逐层向下分解为更小的部件。自顶向下的编程风格支持首先声明一个 Observable 对象，然后定义其依赖项。

为了使用自顶向下的编程风格来构建系统，Rx 定义了一种称为 Subject 的抽象结构，由 Subject 特质表示。一个 Subject 特质既是一个 Observable 对象，也是一个 Observer 对象。作为 Observable 对象，它可以向它的订阅者发送事件。而作为一个 Observer 对象，它又可以订阅不同的输入 Observable 对象，并将事件转发给自己的订阅者。

Subject 特质是一种可以在创建之后修改输入的 Observable 对象。

　　为了展示 Subject 特质在实际中的使用方法，下面看看操作系统的例子。前文已经见识 Rx 事件流的实用之处，这里将在操作系统的实现中全程使用 Rx，并将操作系统命名为 RxOS。RxOS 要能够支持组件的可插拔，即操作系统的功能由很多个组件构成，其被称为内核模块。每个内核模块可以定义一些 Observable 对象。比如，TimeModule 暴露一个称为 systemClock 的 Observable 对象，它每秒输出一次系统时间。

```
object TimeModule {
  import Observable._
  val systemClock = interval(1.seconds).map(t => s"systime: $t")
}
```

　　系统输出是每个操作系统的核心功能，我们希望 RxOS 能够像输出系统时间一样输出重要的系统事件。系统时间的输出是很容易的，只需要订阅 TimeModule.systemClock 即可。

```
object RxOS {
  val messageBus = TimeModule.systemClock.subscribe(log _)
}
```

　　但另外一个团队想独立地开发另一个内核模块 FileSystemModule，它将暴露一个称为 fileModifications 的 Observable 对象，它会在文件发生修改时发送一个文件名事件。

```
object FileSystemModule {
  val fileModifications = modified(".")
}
```

　　而核心开发团队认为 fileModifications 对象是重要的系统事件，必须输出到日志，并由 messageBus 来订阅。于是重新定义单例对象 RxOS，如下面的代码所示。

```
object RxOS {
  val messageBus = Observable.items(
    TimeModule.systemClock,
    FileSystemModule.fileModifications
  ).flatten.subscribe(log _)
}
```

这个问题解决了，但万一其他内核模块产生另外一组重要的系统事件呢？用当前的方法就必须在每当有新的第三方内核模块出现时就要重新编译 RxOS 内核。更糟糕的是，RxOS 对象的定义引用了内核模块，因而产生了依赖关系。如果有开发者想定制自己的精简版的内核，就不得不修改内核源代码。

这就是自底向上编程风格的典型的缺点：在声明好所有依赖关系之前，messageBus 对象连声明都做不到。一旦声明，就意味着绑定到了某些内核模块。

为解决这个问题，现在将 messageBus 对象重新定义为 Rx Subject，创建一个新的 Subject 实例，它能发送字符串并可用于订阅，如下面的代码所示。

```
object RxOS {
  val messageBus = Subject[String]()
  messageBus.subscribe(log _)
}
```

这样，messageBus 并没有被订阅到任何 Observable 对象，也没有发送任何事件。现在再根据这个模块和内核代码重新定义 RxOS 启动序列（boot sequence）。启动序列指定了由 messageBus 订阅哪些内核模块，并将这些订阅保存在 loadedModules 链表中。

```
object SubjectsOS extends App {
  log(s"RxOS boot sequence starting...")
  val loadedModules = List(
    TimeModule.systemClock,
    FileSystemModule.fileModifications
  ).map(_.subscribe(RxOS.messageBus))
  log(s"RxOS boot sequence finished!")
  Thread.sleep(10000)
  for (mod <- loadedModules) mod.unsubscribe()
  log(s"RxOS going for shutdown")
}
```

这个启动序列首先将 messageBus 订阅到每个必需的模块上，这样做是因为 messageBus 既是一个 Observable 对象也是一个 Observer 对象。RxOS 然后保持 10 s，再调用这些模块的 unsubscribe 方法，并关闭。过程中，系统时钟每隔 1 s 向 messageBus 发送一个事件。类似地，messageBus 对象会在文件发生修改的时候输出修改后的文件的文件名，如图 6.9 所示。

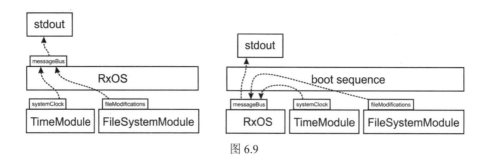

图 6.9

两种风格的区别可由图 6.9 看出。在自底向上的方法中，首先要定义好所有的内核模块，然后让 RxOS 依赖它们。而在自顶向下的方法中，RxOS 并不依赖内核模块，它只是用启动序列模块将它们拼在了一起。RxOS 的用户如果需要添加一个新的内核模块，不再需要修改和重新编译内核代码了。事实上，新的设计甚至支持在启动序列完成很久之后运行的 RxOS 实例中热插拔内核模块。

> 当需要创建一个 Observable 对象，且它的输入暂时还不存在时，请使用 Subject 实例。

在前文的示例中，设计一个浏览器更像订购一台苹果电脑。需要先指定处理器类型和硬盘大小，MacBook 才能被组装起来，然后它的组件就不能再轻易更换了。类似地，浏览器的 UI 布局完成之后，描述 UI 组件之间交互的事件流只会声明一次，即使 UI 组件被更换了，这些事件流也不会改变。

相比较而言，构建操作系统则更像用定制组件组装一台桌面电脑。拿到主板之后，用户可以独立地插入显卡、独立磁盘冗余阵列（Redundant Array of Independent Disk，RAID）控制器等组件。类似地，声明了一个 messageBus Subject 之后，在程序执行过程中就可以在任意时机插入任意数目的内核模块。

虽然 Subject 的接口比 Observable 的更为灵活，但用户不能只依赖 Subject，更不能只使用自顶向下的编程风格。虽然在应用被创建时就声明它所有的依赖很不灵活，但至少这种声明式编程更易懂。现代的大型应用程序通常会结合使用自底向上和自顶向下两种风格。

Rx 还定义了其他类型的 Subject。ReplaySubject 用于将接收到的事件缓存到一个 Observer 对象中。当另一个 Observer 对象订阅了一个 ReplaySubject 实例时，此实例之前缓存的所有事件就会被重新发送。在下面的代码中，RxOS 中定义了一个称为 messageLog 的 ReplaySubject 实例。

```
object RxOS {
  val messageBus = Subject[String]()
  val messageLog = subjects.ReplaySubject[String]()
  messageBus.subscribe(log _)
  messageBus.subscribe(messageLog)
}
```

messageLog 对象订阅了 messageBus 对象，用于缓存所有的系统消息。如果想将所有消息存入日志文件，则可以在应用程序结束前立即订阅 messageLog 对象，如下面的代码所示。

```
log(s"RxOS dumping the complete system event log")
RxOS.messageLog.subscribe(logToFile)
log(s"RxOS going for shutdown")
```

Rx 还定义了另外两个 Subject，分别是 BehaviorSubject 和 AsyncSubject。BehaviorSubject 类只缓存了最近的事件，而 AsyncSubject 只发送 onComplete 被调用之前的那个事件。这里就不讨论具体语义了，感兴趣的读者可以查看相关内容的在线文档。

6.5 小结

事件流是一种非常具有表现力的工具，可用于对动态、基于事件并随时间变化的系统进行建模。Rx 的 Observable 对象是一种事件流的实现，用于构建可扩展、并发和基于事件的应用。本章介绍了怎样创建 Rx Observable 对象和怎样订阅其事件，研究了 Observable 规约和如何用简单 Observable 对象构造复杂 Observable 对象，另外介绍了几种恢复失败 Observable 对象的方法和如何用 Rx 调度器在不同线程之间传递事件，最后介绍了如何用 Rx Subject 来设计松耦合系统。这些强大的工具可用于开发各种各样的应用程序，包括网页浏览器、FTP 服务器、影音播放器、实时游戏、交易平台等，甚至操作系统。

由于响应式编程越来越受欢迎，因此近年来出现了大量的类似于 Rx 的框架，包括 REScala、Akka Streams 和 Reactive Collections 等。对这些框架的介绍超出了本章的范围，感兴趣的读者可以自行研究。

虽然 Observable 对象已经非常具有声明式的特点，这让 Rx 编程模型非常易懂，但有时候命令式和具有显式状态的系统还是有用处的。第 7 章将介绍软件事务性内存，可以让用户访问共享程序状态，而不会造成第 2 章提到的死锁和竞态。

6.6　练习

在下面的练习中，读者需要实现一些 Observable 对象，它们体现了 Observable 对象的不同使用案例，以及不同的创建方式。其中一些练习还提到了新的响应式编程抽象结构，比如响应式映射、响应式优先队列。

1. 定制一个 Observable[Thread] 对象，它能检测到线程启动并发送一个事件。实现过程允许丢失一些事件。

2. 实现一个 Observable 对象，它每隔 5 s 和 12 s 发送一个事件，但运行时间是 30 s 的倍数时不发送事件。在 Observable 对象上使用函数式组合子。

3. 使用本章的 randomQuote 方法，创建一个 Observable 对象，表示引言的移动长度平均值。每当有新的引言出现时，就发送一个新的平均值。

4. 实现响应式的信号抽象结构，表示为 Signal[T] 类型，此类型有一个方法 apply，用于查询此信号最后发送的事件。还要实现一些语义上对应于 Observable 对象方法的组合子。

```
class Signal[T] {
  def apply(): T = ???
  def map(f: T => S): Signal[S] = ???
  def zip[S](that: Signal[S]): Signal[(T, S)] = ???
  def scan[S](z: S)(f: (S, T) => S) = ???
}
```

然后，将 toSignal 方法添加到 Observable[T] 上，用于将一个 Observable 对象转化为一个响应式信号（可考虑使用 Rx Subject）。

```
def toSignal: Signal[T] = ???
```

5. 实现响应式 cell 抽象，表示为类型 RCell[T]。一个响应式 cell 同时还是一个响应式信号（见练习 4）。调用 := 方法会为响应式 cell 设置一个新值，并发送一个事件。

```
class RCell[T] extends Signal[T] {
  def :=(x: T): Unit = ???
}
```

6. 实现响应式映射容器，表示为 RMap 类。其 update 方法的行为类似于常规 Map 容器上的 update 方法的行为。调用响应式映射上的 apply 会返回一个 Observable

对象，表示指定键的所有后续更新。

```
class RMap[K, V] {
  def update(k: K, v: V): Unit
  def apply(k: K): Observable[V]
}
```

7．实现响应式优先队列，表示为 RPriorityQueue 类。此队列暴露了一个
Observable 对象 popped，当调用 pop 删除队列中的最小元素时，popped 会发送事件。

```
class RPriorityQueue[T] {
  def add(x: T): Unit = ???
  def pop(): T = ???
  def popped: Observable[T] = ???
}
```

8．实现 copyFile 方法，用于将 src 参数指定的文件复制到 dest 参数指定的目
标位置。此方法返回一个 Observable[Double] 对象，它会在文件传输过程中每隔 0.1 s
发送一个事件。当文件传输完成时，此 Observable 对象也会完成。当文件传输失败时，
它会因异常而失败。

```
def copyFile(src: String, dest: String): Observable[Double]
```

9．定制一个 Swing 组件，称为 RxCanvas，其使用 Observable 对象暴露鼠标
事件。RxCanvas 组件可用于构建绘画板程序，在这样的绘画板中，用户可以用笔刷
拖动线条，也可以将内容保存到图像文件中。可考虑使用嵌套 Observable 对象来
实现拖动。

```
class RxCanvas extends Component {
  def mouseMoves: Observable[(Int, Int)]
  def mousePresses: Observable[(Int, Int)]
  def mouseReleases: Observable[(Int, Int)]
}
```

10．实现类型 Observable 上的方法 scatterGather，它会将每个事件转发给
工作线程，在这些线程上执行某项工作，并在新 Observable 对象中发送计算结果。此
方法声明如下所示，其中类型 T 是原 Observable 对象中的事件类型。

```
def scatterGather[S](f: T => S): Observable[S]
```

11．实现类型 Observable 上的 sorted 方法，将输入事件排好序之后再发送出
去。这些事件只有在原 Observable 对象终止时才会被发送。

第 7 章
软件事务性内存

很多学并发的人一开始认为自己搞懂了，然后总是在一些意想不到的地方发现一些神秘的资源争用情况，于是只得承认自己还没有真懂。

——赫布·萨特（Herb Sutter）

第 2 章介绍过并发性的基础原语，以及使程序某些部分避免共享访问的必要性。其中一种基本的实现方式是使用 synchronized 语句，它使用内蕴锁确保同时最多只有一个线程在执行指定程序段。锁的缺点是容易引起死锁，造成程序无法继续运行下去。

本章将介绍软件事务性内存（Software Transactional Memory，STM），这是一种并发控制机制，用于控制对共享内存的访问，极大地减少死锁和竞态的风险。STM 被用于对代码的临界段进行特殊处理，它没有用锁来保护临界段，而是追踪共享内存的读写操作，用读和写交错的方式来串行化临界段的执行。synchronized 语句被换成了原子性代码块，以表示程序中需要隔离执行的段。STM 更安全和易用，同时又保证了相对较好的可扩展性。

内存事务的思想来源于数据库事务，数据库中的事务可保证一个数据库查询序列以隔离的方式执行，即在时间上是原子性的，只对应于一个时间点。当内存事务 T 发生时，并发内存事务观察内存状态要么发生在 T 启动之前，要么发生在 T 完成之后，但绝不会发生在 T 执行中，这个性质被称为隔离。

使用 STM 的另一个重要好处是其具有可组合性。假设有一个基于锁的散链表实现，它使用了线程安全的插入和删除操作。虽然单个插入和删除操作可分别由不同线程安全地执行，但是若某个线程先从一个表中删除某个元素再将其插入另一个表，那它不可避免会暴露出一个中间态，即两个表都不存在此元素的状态。传统上来说，STM 是编程语义的一部分，其优点是可以在编译时施加一些事务性限制。但这种方法需要修改语言本身，很多 STM 是以软件库的形式实现的，比如 ScalaSTM，它是 STM 的一种具体实现。本章将使用 ScalaSTM，涉及如下主题。

- 介绍原子性变量的缺点。

- STM 的语义和内部构造。

- 事务性引用。

- 事务和外部副作用之间的交互。

- 单操作事务的语义和嵌套事务。

- 有条件地重试事务和让事务超时。

- 事务局部变量、事务性数组和事务性映射。

第 3 章介绍过原子性变量和并发容器可以用于编写无锁程序。那为何不用原子性变量表示并发共享数据呢？为了证明 STM 的必要性，下面将假想一个原子性变量难以胜任的场合。

7.1　原子性变量的问题

第 3 章介绍的原子性变量是一种基础的同步机制，而第 2 章介绍的易失变量也可支持竞态，只不过程序的正确性是由不同线程的精确调度来保证的。原子性变量可保证在读写操作之间不会有线程并发地修改变量。同时，原子性变量减少了死锁的风险。但不管怎么说，有些情况下原子性变量也不那么令人满意。

第 6 章用 Rx 框架实现了一个极为精简的网页浏览器，能实现上网功能当然已经是不错的，但浏览器还需要实现其他一些功能。比如，保留浏览地址的历史记录链表。假设用 List[String] 容器来保存这些地址，并追踪它们的字符总长度，这个长度信息有助于分配一个数组并在其中插入所有地址字符串。由于浏览器不同部分是异步执行的，所以这些状态信息只能用同步化的方式访问，比如将地址链表和总长度保存在私有的可变字段中，并用 synchronized 语句访问。不过，synchronized 是有缺点的，前文已经多次介绍过。为了避免锁的出现，应该使用原子性变量，即将地址链表和总长度保存在 urls 和 clen 这两个原子性变量中。

```
import java.util.concurrent.atomic._
val urls = new AtomicReference[List[String]](Nil)
val clen = new AtomicInteger(0)
```

每当用浏览器打开 URL 时，都需要更新这些原子性变量，为了更方便处理，需要定义如下 addUrl 辅助方法。

```
import scala.annotation.tailrec
def addUrl(url: String): Unit = {
  @tailrec def append(): Unit = {
    val oldUrls = urls.get
    val newUrls = url :: oldUrls
    if (!urls.compareAndSet(oldUrls, newUrls)) append()
  }
  append()
  clen.addAndGet(url.length + 1)
}
```

前文提到过，在原子性变量上使用原子性操作可保证这些变量可被一致地修改。在上面的代码中，CAS 操作原子性地将旧的地址链表 oldUrls 换成了新的地址链表 newUrls。第 3 章曾经详细介绍过，如果两个线程同时访问一个原子性变量，CAS 操作可能会失败。因此，这里定义了一个嵌套的尾递归方法 append，用它来调用 compareAndSet 方法，并在 compareAndSet 失败时重启。clen 的更新就要容易一些，只需要调用原子性整数上的原子性的 addAndGet 方法。

浏览器的其他一些部分也要使用 urls 和 clen 变量，比如渲染浏览历史记录、将其保存至日志，或将浏览数据导出至 Firefox 中。方便起见，定义一个辅助方法 getUrlArray，用于返回地址链表中的字符数组，并用换行符分隔。clen 字段可用于快速获取字符数组的大小，而 urls.get 则可用于得到地址链表的内容。在每个地址后面加上换行符之后，通过扁平化操作得到字符串链表，并为每一项加上索引，最后根据索引将字符串存到数组中。

```
def getUrlArray(): Array[Char] = {
  val array = new Array[Char](clen.get)
  val urlList = urls.get
  for ((ch, i) <- urlList.map(_ + "\n").flatten.zipWithIndex) {
    array(i) = ch
  }
  array
}
```

为测试这些方法，现在模拟让用户和两个异步计算进行交互。第一个异步计算调用 getUrlArray 方法，将浏览历史记录导出到一个文件中。第二个异步计算通过调用 3 次 addUrl 方法访问地址链表，然后在标准输出中输出"done browsing"字符串。

```
import scala.concurrent._
```

```
import ExecutionContext.Implicits.global
object AtomicHistoryBad extends App {
  Future {
    try { log(s"sending: ${getUrlArray().mkString}") }
    catch { case e: Exception => log(s"Houston... $e!") }
  }
  Future {
    addUrl("http://scala-lang.org")
    addUrl("https://github.com/scala/scala")
    addUrl("http://www.scala-lang.org/api")
    log("done browsing")
  }
  Thread.sleep(1000)
}
```

多次运行这个程序会出现一个 Bug，即有时候会神奇地因为一个 `ArrayIndexOutOf BoundsException` 异常而程序崩溃。通过分析 `getUrlArray` 方法，可发现出现 Bug 的原因在于 `clen` 字段的值不等于链表的长度。`getUrlArray` 方法首先读取了原子性变量 `clen` 的值，然后从原子性变量 `urls` 中读出地址链表。在这两次读操作之间，第一个线程添加一个地址，从而修改了 `urls`。当 `getUrlArray` 读取 `urls` 变量时，总的字符长度已经比之前分配的数据长度要大，于是发生异常。

这个例子揭示了原子性变量的一个重要缺点，虽然每个原子性操作本身都是原子性的，但多个原子性操作在整体上不是原子性的。如果多个线程同时执行多个原子性操作，则线程之间会发生操作交错的现象，类似地，交错访问易失变量则可能会带来竞态。注意，交错更新 `clen` 和 `urls` 变量并不能解决这个问题。虽然还有其他方式可以解决本例中的原子性问题，但并不是那么显而易见的。

 多个原子性变量的读操作不是原子性操作，于是产生不一致的程序数据。

当程序中所有线程都同时注意到某个操作是在同一个时刻发生的时，那么这个操作是可线性化的。而此操作发生的时刻称为线性化点。`compareAndSet` 和 `addAndGet` 操作自然都是可线性化操作，因为它们是原子性的，从线程的角度看，它们是由单个处理器指令在单个时间点执行的。上面例子中的嵌套方法 `append` 也是可线性化的，它的线性化点是其成功的 CAS 操作，因为这是唯一修改了程序状态的地方。而 `addUrl` 和 `getUrlArray` 不是可线性化的，因为它们修改或读取程序状态的操作并不是单个原子性操作。`addUrl` 方法修改了两次程序的状态。它先后调用了 `append` 方法和

addAndGet 方法。类似地，getUrlArray 方法用两次独立的 get 操作读取了程序状态。这也是使用原子性变量的常见误区，多个原子性变量不能组合为更大的原子性程序。

前面的例子中存在的问题可以用如下的方式修复，即删除 clen 原子性变量，通过读取一次 urls 变量，计算所需的数组长度。类似地，也可以使用单个原子性引用，保存一个包含地址链表和链表长度的二元组。这两种方法都可让 addUrl 和 getUrlArray 方法变得可线性化。

并发编程专家们已经证明原子性变量可表示任何程序状态，并允许用线性化操作任意地修改状态。但在实践中，高效地实现这样的线性化操作还是颇具挑战的。一般来说，正确地实现任意的线性化操作已经很难了，更不用说高效地实现了。

和原子性变量不同，多个 synchronized 语句的组合更容易实现，因为在 synchronized 语句中可以修改多个字段，而 synchronized 语句中又可以嵌套多个 synchronized 语句。于是出现一个两难选择，用原子性变量组合实现更大的程序会造成竞态，而用 synchronized 语句则会产生死锁。

幸运的是，STM 技术集两者的优点于一身，它支持将简单原子性操作组合成复杂原子性操作，而且不会有产生死锁的风险。

7.2 使用 STM

本节将介绍 STM 的基本使用。在历史上，Scala 和 JVM 曾有过多种 STM 实现，本章中使用的实现为 ScalaSTM。选择 ScalaSTM 的原因有两个。首先，ScalaSTM 的作者是一群 STM 专家，他们在 API 和 ScalaSTM 功能方面能够达成一致，未来 Scala 上的 STM 实现将会推荐使用这些 API。其次，ScalaSTM 的 API 中包含多个 STM 实现，而默认实现也非常高效。用户的应用程序中只需要使用同一套标准 API，在程序启动时可以选择其中一种 STM 实现，实现无缝切换。

每一种 STM 的内核都包含一种基础性抽象结构：atomic 语句。当程序执行一个标记为 atomic 的代码块时，就启动了一个内存事务，即内存上的一系列读写操作的发生对其他线程而言是原子性的。atomic 语句类似于 synchronized 语句，它保证了代码块是在隔离环境下执行的，不会被其他线程干扰，因而避免了竞态情况出现。和 synchronized 语句不同，atomic 语句不会引起死锁。

下面的两个方法 swap 和 inc 将展示如何在上层应用中使用 atomic 语句。swap

方法可以原子化地交换两个内存位置 a 和 b 的内容。在一个线程读取 a 处（或 b 处）的内存到 atomic 语句结束之间，其他线程不能修改 a（或 b）中的值。类似地，inc 方法原子性地增加 a 处的整数值，这个过程中 inc 方法先读取 a 的值，直到 atomic 语句结束，不会有其他线程能够改变 a 处的值。

```
def swap() = atomic { // 非实际代码
  val tmp = a
  a = b
  b = tmp
}
def inc() = atomic { a = a + 1 }
```

STM 确保没有两个线程同时修改同一内存位置，并且实现无死锁程序的方式相当复杂。在大部分 STM 实现中，atomic 语句保存了读写操作的日志。在内存事务中，只要发生内存读操作，相应的内存位置就会被添加到日志中。类似地，内存事务中发生写操作时，内存位置和待写入的值也会被保存在日志中。一旦程序运行到 atomic 结束的时候，所有事务日志中的写操作才会实际地写到内存中。当写操作完成时，此事务被提交了。如果在事务中，STM 检测到其他线程执行的另一个并发事务也在并发读写同一内存位置，这就是所谓的事务冲突。当发生事务冲突时，其中一个事务（或两个事务）会被取消，然后重新串行地依次执行。这种做法称为 STM 对事务的回滚。执行回滚的 STM 称为积极 STM，即假定事务会成功，当发生冲突时就采取回滚操作。一个事务完成了，指的是它要么被提交了，要么被回滚并重新执行了。

现在演示内存事务的工作原理，假设有两个线程 T1 和 T2，同时调用 swap 和 inc 方法。因为这些方法中的两个 atomic 语句都尝试修改内存位置 a，于是产生运行时的事务冲突。在程序执行过程中，STM 检测到事务日志中有重叠项，即 swap 方法的事务的读写操作链表中同时包含了 a 和 b，而 inc 方法的读写操作链表中有 a。这表明存在潜在的冲突。两个事务被回滚，然后依次重新串行执行，如图 7.1 所示。

对于 ScalaSTM 实现的内部原理的深入介绍超出了本书的范围，本章主要还是介绍如何用 ScalaSTM 编写并发应用程序。当然，适当的时候也会提及一些实现的细节，以方便读者更好地理解 ScalaSTM 相关语义。

在一些 STM 中，atomic 语句会追踪所有内存读写操作，而 ScalaSTM 只追踪事务内被特殊标记的内存位置。原因有很多，首先，如果 atomic 语句内外同时有代码访问了同一个内存位置，则 STM 无法保证安全性。ScalaSTM 通过显式地标明哪些内存位置只能用于事务内，避免了事务外的方法对这些内存位置的访问。其次，JVM 的 STM 框架需要使用后编译或字节码自省，来精确地捕捉所有的读写操作。ScalaSTM 只是一种 STM 实现库，无法像编译器那样对程序进行分析和转换。

　　在 ScalaSTM 中，atomic 语句的效果仅作用于那些称为事务性引用的特殊对象上。在介绍如何使用 atomic 语句执行内存事务之前，下面先介绍如何创建事务性引用。

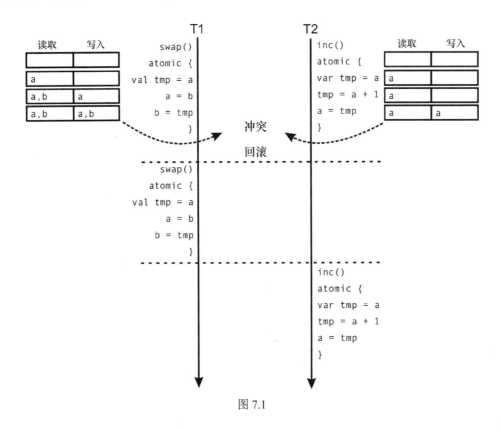

图 7.1

7.2.1　事务性引用

　　本节将介绍如何声明事务性引用。事务性引用指的是对单个内存位置提供事务性读写访问的内存位置。在 ScalaSTM 中，对类型为 T 的值的事务性引用被封装在类型为 Ref[T] 的对象中。

　　开始使用 Scala 的 STM 之前，需要先在工程中添加外部依赖，因为 Scala 标准库中没有包含 ScalaSTM。

```
libraryDependencies += "org.scala-stm" %% "scala-stm" % "0.7"
```

　　为了在一个编译单元中使用 ScalaSTM 的 atomic 语句，可导入 scala.concurrent.

stm 包，代码如下。

```
import scala.concurrent.stm._
```

为了实例化一个 Ref 对象，可使用 Ref 伴生对象上的工厂方法 Ref.apply。下面用事务性内存来重写前文的浏览器示例。首先，将原子性变量替换为事务性引用，即将每个事务性引用的初始值传递给 Ref.apply 方法。

```
val urls = Ref[List[String]](Nil)
val clen = Ref(0)
```

在事务性引用上调用 apply 方法会返回它的值，而调用 update 方法则会修改它的值。不过，这些方法不能在事务之外调用。apply 和 update 方法接收一个 InTxn 类型（表示在事务中）的隐式参数，表明正在执行一个事务。没有 InTxn 对象，就不能调用 apply 和 update 方法。这个限制条件可防止用户不小心避开了 ScalaSTM 的安全机制。

为了读取和修改事务性引用，必须首先启动一个事务，而这个事务就提供了这样一个隐式的 InTxn 对象。接下来将介绍如何实现这一点。

7.2.2　使用 atomic 语句

将 urls 和 clen 变量重定义为事务性引用之后，还要重定义 addUrl 方法。但这里不再分开更新两个原子性变量，而是用 atomic 语句启动一个事务。在 ScalaSTM 中，atomic 语句包含一个类型为 InTxn => T 的代码块，其中 InTxn 是前面提到的事务对象的类型，而 T 是事务返回值的类型。注意，这里还可以将 InTxn 参数标记为 implicit。

```
def addUrl(url: String): Unit = atomic { implicit txn =>
  urls() = url :: urls()
  clen() = clen() + url.length + 1
}
```

这个 addUrl 的新定义非常简单，它只不过先读取地址链表 urls，然后在此链表中加一个新 URL，再将更新后的链表重新赋值给 urls 变量。之后，再读取总字符长度 clen 的当前值，将该值加上新 URL 的长度再加 1，并将最终结果重新赋值给 clen。注意，addUrl 的新定义几乎与其单线程版本完全一样。

ScalaSTM 中的 atomic 语句有一个重要的限制条件，就是它不会追踪通常的局部变量和对象字段中的读写操作。读者在后文会发现，这种限制被称为任意副作用，它在事务中是不允许出现的。

下面，用类似的方式重新实现 getUrlArray 方法。首先用 atomic 语句创建一个事务。clen 变量的值用于分配一个新的字符数组。然后在 for 循环中读取 urls，并将其字符赋值到数组 array 中。同样，getUrlArray 方法与相应的单线程版本是很相似的。

```scala
def getUrlArray(): Array[Char] = atomic { implicit txn =>
  val array = new Array[Char](clen())
  for ((ch, i) <- urls().map(_ + "\n").flatten.zipWithIndex) {
    array(i) = ch
  }
  array
}
```

于是，clen 和 urls 变量之间就不再会出现不一致的情况了。当在事务中用这两个值时，它们总是保持一致的，如下面的代码所示。

```scala
object AtomicHistorySTM extends App {
  Future {
    addUrl("http://scala-lang.org")
    addUrl("https://github.com/scala/scala")
    addUrl("http://www.scala-lang.org/api")
    log("done browsing")
  }
  Thread.sleep(25)
  Future {
    try { log(s"sending: ${getUrlArray().mkString}") }
    catch { case e: Exception => log(s"Ayayay... $e") }
  }
  Thread.sleep(5000)
}
```

注意，主程序中有 sleep 语句，这可以让两个异步计算大致是同步的。读者可以自行调整 sleep 语句中的时间值，以观察两个异步计算的交错情况。这样，读者可以真正理解日志文件中写入历史记录时总会加上 3 个 addUrl 生成的前缀，而不会抛出异常。

在对程序状态进行编码时，可使用多个事务性引用。为了原子性地修改多个状态，请使用 atomic 语句。

介绍完 atomic 语句和事务性引用的基本使用方法，下面将介绍更高级的用法，并详细介绍 STM 的语义。

7.3 事务的组合

如果可以正确使用事务性内存，则用户在构建并发程序时，工具箱中又多了一个修改共享数据的强大工具。但是，任何技术都不是万能的，STM 也是如此。本节将介绍如何在更大的程序中对事务进行组合，并介绍如何让事务性内存与其他 Scala 功能交互。同时，也讨论了 STM 的一些缺点，以及在事务性引用和 atomic 语句的基础上如何更有效地使用 STM。

7.3.1 事务间的交互和副作用

前文介绍了 STM 可能会回滚并重试事务。细心的读者可能会注意到重试事务也意味着重新执行一遍其副作用。这里的副作用是指对常规对象字段和变量的任意读写操作。有时候，副作用不是问题，如事务性引用无法在事务之外被修改，而事务内部的修改在重试时会被终止。不过，有些类型的副作用却不会回滚，如下面的程序所示。

```
object CompositionSideEffects extends App {
  val myValue = Ref(0)
  def inc() = atomic { implicit txn =>
    log(s"Incrementing ${myValue()}")
    myValue() = myValue() + 1
  }
  Future { inc() }
  Future { inc() }
  Thread.sleep(5000)
}
```

这个程序声明了一个事务性引用 myValue，并在一个 atomic 代码块中执行递增操作，即 inc 方法。inc 方法中用 log 语句输出 myValue 的当前值。此程序异步调用 inc 方法两次，得到如下结果。

```
ForkJoinPool-1-worker-1: Incrementing 0
ForkJoinPool-1-worker-3: Incrementing 0
ForkJoinPool-1-worker-3: Incrementing 1
```

对 inc 的两次异步调用几乎是同时的，其各自会产生一个事务。一个事务将 myValue

引用添加到读取集合中，调用 log 语句得到的值为 0，然后将 myValue 添加到写入集合中，对 myValue 进行递增操作。同时，另一个事务首先用 log 记录的值为 0，然后尝试再次读取 myValue，检测到 myValue 在另一个活跃事务的写入集合中。于是第二个事务产生回滚，并在第一个事务被提交之后重试。第二个事务再次读取 myValue 引用，输出 1，并对 myValue 进行递增操作。这两个事务被提交两次，但是因为回滚，副作用 log 调用却执行了 3 次。

简单的 log 语句多执行几次似乎没什么危害，但反复产生的任意副作用是很容易破坏程序的正确性的。因此，建议在事务中避免产生副作用。

读者可回忆一下第 6 章介绍的幂等操作，幂等操作指的是多次执行和一次执行会产生同样效果的操作。读者可能会得出结论：幂等的、有副作用的操作是可以在事务中安全执行的。毕竟，最坏的情况也只不过是产生至多一次副作用。不过，这种想法是有缺陷的。当一个事务被回滚并重试时，事务性引用的值可能会变。当事务被执行第二次时，幂等操作的参数可能是不一样的，或者幂等操作根本就不会执行。避免这种情况出现的安全的办法是完全避免产生外部副作用。

 要避免事务中产生外部副作用，因为事务可能会被重新执行多次。

在实践中，用户通常只在事务被提交时执行一次副作用，即在确认事务性引用的变化对其他线程可见之后。为实现这一点，可以使用 Txn 单例对象，它可在事务被提交或回滚之后调度多个操作的执行。

回滚发生后，这些操作会被移除，并有希望在重试事务时被重新注册。Txn 的方法只能在活跃事务内部被调用。在下面的代码中，inc 方法被重写了，区别在于 log 语句是在 Txn 对象的 afterCommit 方法中执行的，其执行时机是事务被提交之后。

```
def inc() = atomic { implicit txn =>
  val valueAtStart = myValue()
  Txn.afterCommit { _ =>
    log(s"Incrementing $valueAtStart")
  }
  myValue() = myValue() + 1
}
```

注意，这里在事务内部读取 myValue 引用，并将其值赋给局部变量 valueAtStart。valueAtStart 的值随后会在标准输出中被输出。这有别于直接在

afterCommit 代码块中读取 myValue 引用，如下面的代码所示。

```
def inc() = atomic { implicit txn =>
  Txn.afterCommit { _ =>
    log(s"Incrementing ${myValue()}") // 错误做法
  }
  myValue() = myValue() + 1
}
```

如果使用上面的错误做法，则会产生一个异常。虽然执行 afterCommit 方法时，事务性上下文 txn 是存在的，afterCommit 代码块的执行却是发生在事务完成之后的，这时的 txn 对象已经失效。记住，在事务之外读取或修改事务性引用是非法的。因此，在 afterCommit 代码块中使用引用值之前，需要先在当前事务中将其保存到一个局部变量中。

那为什么不直接在编译时就将 afterCommit 代码块中对事务性引用的访问视为错误，反而是在执行时才产生异常呢？原因在于 afterCommit 方法位于事务的静态作用域，换句话说，它是静态嵌套在 atomic 语句中的。因此，编译器能够解析到事务的 txn 对象，并允许访问事务性引用，比如这里的 myValue。不过，afterCommit 代码块并不是在事务的动态作用域中执行的。换句话说，afterCommit 代码块是在 atomic 代码块返回之后执行的。相比而言，在 atomic 代码块之外对事务性引用的访问没有在事务的静态作用域中，这时，编译器就能检测到这个问题并报错。

通常，InTxn 对象不允许离开事务性代码块。比如，在事务内部启动异步操作并用 InTxn 对象访问事务性引用是非法的。

 只在启动事务的那个线程内使用此事务的上下文。

在某些情况下，用户会希望在回滚发生时执行某些副作用操作。比如，用日志记录回滚情况，并消除潜在的性能瓶颈。为实现这一点，可使用 afterRollback 方法。

```
def inc() = atomic { implicit txn =>
  Txn.afterRollback { _ =>
    log(s"rollin' back")
  }
  myValue() = myValue() + 1
}
```

和 afterCommit 一样，回滚之后，事务也不再存在，访问事务性引用是非法的。

可以利用 Txn 对象的 afterCommit 和 afterRollback 方法来执行副作用操作，而不用担心其多次执行的风险。

并不是所有事务内的副作用操作都不好。只要副作用仅限于事务内部创建的可变对象，它就是无害的。实际上，这样的副作用有时候还是必要的。为展示这一点，现在定义一个 Node 类，用于表示事务性链表容器。事务性链表是一种线程安全的并发链表，它使用内存事务执行修改操作。类似于用 Scala 的 List 类表示的函数式 cons 链表，事务性 Node 类包含两个字段：elem 和 next。elem 字段包含了当前节点的值。简单起见，这里约定 elem 字段是一个整数值字段。而 next 字段是一个事务性引用，包含了链表中下一个节点。next 字段可以被读取和修改，但只能在内存事务中进行。

```
case class Node(elem: Int, next: Ref[Node])
```

然后定义 nodeToString 方法，其参数是一个事务性链表节点 n，此方法会创建一个字符串，表示从节点 n 开始的事务性链表。

```
def nodeToString(n: Node): String = atomic { implicit txn =>
  val b = new StringBuilder
  var curr = n
  while (curr != null) {
    b ++= s"${curr.elem}, "
    curr = curr.next()
  }
  b.toString
}
```

在上面的代码中，所有副作用都仅限于事务内部的局部对象，即这里的 StringBuilder 对象 b。但如果 b 在事务开始之前就被实例化了，nodeToString 方法就不对了。

```
def nodeToStringWrong(n: Node): String = {
  val b = new StringBuilder // 错误做法
  atomic { implicit txn =>
    var curr = n
    while (curr != null) {
      b ++= s"${curr.elem}, "
      curr = curr.next()
    }
  }
}
```

```
    b.toString
  }
```

如果 nodeToStringWrong 示例中的事务被回滚了，则 StringBuilder 对象的内容不会被清空。当事务再次运行时，它会修改已经存在且非空的 StringBuilder 对象，并返回一个不能反映事务性链表当前状态的字符串。

 在事务中修改对象时，要确保此对象是在事务内部创建的，且它的引用不会出现在事务之外。

本节介绍了如何管理事务中的副作用，接下来将介绍几种特殊类型的事务，以及如何将较小的事务组合成较大的事务。

7.3.2　单操作事务

在某些情况下，用户只想要读取和修改单个事务性引用。如果只是为了读取一个 Ref 对象，就"大动干戈"输一遍 atomic 关键字和隐式 txn 参数，似乎有些过于烦琐。为解决这个烦恼，ScalaSTM 定义了一些针对事务性引用的单操作事务。单操作事务执行时会调用 Ref 对象上的单个方法，此方法返回一个 Ref.View 对象，其接口与 Ref 对象的相同，但可以在事务之外调用。Ref.View 对象上的每一个操作的行为都和单操作事务相似。

读者可回忆一下 7.3.1 节介绍的事务性链表的 Node 类，它的 elem 字段保存了整数，而 next 字段保存了下一个链表节点的引用。假设 Node 有两个链表方法，一个是 append，其参数是单个节点 n，它将 n 插入当前节点之后。另一个方法是 nextNode，它返回下一个节点的引用，如果当前节点是链表的最后一个节点，则返回 null。

```
case class Node(val elem: Int, val next: Ref[Node]) {
  def append(n: Node): Unit = atomic { implicit txn =>
    val oldNext = next()
    next() = n
    n.next() = oldNext
  }
  def nextNode: Node = next.single()
}
```

nextNode 方法完成了一次单操作事务。它调用下一个事务性引用的 single 方法，然后调用 apply 方法来获取下一个节点的值。这等价于如下定义。

```
def nextNode: Node = atomic { implicit txn =>
  next()
}
```

现在，可以用这个事务性链表声明一个链表 nodes，其初始值为 1、4、5，然后对其进行并发修改。这里启用两个 Future 计算，即 f 和 g，分别用于添加 2 和 3。当这些 Future 计算完成之后，调用 nextNode 输出下一个节点的值。其结果可能是 2 也可能是 3，这取决于哪个 Future 计算先完成。如下面的代码所示。

```
val nodes = Node(1, Ref(Node(4, Ref(Node(5, Ref(null))))))
val f = Future { nodes.append(Node(2, Ref(null))) }
val g = Future { nodes.append(Node(3, Ref(null))) }
for (_ <- f; _ <- g) log(s"Next node is: ${nodes.nextNode}")
```

用户也可以用 single 方法启动另一个事务性引用的操作。在下面的代码中，定义了 Node 类上的 appendIfEnd 方法，它调用了 transform 操作，只有当下一个节点是最后的节点时，才将节点 n 添加到当前节点之后。

```
def appendIfEnd(n: Node) = next.single.transform {
  oldNext => if (oldNext == null) n else oldNext
}
```

Ref 对象上的 transform 操作包含了类型为 T 的值，接收一个类型为 T => T 的变换函数。它原子性地执行事务性引用上的读操作，并将变换函数作用于当前值，然后将新值写回去。其他单操作事务还有 update、compareAndSet 和 swap，读者可参考它们的在线文档来查看其详细语义。

　　单个的读取、写入和类 CAS 操作都可以使用单操作事务，这会让代码更简洁一些。

单操作事务让用户可以更简洁地编写代码，而且可能使程序更高效一些（取决于具体的 STM 实现）。这类事务很有用，但随着程序规模的增长，用户更希望用简单的事务构建更大的事务，7.3.3 节将介绍这个主题。

7.3.3　嵌套的事务

第 2 章介绍过，一个 synchronized 语句可以嵌套在另一个 synchronized 语句中。这个性质是软件模块组合的关键。比如，银行系统中的汇款模块必须调用日志模块来保存事务。两个模块内部都可能使用了一些锁，但它们对其他模块是不可见的。因此，任意嵌套的 synchronized 语句会产生一个严重的问题，即可能产生死锁。atomic 语句同样也可以任意地嵌套，其目的和 synchronized 语句的一样。一个软件模块中的事务必须能够调用另一个软件模块中的操作，这些操作自己又会产生其他事务，但当前事务不需要了解内部嵌套事务，从而实现不同软件模块的更好的独立性。

下面用一个实际的例子展现事务的嵌套。回忆一下前文提到的 Node 类，它用于表示事务性链表。Node 类相对底层一些，用户只能调用 append 添加节点，并用 nodeToString 来获得链表的字符串。在本节中，将定义一个事务性排序链表，用 TSortedList 类表示。此类用升序保存整数，它维护单个事务性引用 head，其指向 Node 对象构成的链表的第一个节点。然后，还定义了 TSortedList 类上的 toString 方法，用于将链表内容转化为一个文本表示。toString 方法需要读取事务性引用 head，然后创建新的事务。将事务性引用 head 的值保存在一个局部变量 h 之后，toString 方法就可以重用之前定义的 nodeToString 方法。

```
class TSortedList {
  val head = Ref[Node](null)
  override def toString: String = atomic { implicit txn =>
    val h = head()
    nodeToString(h)
  }
}
```

nodeToString 方法启动了另一个事务，用于读取每个节点中的下一个引用。当 toString 调用 nodeToString 时，第二个事务就嵌套到了 toString 启动的这个事务中。nodeToString 中的 atomic 代码块并不会启动新的独立的事务，而是嵌套的事务成为现有事务的一部分。这样就带来两个重要的后果。首先，如果嵌套的事务失败了，它不会回滚到 nodeToString 方法中的 atomic 代码块的开始处，而会回滚到 toString 方法中的 atomic 代码块的开始处。这种现象可描述为事务的开始是由动态作用域而非静态作用域决定的。类似地，nodeToString 中的嵌套事务在它的 atomic 代码块结束时不会被提交，嵌套事务产生的修改在初始事务被提交时才会对其他线程可见。这种现象可描述为事务的作用域总是最外层事务的作用域。

嵌套的 atomic 代码块产生的事务的起始点为最外层 atomic 代码块的起始点，而它的提交只会发生在最外层 atomic 代码块完成之后。类似地，嵌套事务的回滚后的重试也是从最外层 atomic 代码块开始的。

下面介绍另一个使用了嵌套事务的例子。将事务性排序链表原子性地变换为字符串是有用的，但用户需要向链表中插入元素，所以还需要定义 insert 方法，其参数是一个整数，此整数会被插入链表的合适位置。

因为 insert 既会修改链表本身，也可能会修改链表的 head，所以它首先启动一个事务，然后检查其是否属于两种特殊情况。第一种情况是链表为空，这时 head 被设置为指向包含 x 值的新节点。第二种情况是整数 x 可能比链表中第一个节点的值更小，在这种情况下，head 引用也被设置为新节点，而它的 next 字段则被设置为之前的 head 引用。如果不属于这两种情况，就使用一个尾递归操作，递归使用 insert 处理余下的链表。

```scala
import scala.annotation.tailrec
def insert(x: Int): this.type = atomic { implicit txn =>
  @tailrec def insert(n: Node): Unit = {
    if (n.next() == null || n.next().elem > x)
      n.append(new Node(x, Ref(null)))
    else insert(n.next())
  }
  if (head() == null || head().elem > x)
    head() = new Node(x, Ref(head()))
  else insert(head())
  this
}
```

嵌套的 insert 遍历整个链表，从而找出插入 x 的正确位置。它先获得当前节点 n，检查此节点之后是否为 null，即节点是否是链表结尾，或下一节点的值是否比 x 大。在这两种情况下，都应该调用 append 方法来添加节点。如果 n 之后不是 null，且其 elem 字段的值小于或等于 x，就再次对下一节点递归调用 insert。

注意，这里的尾递归调用的嵌套的 insert 方法使用了外层的 atomic 代码块的事务性上下文 txn。还可以在事务作用域之外定义另一个尾递归方法 insert。这时，就需要将事务性上下文 txn 编码为隐式参数。

```scala
@tailrec
final def insert(n: Node, x: Int)(implicit txn: InTxn): Unit = {
  if (n.next() == null || n.next().elem > x)
    n.append(new Node(x, Ref(null)))
  else insert(n.next(), x)
}
```

如果不使用隐式参数 txn，就需要在递归的 insert 方法中嵌套一个事务，这种方法可能不如前面的方法高效，但语义上是等价的。

```
@tailrec
final def insert(n: Node, x: Int): Unit = atomic { implicit txn =>
  if (n.next() == null || n.next().elem > x)
    n.append(new Node(x, Ref(null)))
  else insert(n.next(), x)
}
```

下面的代码用于测试事务性排序链表。首先实例化一个空的事务性排序链表，然后用异步计算 f 和 g 并发地插入整数。当两个异步计算都完成后，输出链表内容。

```
val sortedList = new TSortedList
val f = Future { sortedList.insert(1); sortedList.insert(4) }
val g = Future { sortedList.insert(2); sortedList.insert(3) }
for (_ <- f; _ <- g) log(s"sorted list - $sortedList")
```

运行上面的代码，不管两个异步计算之间的顺序如何，结果总是依次输出 1、2、3、4。于是，这里实现了一个线程安全的事务性排序链表，其实现过程几乎等价于串行版本的实现过程。这个例子显示了 STM 的潜力，用户可以在无须考虑过多并发性的情况下用 STM 创建并发数据结构和线程安全数据模型。

还剩下一个问题没有考虑到，即事务中发生异常怎么办？比如，尾递归的 insert 方法可能会在 null 值上调用 insert 方法，这会产生一个 NullPointerException 异常，但它会对事务产生怎样的影响呢？7.3.4 节将讨论事务的异常语义。

7.3.4　事务和异常

到目前为止，本章介绍的事务都没有考虑如何处理异常。异常可能会导致事务的回滚，也可能会允许事务被继续提交。ScalaSTM 默认出现异常会导致事务回滚，但这个行为是可以修改的。

假设事务性链表的客户希望用它来作为一个并发优先队列。优先队列是一个包含了排序元素的容器，比如整数。任意一个元素都可以用 insert 方法插入优先队列。可以随时用 head 方法获得队列中的最小元素。优先队列还可以用 pop 方法删除最小元素。

事务性排序链表已经是排好序的，并且支持用 insert 实现元素插入。不过，一旦元素被插入了，就不能再删除了。为了让事务性排序链表可用于优先队列，这里还要定义一个 pop 方法，用于删除链表 xs 中的前 n 个元素。首先在 pop 方法中启动一个事务，声明局部变量 left，将其初始化为待删除元素的个数 n。然后用一个 while 循环从 head

开始删除节点，并递减 left 的值，直到其变成 0 为止。

```
def pop(xs: TSortedList, n: Int): Unit = atomic { implicit txn =>
  var left = n
  while (left > 0) {
    xs.head() = xs.head().next()
    left -= 1
  }
}
```

为测试 pop 方法，要声明一个新的事务性排序链表 lst，并插入整数 4、9、1、16。这个链表是排好序的，所以整数的顺序是 1、4、9、16。

```
val lst = new TSortedList
lst.insert(4).insert(9).insert(1).insert(16)
```

接下来，启动一个异步计算，用 pop 删除链表中的前两个整数。当异步计算成功完成之后，在标准输出中输出链表中的内容。

```
Future { pop(lst, 2) } foreach {
  case _ => log(s"removed 2 elements; list = $lst")
}
```

到目前为止，一切运行良好。log 语句输出的是 9 和 16。然后，启动另一个异步计算，删除链表中的前 3 个元素。

```
Future { pop(lst, 3) } onComplete {
  case Failure(t) => log(s"whoa $t; list = $lst")
}
```

不过，当再次调用 pop 时，它会抛出一个 NullPointerException 异常，因为链表中只剩两个元素了。所以当 head 变成 null 时，再调用 pop 就会抛出异常。

在 onComplete 回调函数中，输出了异常的名称和事务性排序链表的内容，证明链表的值仍然为 9、16，虽然事务中 head 曾经被设置为了 null。当一个异常发生时，事务的效果会被回滚。

　当事务中抛出一个异常时，事务会回滚，而异常会在最外层 atomic 代码块开始处被重新抛出。

　　注意，嵌套事务也会全部回滚。在下面的代码中，pop 方法中的嵌套的 atomic 代码块会成功完成，但它的修改不会被提交。sys.error 调用抛出异常时会令整个最外层 atomic 代码块中的事务回滚。

```
Future {
  atomic { implicit txn =>
    pop(lst, 1)
    sys.error("")
  }
} onComplete {
  case Failure(t) => log(s"oops again $t - $lst")
}
```

　　有些 STM 实现和 ScalaSTM 不一样，其不会在异常发生时回滚事务，而是继续提交事务。研究 STM 的专家们还没有在事务中的异常语义方面达成一致。ScalaSTM 使用了一种混合方案。大部分异常会回滚事务，而 Scala 的控制异常则被排除在外。控制异常指的是 Scala 程序中的控制流产生的异常，它们继承自 scala.util.control 中的 ControlThrowable 特质，在 Scala 编译时和运行时被编译器"区别对待"。当一个控制异常在事务中被抛出时，ScalaSTM 不会回滚事务，而是继续提交事务。

　　控制异常被用于支持 Scala 中的 break 语句，这并不是该语言中的原生构造。break 语句抛出一个控制异常，然后被外层的 breakable 代码块捕捉。在下面的示例中，定义了一个 breakable 代码块，里面有 break 语句，并启动了一个事务，在 for 循环中依次用 pop 删除元素 1、4、9。第一次循环之后，用 break 跳出了循环。此例显示第一次调用 pop 语句的结果确实被提交了，链表 lst 中只剩下元素 16 了。

```
import scala.util.control.Breaks._
Future {
  breakable {
    atomic { implicit txn =>
      for (n <- List(1, 4, 9)) {
        pop(lst, n)
        break
      }
    }
  }
  log(s"after removing - $lst")
}
```

　　此外，也可以在 atomic 代码块上调用 withControlFlowRecognizer 方法，

来重载事务处理异常的方式。此方法接收一个类型为 Throwable => Boolean 的部分函数，并用它来决定某个异常是否应该被视为控制异常。如果这个部分函数对某个异常而言是未定义的，则回退至默认的控制流识别器。

在下面的示例中，atomic 代码块重载了默认的控制流识别器。对于这个异常，ControlThrowable 特质的子类被视为常规异常。pop 调用删除了链表中的最后一个元素之后，执行 break 时会导致事务回滚。异步计算最后的 log 语句显示链表中的元素仍然为 16。

```
import scala.util.control._
Future {
  breakable {
    atomic.withControlFlowRecognizer {
      case c: ControlThrowable => false
    } { implicit txn =>
      for (n <- List(1, 4, 9)) {
        pop(lst, n)
        break
      }
    }
  }
  log(s"after removing - $lst")
}
```

注意，事务内抛出的异常可以用 catch 语句来拦截。这时，嵌套事务的执行就被中止了，从而执行过程从异常捕捉点处继续。在下面的示例中，第二次 pop 调用产生的异常被捕捉到了。

```
val lst = new TSortedList
lst.insert(4).insert(9).insert(1).insert(16)
atomic { implicit txn =>
  pop(lst, 2)
  log(s"lst = $lst")
  try { pop(lst, 3) }
  catch { case e: Exception => log(s"Houston... $e!") }
  pop(lst, 1)
}
log(s"result - $lst")
```

第二次 pop 调用不会从链表中删除任何元素，所以可以预料链表中仍然保留了元素 16。运行此代码，可看到如下结果。

```
run-main-26: lst = 9, 16,
run-main-26: lst = 9, 16,
run-main-26: Houston... java.lang.NullPointerException!
run-main-26: result - 16,
```

有意思的是，输出结果显示第一次 log 被触发了两次。原因是第一次抛出异常时，嵌套和最外层事务都发生了回滚。这是 ScalaSTM 实现中的优化结果，因为让嵌套事务和最外层事务在第一次执行时尝试扁平化，有利于性能的提升。注意，在事务性代码块被第二次执行之后，嵌套事务中的异常被正确地处理了。

这些示例对于理解事务内的异常语义是很有益处的。不过，本节介绍的在空的事务性排序链表上调用 pop 时想要得到的可能不仅仅是一个异常。在某些情况下，比如第 3 章介绍的生产者—消费者模式，线程必须继续等待，直到链表变得非空为止。这种行为称为重试，这是 7.4 节的主题。

7.4 事务的重试

在串行计算中，只有一个线程负责执行程序。如果某个值还没被计算，则此线程自己负责将其计算出来。而在并发编程中，情况则有所不同。如果一个值还没被计算出来，那么另外还有称为生产者的其他线程负责“生产”这个值。而使用这个值的线程被称为消费者，消费者线程要么阻塞到这个值计算完成，要么先临时执行其他任务，随后再查看这个值的计算情况。前文介绍了不少实现这种关系的机制，比如第 2 章介绍的监控器和 synchronized 语句，第 3 章介绍的并发队列，第 4 章介绍的 Future 和 Promise，第 6 章介绍的事件流。

从语法上看，atomic 语句和 synchronized 语句非常像。读者应该还记得 synchronized 语句支持卫式代码块模式，即让线程先获取一个监控器，检查某个条件是否满足，然后调用监控器的 wait 方法。当其他某个线程让条件满足了时，它会调用同一个监控器上的 notify 方法，即通知前一个线程应唤醒并继续工作。虽然这个机制有时候比较脆弱，但可用于解决忙等待问题。

从目前所介绍的 STM 的内容来看，监控器及其 notify 方法和 atomic 语句之间并没有什么对应关系。所以，不支持监控器机制，事务中需要等待某个条件时，就只能陷入忙等待了。下面用 7.3 节介绍的事务性排序链表来展示这种情况，并为这个链表增加 headWait 方法，此方法有一个链表参数，当此链表非空时，返回此链表中的第一个整数，否则执行过程会阻塞，直到链表非空为止。

```
def headWait(lst: TSortedList): Int = atomic { implicit txn =>
  while (lst.head() == null) {} // 不要这样做
  lst.head().elem
}
```

headWait 方法会启动一个事务，然后陷入忙等待，直到此事务性排序链表不再为空。为测试此方法，先创建一个空的链表，然后启动一个异步计算，并调用 headWait 方法。过 1 s 之后，启动另一个异步计算，往链表中加入数字 1。在这 1 s 的延迟中，第一个异步计算处于反复的忙等待中。

```
object RetryHeadWaitBad extends App {
  val myList = new TSortedList
  Future {
    val headElem = headWait(myList)
    log(s"The first element is $headElem")
  }
  Thread.sleep(1000)
  Future { myList.insert(1) }
  Thread.sleep(1000)
}
```

当第一次执行这个示例时，此代码可能会在 1 s 之后成功完成，并得到链表中的第一个元素 1。不过，它也很有可能会执行失败。ScalaSTM 会检测到 headWait 方法中的事务与 insert 方法中的事务之间存在冲突，从而让两个事务序列执行。如果 STM 选择让 headWait 方法先执行，那么数字 1 永远不会被添加到 myList 中。从而，程序陷入一种死锁状态。这表明事务中的忙等待和 synchronized 语句中的忙等待同样糟糕。

用户要尽可能地避免使用长时间执行的事务，也不要在事务中执行无穷循环，因为这可能会产生死锁。

STM 不仅要为隔离内存事务提供支持，为了完全替换监控器和 synchronized 语句，STM 还要提供工具用于处理事务中阻塞的情况。针对这个目的，ScalaSTM 定义了 retry 语句。当事务内部的代码执行到一个 retry 语句时，事务会回滚到最外层的 atomic 代码块，并抛出一个特殊的异常，而调用线程会被阻塞。在回滚之后，事务的读取集合被保存下来。

读取集合中的事务性引用的值导致了事务去调用 retry 方法。如果读取集合中的某个事务性引用在另一个事务中修改了值，则这个被阻塞的事务也会被重试。下面实现一个 headWait 方法，当事务性排序链表头（head）为空时，它会调用 retry 方法。

```
def headWait(lst: TSortedList): Int = atomic { implicit txn =>
  if (lst.head() != null) lst.head().elem
  else retry
}
```

然后，重新运行一下整个程序。headWait 操作具有潜在的阻塞可能性，所以在异步计算内部需要用到 blocking。headWait 中的事务读取事务性引用的头，然后在调用 retry 方法之后将其放到读取集合中。当这个引用头后来又发生变化时，这个事务会自动重试。

```
object RetryHeadWait extends App {
  val myList = new TSortedList
  Future {
    blocking {
      log(s"The first element is ${headWait(myList)}")
    }
  }
  Thread.sleep(1000)
  Future { myList.insert(1) }
  Thread.sleep(1000)
}
```

程序的运行结果在意料之中，第一个异步计算会被阻塞，直到第二个异步计算在链表中加入元素 1。这个添加动作会唤醒第一个异步计算，并重新运行事务。

 可使用 retry 语句来阻塞事务，直到满足特定条件为止，然后一旦其读取集合发生变化，事务就会自动重试。

在某些情况下，当解除阻塞条件没能满足时，事务无法继续进行，用户可能希望重试另一个不同的事务。假定程序中有很多生产者线程和一个消费者线程。为了减少生产者线程之间的竞争，可以使用两个事务性排序链表，即 queue1 和 queue2。为避免因为同时访问两个链表而造成的竞争，消费者线程必须在两个不同的事务中检查这些事务性排序链表的内容。而 orAtomic 构造可以实现这个功能。

下面的代码片段展示了 orAtomic 在这类情况中的用法。代码中实例化了两个事务性排序链表 queue1 和 queue2。然后，启动一个异步计算作为消费者线程，启动一个对 queue1 链表调用 headWait 的事务。接着在第一个事务之后调用 orAtomic 方法。这会在 retry 被调用之时产生另外一个替代的事务。为 orAtomic 代码块中，为 queue2 链表调用了 headWait 方法。在 atomic 代码块调用了 retry 方法后，控制权被传递给了 orAtomic 代码块，于是一个不同的事务就启动了。

因为两个事务性排序链表 queue1 和 queue2 初始都为空，第二个事务也会调用 retry 方法，所以只有到其中一个事务排序性链表发生变化时，这个事务链才会解除阻塞。

```
val queue1 = new TSortedList
val queue2 = new TSortedList
val consumer = Future {
  blocking {
    atomic { implicit txn =>
      log(s"probing queue1")
      log(s"got: ${headWait(queue1)}")
    } orAtomic { implicit txn =>
      log(s"probing queue2")
      log(s"got: ${headWait(queue2)}")
    }
  }
}
```

然后，模拟多个生产者线程，它们负责在 50 ms 之后用 insert 方法插入元素。

```
Thread.sleep(50)
Future { queue2.insert(2) }
Thread.sleep(50)
Future { queue1.insert(1) }
Thread.sleep(2000)
```

而消费者线程会首先输出字符串 "probing queue1"，在 headWait 方法中调用 retry 方法，然后运行下一个事务。以同样的方式，消费者线程会输出 "probing queue2"，然后被阻塞。当第一个生产者线程在事务性排序链表 queue2 中插入 2 时，消费者线程会再次重试事务链。它会尝试执行第一个事务，然后输出 "probing queue1"，并发现 queue1 为空。然后，它会输出 "probing queue2"，并成功从链表 queue2 中输出元素 2。

超时的重试

前文讲解了如何让事务在某个条件满足之前被阻塞。在有些情况下，用户会希望事务永远不要被阻塞。对象监控器上的 wait 方法有一个 timeout 参数，它会有开销。当等待时间超过 timeout 的值时，若并没有其他线程调用其 notify，则会抛出一个 InterruptedException 异常。ScalaSTM 的 withRetryTimeout 方法采用类似的机制来处理超时。

在下面的代码片段中，创建一个事务性引用 message，它初始为空字符串。然后启动一个 atomic 代码块，其超时参数设置为 1000 ms。如果此 message 在超时前不改变其值，则事务会失败，并抛出 InterruptedException 异常。

```
val message = Ref("")
Future {
  blocking {
    atomic.withRetryTimeout(1000) { implicit txn =>
      if (message() != "") log(s"got a message - ${message()}")
      else retry
    }
  }
}
Thread.sleep(1025)
message.single() = "Howdy!"
```

这里故意使用 1025 ms 作为超时参数，以创造一个竞态条件。于是，这个程序要么会输出 "Howdy!"，要么以抛出异常告终。

withRetryTimeout 在超时之后会抛出异常，这种行为的一个后果是终止应用程序。所以，用户会希望避免阻塞事务，也不要因此而终止程序。一个例子是等待网络请求事务，如果一段时间之后还没有回复，程序应该让此事务直接失败。

在一些情况下，超时是程序的正常行为。这时，程序等待一段时间，再判断是否满足相应的条件。如果满足，则和前文介绍的一样，回滚并重启事务。如果超时了还没有任何变化，则事务继续执行。在 ScalaSTM 中，实现这个逻辑的方法是 retryFor。在下面的代码片段中，用 retryFor 重写了前面的示例。

```
Future {
  blocking {
    atomic { implicit txn =>
      if (message() == "") {
        retryFor(1000)
        log(s"no message.")
      } else log(s"got a message - '${message()}'")
    }
  }
}
Thread.sleep(1025)
```

```
message.single() = "Howdy!"
```

这一次，异步计算内部的事务不再抛出异常。它会在超时的时候输出"no message."。

 如果超时是异常行为，则使用 withRetryTimeout 方法来设置事务执行的超时参数。如果希望事务在超时之后继续执行，则使用 retryFor。

ScalaSTM 为标准 STM 模式增添了这些强大的 retry 变体。它们的能力不弱于 wait 和 notify，但使用起来更安全。再结合 atomic 语句，这些变体方法也充分展示了同步过程的潜力。

7.5　事务性容器

本节讨论一种事务性引用之外的更强大的事务性构造，即事务性容器（transactional collections）。事务性引用一次只能存一个值，而事务性容器可以操作多个值。原则上，atomic 语句和事务性引用就足以表达各类共享数据了，只不过，ScalaSTM 的事务性容器已经与 STM 深度集成。事务性容器可以更方便地表达共享数据操作，且可以更高效地执行事务。

7.5.1　事务局部变量

在前文的示例中可以看到，有些事务中需要创建一些只限于事务执行过程中使用的局部可变变量。有时候，还需要为多个事务反复声明同样的变量。在这种情况下，用户会希望只声明一次变量，然后在多个事务中重复使用。ScalaSTM 中支持这个功能的构造为事务局部变量（transaction-local variable）。

为声明一个事务局部变量，首先要实例化一个类型为 TxnLocal[T] 的对象，令其初始值为类型 T。在下面的代码中，初始化了 myLog 这个事务局部变量，它在事务性排序链表中的操作中被用于记录不同事务的控制流。

```
val myLog = TxnLocal("")
```

myLog 的值对不同事务而言是独立的。当一个事务启动时，myLog 的值是空字符串，即声明时的值。当这个事务更新 myLog 的值时，这个变化只在此事务中可见，在其他事务中都不可见，仿佛各自拥有一个 myLog 变量的副本。

然后，声明一个 clearList 方法，它会原子性地从指定的事务性排序链表中删除所有元素。这个方法用 myLog 变量来记录被删除的元素。

```
def clearList(lst: TSortedList): Unit = atomic { implicit txn =>
  while (lst.head() != null) {
    myLog() = myLog() + "\nremoved " + lst.head().elem
    lst.head() = lst.head().next()
  }
}
```

通常，用户并不关心 myLog 的内容，但有时候可能会在调试的时候查看它。因而，可以再声明一个 clearWithLog 方法，它会清除此链表，返回 myLog 的内容。然后从两个异步计算中对一个非空的事务性排序链表调用 clearWithLog 方法。两个异步计算都结束之后，再输出它们的日志。

```
val myList = new TSortedList().insert(14).insert(22)
def clearWithLog(): String = atomic { implicit txn =>
  clearList(myList)
  myLog()
}
val f = Future { clearWithLog() }
val g = Future { clearWithLog() }
for (h1 <- f; h2 <- g) log(s"Log for f: $h1\nLog for g: $h2")
```

因为 clearList 操作是原子性的，所以同时只能有一个事务可以删除所有元素。myLog 对象的内容反映了这一点。取决于异步计算的调试过程，元素 14 和 22 要么都出现在 f 的日志中，要么都出现在 g 的日志中。这表明两个事务都复制了一份 myLog。

 与创建事务性引用并在不同方法之间传递相比，事务局部变量在语法上更轻量级一些。

事务局部变量常用于记录程序执行的日志或统计信息。TxnLocal 构造器还支持指定 afterCommit 和 afterRollback 回调函数。读者可以从它们的在线文档中找到其使用方法。为构造更复杂的并发数据模型，请参见 7.5.2 节和 7.5.3 节中的事务性数组和事务性映射。

7.5.2　事务性数组

事务性引用可以方便地封装一个事务状态，但它也有一定的开销。首先，一个 Ref 对象的引用相比于普通对象的引用更重量级一些，它会占用更多内存。其次，对新的 Ref

对象的每次访问都需要在事务的读取集合中加入一个元素。当 Ref 对象很多时，这个开销就会比较大。下面是一个例子。

假设一个公司的市场部门负责 Scala 咨询，要求写一个程序，用于在公司网站上更新 Scala 2.10 发布的营销信息。很自然地，公司会选择使用 ScalaSTM 完成这个任务。这个网站包括了 5 个独立的页面，每个页面用一个字符串表示，这些网页内容保存在一个序列 pages 中。然后，将 pages 的内容赋给一个事务性引用数组。如果某个页面的值发生变化了，可以在一个事务中更新其事务性引用。

```
val pages: Seq[String] = Seq.fill(5)("Scala 2.10 is out, " * 7)
val website: Array[Ref[String]] = pages.map(Ref(_)).toArray
```

这个解决方案不是那么令人满意，因为它产生了大量的事务性引用对象，而且网站的定义方式也不是很易懂。幸运的是，ScalaSTM 有一种替代方案，就是所谓的事务性数组（transactional array）。事务性数组表示为 TArray 类，类似于 Scala 中的数组，但是其只能在事务中访问。而且当一个事务提交修改时，其变化只会在其他线程中可见。在语义上，一个 TArray 类对应于一个事务性引用数组，只不过它的内存开销更小，用法更精简一些。

```
val pages: Seq[String] = Seq.fill(5)("Scala 2.10 is out, " * 7)
val website: TArray[String] = TArray(pages)
```

Scala 发展速度惊人，2.10 版本发布不久，马上又有了 2.11 版本。市场部门团队又要更新网站内容了，因此内容中出现过 2.10 的地方都要替换成 2.11。替换程序如下所示。

```
def replace(p: String, s: String): Unit = atomic { implicit txn =>
  for (i <- 0 until website.length)
    website(i) = website(i).replace(p, s)
}
```

可以看到，TArray 比事务性引用数组好用多了。不仅用户不再需要对事务性引用数组调用 apply 操作（这会产生很多括号），而且它消耗的内存还更少了。这是因为 TArray[T] 对象中使用的是一个连续数组对象，而 Array[Ref[T]] 对象用到了多个 Ref 对象，每一个都会有额外的内存开销。

> 不要使用事务性引用数组，而要用 TArray 类来优化内存使用，这会让程序更简洁。

下面用一个小程序来测试 TArray 类及 replace 方法。首先定义一个方法 asString，它可以将所有网页内容拼成一个字符串。然后，将所有出现的 2.10 替换成 2.11。为了测试结果的正确性，在另一个并发过程中将"out"替换为"released"。

```
def asString = atomic { implicit txn =>
  var s: String = ""
  for (i <- 0 until website.length)
    s += s"Page $i\n======\n${website(i)}\n\n"
  s
}
val f = Future { replace("2.10", "2.11") }
val g = Future { replace("out", "released") }
for (_ <- f; _ <- g) log(s"Document\n$asString")
```

asString 方法捕捉到了事务性数组中的所有项，实际上，asString 方法原子性地产生了一个 TArray 对象的状态快照。另一种方式是将网页内容复制到另一个 TArray 对象中，而不是复制到字符串中。这两种快照方式都需要遍历数组中的所有项，这可能会与那些只修改 TArray 部分内容的事务发生冲突。

回忆一下本章开始提到的事务冲突示例。一个具有多次读写操作的事务，比如这里的 asString 方法，其可能不是那么高效的，因为其他事务需要在冲突发生时用 asString 方法实现序列化。当数组很大时，这会造成可扩展性的瓶颈。7.5.3 节将介绍另一种能够实现原子性快照的容器，即事务性映射，它的可扩展性更好。

7.5.3　事务性映射

类似于事务性数组，事务性映射避免了在映射中存储事务性引用对象，这样可以减少内存开销、改善事务性能，并提供一种更直观的语法。在 ScalaSTM 中，事务性映射表示为 TMap 类。

ScalaSTM 的 TMap 类还有另一个好处，即它提供一种可扩展的、使用固定时间的原子性快照操作 snapshot。这个快照操作返回一个不可变 Map 对象，其内容为 TMap 对象在快照发生时的内容。下面先声明一个事务性映射对象 alphabet，它将一些字符映射成数字。

```
val alphabet = TMap("a" -> 1, "B" -> 2, "C" -> 3)
```

这个对象有一个问题，即字母 A 被错误地写成了小写形式，下面用一个事务来原子性地将小写字母换成大写字母。另外，还有一个并发的异步计算调用了 alphabet 的快照操作。通过调节异步计算的启动时机，可以造成它与第一个事务之间的竞态。

```
Future {
  atomic { implicit txn =>
    alphabet("A") = 1
    alphabet.remove("a")
  }
}
Thread.sleep(23)
Future {
  val snap = alphabet.single.snapshot
  log(s"atomic snapshot: $snap")
}
Thread.sleep(2000)
```

在此例中，snapshot 操作无法与 atomic 代码块中的两次更新操作交错出现。重复运行这个程序，可以验证这一点。第二个异步计算要么输出小写字母 a，要么输出大写字母 A，但它绝不会同时输出这两者。

使用 TMap 而不是事务性引用的映射来优化内存使用，并让程序更简洁，实现更高效的原子性快照。

7.6　小结

本章介绍了 STM 的原理及其在并发程序中的使用方法。相比于 synchronized 语句，STM 的事务性引用和 atomic 语句更有优势，当然它们也存在一些与副作用的交互。本章还介绍了事务内部的异常语义，以及事务的重试和有条件重试。最后，本章还介绍了事务性容器，其可以更高效地共享数据。

这些功能共同实现了一种并发编程模型，这样，程序员就只需要专注于程序的业务逻辑，而不需要考虑处理锁对象、死锁和竞态的方法。这对模块化编程而言尤其重要，因为找到不同软件组件之间的死锁和竞态几乎是不可能的。STM 的目标之一就是将程序员从这类担忧中"解放"出来，这对从小型模块构建大型并发程序是非常关键的。

当然，这些便利也是有代价的，因为 STM 的数据访问速度是比锁和 synchronized 语句的要慢的。对很多程序而言，STM 的性能开销是可接受的。但如果对性能要求更高，用户就需要使用更简单的原语了，比如锁、原子性变量，以及其他并发数据结构。

关于 STM 的更多详情，可参考《多处理器编程的艺术》一书。如今 STM 的实现有很多，用户往往需要查看诸多研究性文章来深入理解 STM。

有关 ScalaSTM 的学习材料可参考内森·G. 布朗森（Nathan G. Bronson）的博士论文 *Composable Operations on High-Performance Concurrent Collections*。

第 8 章将介绍角色模型，它采用了另外一种方法来实现内存一致性。届时读者会看到，角色模型中的不同计算不能相互访问内存区域，通信是通过交换消息来实现的。

7.7 练习

在下面的练习中，读者需要用 ScalaSTM 来实现不同的事务性编程抽象对象。在大部分使用事务的情况下，这些对象的实现过程与串行版本的极为相似。而还有一些情况，读者在完成练习之前可能需要参考相关文献或 ScalaSTM 文档。

1. 实现事务性的二元组抽象，表示为 TPair 类。

```
class TPair[P, Q](pinit: P, qinit: Q) {
  def first(implicit txn: InTxn): P = ???
  def first_=(x: P)(implicit txn: InTxn): P = ???
  def second(implicit txn: InTxn): Q = ???
  def second_=(x: Q)(implicit txn: InTxn): Q = ???
  def swap()(implicit e: P =:= Q, txn: InTxn): Unit = ???
}
```

除了两个字段的设置和访问方法，事务性二元组还定义了 swap 方法，用于交换两个字段，而且该方法只能在两个类型 P 和 Q 相同时调用。

2. 用 ScalaSTM 实现 Haskell 中的可变的位置抽象对象，表示为 MVar 类。

```
class MVar[T] {
  def put(x: T)(implicit txn: InTxn): Unit = ???
  def take()(implicit txn: InTxn): T = ???
}
```

一个 MVar 对象既可以是满的，也可以是空的。在满的 MVar 对象上调用 put 方法会阻塞 MVar 对象，直到它为空，然后才给它添加元素。类似地，在空的 MVar 对象上调用 take 方法也会阻塞 MVar 对象，直到它变满，然后从中取出元素。另外，实现一个 swap 方法，它的参数是两个 MVar 对象，其作用是交换它们的值。

```
def swap[T](a: MVar[T], b: MVar[T])(implicit txn: InTxn)
```

将 MVar 与第 2 章中的 SyncVar 类进行对比，有没有可能在不修改 SyncVar 类的内部实现的情况下实现一个 swap 方法？

3. 实现 atomicRollbackCount 方法，它用于追踪事务在成功完成之前的回滚次数。

```
def atomicRollbackCount[T](block: InTxn => T): (T, Int)
```

4. 实现 atomicWithRetryMax 方法，它用于启动一个事务，但至多只能重试 n 次，超过 n 次就会抛出异常。

```
def atomicWithRetryMax[T](n: Int)(block: InTxn => T): T
```

 使用 Txn 对象。

5. 实现一个事务性的先入先出队列，表示为 TQueue 类。

```
class TQueue[T] {
    def enqueue(x: T)(implicit txn: InTxn): Unit = ???
    def dequeue()(implicit txn: InTxn): T = ???
}
```

TQueue 类的语义类似于 scala.collection.mutable.Queue 的语义，只不过在空的队列上调用 dequeue 会阻塞事务，直到有值可用为止。

6. 用 ScalaSTM 实现一个线程安全的 TArrayBuffer 类，它扩展了 scala.collection.mutable.Buffer 接口。

7. 本章描述的 TSortedList 类总是排好序的，但访问最后一个元素需要遍历整个链表，这可能会很慢。AVL 树可用来解决这个问题，在网上可以找到很多关于 AVL 树的文档。用 ScalaSTM 来在一个 AVL 树上实现一个线程安全的事务性排序集合。

```
class TSortedSet[T] {
  def add(x: T)(implicit txn: InTxn): Unit = ???
  def remove(x: T)(implicit txn: InTxn): Boolean = ???
  def apply(x: T)(implicit txn: InTxn): Boolean = ???
}
```

TSortedSet 的语义类似于 scala.collection.mutable.Set 的语义。

8. 用 ScalaSTM 实现一个银行系统，它可以用于追踪用户账户上的钱。不同的线程可以调用 send 方法在不同账户之间汇款，而 deposit 和 withdraw 方法分别用于在指定账户存钱和取钱，totalStock 方法则用于返回银行中的资金总数。最后，实现 totalStockIn 方法，用于返回指定的几个银行中的资金总数。

9. 实现一个泛型的事务性优先队列类，表示为 TPriorityQueue 类，用于对元素排序。然后实现方法 scheduleTask，用于向队列中添加任务。每个任务有一个优先级等级。一些工作线程必须等待队列非空，一旦非空，这些工作线程就可以取出优先级最高的任务并执行。

10. 实现一个泛型的事务性有向图数据结构，其节点表示为 Node 类。然后实现方法 scheduleTask，它用于将一个任务添加到图中。每个任务有一个依赖链表，其内容为必须在此任务之前先执行的任务。这个链表表示了图中的有向边。一些工作线程会重复地查询此有向图，然后调度任务的执行。一个任务只能在它依赖的任务执行完之后才能执行。

第 8 章
角色模型

在分布式系统中，一台你都不知道是否存在的计算机失效可能会导致你自己的计算机不可用。

—— 莱斯利·兰波特（Leslie Lamport）

本书到现在为止关注的主要是并发编程的不同抽象结构。大部分抽象结构假设存在共享内存，而 Future 和 Promise、并发数据结构和 STM 确实非常适用于共享内存场合。虽然共享内存的假设让这些工具能够高效地用于并发计算，但也限制了它们只能作用于单台计算机。

本章将介绍一种既适用于共享内存，也适用于分布式系统的编程模型，即角色模型。在角色模型中，程序由大量实体构成，它们各自独立运行，相互之间通过消息传递来通信。这种独立的实体称为角色。

角色模型主要用于解决共享内存带来的问题，比如数据争用或同步，因为它干脆就完全不用共享内存。可变状态被限制在角色内部，当角色收到一个消息之后，这些状态会被潜在地修改。角色收到的消息是被串行依次处理的。这保证了角色中的可变状态绝不会被并发访问。

不过，不同的角色是可以并发地处理收到的消息的。在一个典型的基于角色的程序中，角色数目在数量级上可能远超处理器的数目，这就类似于处理器和线程的关系。角色模型的实现决定了何时为特定的角色分配处理器时间，或允许它们处理消息。

角色模型的真正优势体现在运行多台计算机上的分布式应用程序时。实现可以跨网络连接多台机器和设备的程序称为分布式编程。角色模型也允许用户编写在单台机器上运行的程序。角色的创建和消息的发送不关心角色的位置。在分布式编程中，这被称为位置透明（location transparency）。位置透明让用户在设计分布式系统时不需要关心计算机网络的结构。

本章将使用 Akka 角色框架来介绍基于角色的并发模型，具体而言包括如下内容。

- 声明角色类，并创建角色实例。
- 对角色状态和复杂的角色行为进行建模。
- 操作角色的嵌套关系和生命周期。
- 角色通信中使用的不同消息传递模式。
- 使用内置的角色监管机制来从错误中恢复。
- 使用角色来透明地构建并发和分布式程序。

本章将从角色模型的重要概念和术语开始介绍 Akka 中角色模型的基础知识。

8.1　使用角色模型

在角色模型中，程序运行着一些并发执行的实体，即角色。角色系统类似于一些人类社会组织，比如公司、政府或其他大型机构。以一些大型软件公司为例进行讲解，有助于读者理解这种相似性。

在诸如 Google、Microsoft、Amazon 或 Lightbend 的软件公司里，存在着许多需要并发执行的目标，而它们的成千上万个雇员的任务就是完成这些目标，这些雇员通常以一种分层的结构进行组织。不同的雇员在不同的工位上工作，团队长针对具体的项目做出重大技术决策，软件工程师只负责实现并维护软件产品的不同组件，而系统管理员的工作则是确保那些个人工作站、服务器以及各种设备运行正常。很多雇员，比如团队长，可以将自己的任务转交给其他级别更低的雇员。为了高效地工作和决策，雇员之间用电子邮件通信。

当一个雇员早上来上班时，他会查看电子邮件客户端，并响应重要的消息。这些消息可能是老板发来的工作任务，也可能是其他雇员的请求。对于重要的电子邮件，雇员必须马上回复正确的答案，如果雇员正忙于回复一封邮件，同时有其他邮件发过来，这些邮件暂时来不及处理，就只能在电子邮件客户端的队列里等着。只有当雇员处理完一封邮件，他才能继续处理下一封。

在上述的场景中，公司的工作流被分成了很多个功能性组件，而这些组件完全可以对应到角色系统中的不同部分上。下面将介绍角色系统中的一些概念，以及它们与软件公司中相应概念的相似性。

角色系统是一个角色的分层结构，且这些角色之间共享一些配置选项。角色系统负责创建新的角色、查找角色、记录重要事件等。角色系统类似于软件公司。

角色类是一个描述角色内部状态和指导角色处理消息的模板。同一个角色类可以创建出多个角色，角色类类似于公司内的特定职位，比如软件工程师、营销经理或人事经理。

角色实例是一个存在于运行时并负责接收消息的实体。角色实例中可能包含可变状态，也可以向其他角色实例发送消息。角色类和角色实例之间的差异可以参照面向对象编程中的类和类实例的差异。在软件公司的例子中，角色实例就是那些具体的雇员。

消息是角色之间通信的基本单元。在 Akka 中，消息可以是任意对象。消息类似于公司内的电子邮件。当一个角色发送一个消息时，该角色不会等其他角色接收消息。类似地，当一个雇员发送电子邮件时，他也不会等着确认接收人是否收到或阅读电子邮件，而是继续其他工作，因为工作太多，不能浪费时间。多封电子邮件可能会被同时发送给同一个人。

邮箱是用来缓冲消息的一部分内存，只不过它属于每个特定的角色实例。这个缓冲区是必要的，因为其他角色实例只能一次处理一个消息。邮箱对应于雇员的电子邮件客户端。任意时刻，电子邮件客户端中都有可能缓存有多封未读的电子邮件，但雇员一次只能阅读和处理一封。

角色引用是一种支持角色向一个具体角色发送消息的对象。此对象向程序员隐藏了角色的具体位置信息。角色可能运行在不同的进程中，也可能在不同的计算机上。角色引用可以让角色向另一个角色发送消息，而不需要关心那个角色的运行位置。从软件公司的角度看，角色引用对应于雇员的电子邮件地址。通过电子邮件地址，雇员之间就可以发送电子邮件了，而不需要关心雇员的具体物理位置。他们可能在办公室，可能在出差，也可能在休假，但总是有办法收到电子邮件的。

调度器是一个用来调度角色的组件，它决定了角色何时可以处理消息并为之分配计算资源。在 Akka 中，调度器同时也是一个执行上下文。调度器确保了那些邮箱非空的角色总能由一个线程运行起来，并线性地处理这些消息。调度器的类比对象之一是软件公司内的电子邮件回复政策。有些雇员，比如技术人员，需要及时响应邮件。软件工程师则更为自由一点，在回复邮件之前还可以修复几个 Bug。而修理工则整天都在办公大楼里巡查，只会在早上上班前看一眼电子邮件。

为了让这些概念更具体一些，8.1.1 节将编写一个简单的角色应用程序，届时将介绍如何创建角色系统和角色实例。

8.1.1 创建角色系统和角色实例

在面向对象编程语言中，首先要声明一个类，然后才能创建它的对象实例，而这个类可以被多个对象实例重用。创建对象实例时，还可以通过构造函数传入参数。最后，对象通过关键字 new 完成实例化，并获得这个实例的一个引用。

Akka 中的角色实例的创建过程和对象实例的创建过程大致类似。首先也要定义一个角色类，它定义了角色的行为。然后，还需要指定特定角色实例的配置。最后，还要告诉角色系统用指定的配置实例化角色，角色系统才会创建一个角色实例，并返回此实例的角色引用。本节将讨论这些步骤的细节。

角色类用于指定角色的行为。它描述了角色如何响应消息和与其他角色通信。声明一个新的角色类需要扩展 akka.actor 包中的 Actor 特质。这个特质带有一个抽象方法 receive，该方法返回类型为 PartialFunction[Any, Unit] 的部分函数对象。当角色收到类型为 Any 的消息时，这个部分函数就会被调用。如果对一个消息没有定义这样一个函数，则该消息会被忽略。

除了定义角色的接收消息方式之外，角色类还封装了这个角色会用到的对象的引用。这些对象表示了角色的状态。本章会一直用 Akka 的 Logging 对象来输出消息到标准输出。在下面的代码中，声明了一个 HelloActor 角色类，它会响应消息 hello，这个消息是通过构造函数传给角色的。HelloActor 类的状态中包含了一个 Logging 对象 log。这个 Logging 对象引用了当前角色系统 context.system 和当前角色。HelloActor 类在 receive 方法中定义了一个部分函数，它会判断收到的消息是否等于消息 hello，不相等的其他消息会被命名为 msg。

当用 HelloActor 类定义的角色收到 hello 字符串消息时，它会用 Logging 对象 log 输出这个消息。而对于其他消息，它会在当前角色 self 上调用 context.stop 方法，从而停止当前角色。

```scala
import akka.actor._
import akka.event.Logging
class HelloActor(val hello: String) extends Actor {
  val log = Logging(context.system, this)
  def receive = {
    case `hello` =>
      log.info(s"Received a '$hello'... $hello!")
    case msg      =>
```

```
    log.info(s"Unexpected message '$msg'")
    context.stop(self)
  }
}
```

定义一个角色类并不会创建出任何运行的角色实例，它相当于对象实例的一个模板或蓝图。同一个角色类可以被很多角色实例共享。为了在 Akka 中创建一个角色实例，需要向角色系统传递关于角色类的信息。不过，光有 HelloActor 这样的角色类是不够的，还需要指定 hello 参数。为了将所有创建实例时的必要信息打包，Akka 会用到称为角色配置（actor configuration）的对象。

一个角色配置中的信息包括角色类、其构造函数参数、邮箱、调度器的实例。在 Akka 中，角色配置由 Props 类表示。Props 对象封装了创建角色实例所需的所有信息，并且可以在序列化之后通过网络发送。

为了创建 Props 对象，推荐的做法是在角色类的伴生对象中声明一些工厂方法。这里定义了两个工厂方法，props 和 propsAlt，它们根据输入参数 hello 返回相应的 HelloActor 类的 Props 对象。

```
object HelloActor {
  def props(hello: String) = Props(new HelloActor(hello))
  def propsAlt(hello: String) = Props(classOf[HelloActor], hello)
}
```

props 方法用到 Props.apply 工厂方法的一个重载方法，它通过创建 HelloActor 类来接收一个代码块。这个代码块在角色系统每次创建角色实例时会被调用。propsAlt 方法用到了 Props.apply 的另外一个重载方法，它由角色类的 Class 对象和构造函数参数链表创建出一个角色实例。这两个重载方法在语义上是等价的。第一个 Props.apply 方法的参数是一个可以调用角色类构造函数的闭包。如果用户不够仔细，这个闭包很容易捕捉到外层的引用，这时，这些引用会变成 Props 对象的一部分。比如下面的工具类中的 defaultProps 方法。

```
class HelloActorUtils {
  val defaultHi = "Aloha!"
  def defaultProps() = Props(new HelloActor(defaultHi))
}
```

若要将 defaultProps 方法返回的 Props 对象发送到网络中，需要将外层的 HelloActorUtils 对象也一并发送了，这会导致额外的网络开销。

此外，在一个角色类中声明一个 Props 对象是特别危险的事，因为它会将外层的角色实例的引用也捕捉到。所以用 propsAlt 方法创建 Props 对象会安全一些。

 避免在角色类中创建 Props 对象，以防不小心捕捉到当前角色的引用。尽可能在最外层单例对象中的工厂方法中声明 Props。

Props.apply 方法的第 3 个重载方法适用于其构造函数没有参数的那些角色类。如果 HelloActor 没有定义构造函数参数，那么可以用 Props[HelloActor]创建一个 Props 对象。

在实例化角色时，需要将其角色配置发送给角色系统的 actorOf 方法。本章将一直使用 ourSystem 这个定制的角色系统实例，ourSystem 变量是用 ActorSystem.apply 这个工厂方法定义的。

```
lazy val ourSystem = ActorSystem("OurExampleSystem")
```

现在，就可以用这个角色系统的 actorOf 方法创建和运行 HelloActor 类的实例了。在创建新的角色时，可以用 name 参数为角色实例指定唯一的名称。如果没有指定，角色系统会自动为角色实例指定一个唯一的名称。actorOf 方法并不会返回 HelloActor 类的实例，它返回的是类型为 ActorRef 的角色引用。

创建完 HelloActor 实例 hiActor 之后，它可以识别 hi 消息。向它发送消息 hi，它是可以响应的。为了向 Akka 角色发送消息，需要使用操作符!（可读成"tell"或"bang"）。这里出于演示的目的，用 sleep 方法使线程暂停了 1 s，让角色有时间处理消息。然后，发送另一个消息 hola，并再等 1 s。最后，用 shutdown 方法关闭角色系统。

```
object ActorsCreate extends App {
  val hiActor: ActorRef =
    ourSystem.actorOf(HelloActor.props("hi"), name = "greeter")
  hiActor ! "hi"
  Thread.sleep(1000)
  hiActor ! "hola"
  Thread.sleep(1000)
  ourSystem.shutdown()
}
```

运行这个程序时，hiActor 实例首先会输出它接收到的 hi 消息，1 s 后，它会输出收到的第 2 个消息 hola，但这个消息是出乎意料的，最后，角色系统关闭。

8.1.2　未处理消息的管理

HelloActor 示例中的 receive 方法可以处理任意类型的消息,如果收到的消息,比如 hi,与构造函数中指定的消息不同,角色实例会在默认情况下处理这个消息。用户也可以在默认情况下不予处理,receive 方法未处理的消息会被封装成 UnhandledMessage 对象,然后转发给角色系统的事件流,这常用于日志记录。

这个默认行为是可以修改的,重载角色类的 unhandled 方法即可。此方法默认会将未处理消息发布到角色系统的事件流上。在下面的代码中,声明了一个 DeafActor 角色类,其 receive 方法返回一个空的部分函数。空的部分函数对任意类型的消息而言都是未定义的,所以所有发送到这个角色的消息都会传递给 unhandled 方法。然后通过重载 unhandled 方法,将 String 类型的消息输出到标准输出。而其他类型的消息仍然通过 super.unhandled 方法发布到角色系统的事件流上。下面的代码为 DeafActor 的实现过程。

```
class DeafActor extends Actor {
  val log = Logging(context.system, this)
  def receive = PartialFunction.empty
  override def unhandled(msg: Any) = msg match {
    case msg: String => log.info(s"I do not hear '$msg'")
    case msg         => super.unhandled(msg)
  }
}
```

下面的例子对 DeafActor 类进行了测试,它先创建了一个名为 deafy 的 DeafActor 实例,并将它的角色引用赋值给 deafActor,然后向 deafActor 发送两个消息,即 hi 和 1234,最后关闭角色系统。

```
object ActorsUnhandled extends App {
  val deafActor: ActorRef =
    ourSystem.actorOf(Props[DeafActor], name = "deafy")
  deafActor ! "hi"
  Thread.sleep(1000)
  deafActor ! 1234
  Thread.sleep(1000)
  ourSystem.shutdown()
}
```

运行程序可以发现,第一个消息 hi 字符串被捕捉到了,并由 unhandled 方法输出。而 1234 消息会被转发给角色系统的事件流,并不会出现在标准输出中。

细心的读者可能会注意到，unhandled 方法是没有必要的，把各种情况的处理放到 receive 方法中即可，如下面的代码所示。

```
def receive = {
  case msg: String => log.info(s"I do not hear '$msg'")
}
```

这个实现方式更简洁一些，但这种做法对更复杂的角色而言是不够用的。上面的例子将正常消息和其他消息混在了一起。状态较多的角色经常会修改正常消息的处理方式，所以将其他消息的处理区分开就显得很有必要了。8.1.3 节将介绍如何修改角色的行为。

8.1.3　角色行为和状态

当角色的状态变化时，角色也常需要改变处理消息的方式。角色处理常规消息的方式称为角色行为。本节将介绍如何操作角色的行为。

前文已经介绍过基于 receive 重载的初始行为定义方式，需要注意的是，receive 方法必须返回部分函数，而且不宜根据角色的当前状态返回不同的部分函数。假设有一个 CountdownActor 角色类，它在每接收到一个 count 消息之后就将它的整数字段 n 递减，直到为 0 为止。当 CountdownActor 类归零之后，它就会忽略所有后续消息。为实现这个 CountdownActor，下面定义的 receive 方法在 Akka 中是不允许出现的。

```
class CountdownActor extends Actor {
  var n = 10
  def receive = if (n > 0) { // 不要这样做
    case "count" =>
      log(s"n = $n")
      n -= 1
  } else PartialFunction.empty
}
```

为了正确地改变 CountdownActor 类在归零之后的行为，需要用到角色的上下文对象上的 become 方法。在 CountdownActor 类的正确实现中，定义了两个方法，counting 和 done，它们分别返回两种不同的行为。counting 方法定义的行为用于响应 count 消息，并在 n 字段归零之后调用 become 来将行为切换为 done 的行为。done 的行为只不过是一个空的部分函数，它会忽略所有消息。实现过程如下所示。

```
class CountdownActor extends Actor {
```

```
val log = Logging(context.system, this)
var n = 10
def counting: Actor.Receive = {
  case "count" =>
    n -= 1
    log.info(s"n = $n")
    if (n == 0) context.become(done)
}
def done = PartialFunction.empty
def receive = counting
}
```

上述 receive 方法定义了角色的初始行为，即 counting 行为。注意，这里用到伴生对象 Actor 中的类型别名 Receive，它只不过是 PartialFunction[Any, Unit] 类型的缩写。

当为复杂角色建模时，将它们视为状态机（state machine）是比较合适的。状态机是一种描述系统中的状态和状态之间的过渡的数学模型。在角色中，每个行为对应于状态机中的一种状态。如果角色收到某个消息之后调用了 become，则两个状态之间就发生了过渡。图 8.1 描述了 CountdownActor 类对应的状态机，其中两个圆圈表示 counting 和 done 这两种行为，初始行为是 counting，所以画了一个箭头指向它，同样，过渡涉及的两个状态也用箭头连接起来。

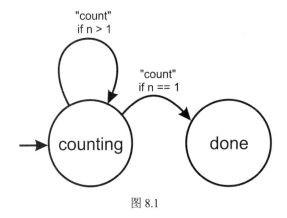

图 8.1

当角色收到 count 消息，且 n 字段大于 1 时，行为并不会改变。不过，当角色再次收到 count 消息，且 n 字段已经归零时，则角色会将行为变成 done。

下面的程序测试了这个角色的正确性，首先创建一个角色系统，用于创建新的计数角色，然后向其发送 20 条 count 消息。此角色只会响应前 10 条，随后会切换到 done 行为。

```
object ActorsCountdown extends App {
  val countdown = ourSystem.actorOf(Props[CountdownActor])
  for (i <- 0 until 20) countdown ! "count"
  Thread.sleep(1000)
  ourSystem.shutdown()
}
```

当角色的消息处理方式取决于当前状态时，用户需要将不同的状态分解为不同的部分函数，然后用 become 方法来实现状态的切换。这对复杂的角色而言尤其重要，因为它确保了角色的业务逻辑易于理解和维护。

 当一个状态化的角色需要修改行为时，为每一种行为声明一个独立的部分函数，然后在 receive 方法中返回初始行为对应的部分函数。

下面考虑一个更复杂的例子，其中的角色用于检查输入的单词是否在字典中，如果在字典中，就将其输出到标准输出。用户需要能够在运行时修改角色的字典。为设置字典，可以向角色发送 Init 消息以及字典的路径。随后，用 IsWord 消息来检查某个单词是否在字典中。一旦使用完毕，用户就可以通过 End 消息来通知角色消除字典。然后，用户可以继续用其他字典来初始化角色。

图 8.2 所示的状态机描述了包含这两种行为（uninitialized 和 initialized）的业务逻辑。

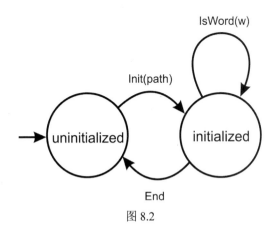

图 8.2

推荐的做法是在角色类的伴生对象中为不同的消息定义相应的数据类型。在本例中，可以在 DictionaryActor 类的伴生对象中添加 3 个类：Init、IsWord 和 End。

```
object DictionaryActor {
  case class Init(path: String)
  case class IsWord(w: String)
  case object End
}
```

然后就可以定义 DictionaryActor 角色类了，这个类定义了一个私有的 Logging 对象 log 和一个可变集合 dictionary，该集合初始为空，用于存储单词。receive 方法返回的是 uninitialized 行为，它只接收 Init 消息。当 Init 消息到达时，角色会用它的 path 字段从文件中读取字典、加载单词，并调用 become 切换到 initialized 行为。当 IsWord 消息到达时，角色会检查单词是否存在，并在标准输出中输出。当 End 消息到达时，角色会消除字典，并切换回 uninitialized 行为。如下面的代码所示。

```
class DictionaryActor extends Actor {
  private val log = Logging(context.system, this)
  private val dictionary = mutable.Set[String]()
  def receive = uninitialized
  def uninitialized: PartialFunction[Any, Unit] = {
    case DictionaryActor.Init(path) =>
      val stream = getClass.getResourceAsStream(path)
      val words = Source.fromInputStream(stream)
      for (w <- words.getLines) dictionary += w
      context.become(initialized)
  }
  def initialized: PartialFunction[Any, Unit] = {
    case DictionaryActor.IsWord(w) =>
      log.info(s"word '$w' exists: ${dictionary(w)}")
    case DictionaryActor.End =>
      dictionary.clear()
      context.become(uninitialized)
  }
  override def unhandled(msg: Any) = {
    log.info(s"cannot handle message $msg in this state.")
  }
}
```

注意，这里重载了 DictionaryActor 类中的 unhandled 方法，这是为了减少代码重复，使其易于维护，因为把默认情况在两种行为中列出来两次是没有必要的。

　　UNIX 操作系统的用户可以用文本文件存储字典，每一行为一个单词，用换行符分隔，字典文件的存储位置为/usr/share/dict/words。读者也可以下载本书的源码，并找到 words.txt 文件，或者自己创建几个单词的测试文件，并将其保存到 src/main/resources/org/learningconcurrency/目录中。然后，就可以用下面的程序测试 DictionaryActor 类的正确性。

```
val dict = ourSystem.actorOf(Props[DictionaryActor], "dictionary")

dict ! DictionaryActor.IsWord("program")
Thread.sleep(1000)

dict ! DictionaryActor.Init("/org/learningconcurrency/words.txt")
Thread.sleep(1000)
```

　　向角色发送的第一条消息会导致出现错误，因为角色在初始化完成之前是不接收 IsWord 消息的。发送完 Init 消息之后，程序才可以检查单词是否在字典中。最后，发送一条 End 消息并关闭角色系统。如下面的代码所示。

```
dict ! DictionaryActor.IsWord("program")
Thread.sleep(1000)

dict ! DictionaryActor.IsWord("balaban")
Thread.sleep(1000)

dict ! DictionaryActor.End
Thread.sleep(1000)

ourSystem.shutdown()
```

　　介绍完角色的行为，8.1.4 节将介绍如何将角色组织成分层结构。

8.1.4　Akka 角色的层次关系

　　在大型组织中，人们会被分配不同的角色，负责处理不同的任务，以共同实现一个特定的目标。公司的首席执行官（Chief Executive Officer，CEO）会选择目标，比如开发一个软件产品。然后，CEO 会将此目标的不同部分的任务交给公司内的多个团队来完成，比如营销团队负责调研潜在客户对新产品的需求，设计团队负责开发产品的用户界面，而软件工程团队负责实现软件产品的业务逻辑。这样，每一个团队都可以进一步被分解为负责不同角色的子团队，具体怎么划分取决于公司的规模。比如，软件工程团队可以分解为两个开发团队，分别负责前端（网站或桌面 UI）和后端（服务器）工作。

类似地，角色之间也可以构成层次结构，高层次的角色负责更一般的任务，并将子任务转交给低层次（更专业）的角色。将系统的不同部分组织成分层结构，从而把复杂程序分解为基础组件，这是一种自然而系统化的方式。对角色系统而言，合适的角色层次结构会让程序具有更好的可扩展性和负载均衡。更重要的是，分层的角色系统可以将经常出错的角色隔离开并予以替换。

在 Akka 中，角色之间默认就构成了一个分层结构。每个角色可以有多个子角色，并且可以通过上下文对象来创建或停止子角色。为测试角色之间的关系，下面定义两个角色类，分别表示父角色和子角色。首先定义的是 ChildActor 角色类，它接收到 sayhi 消息之后会输出父角色的引用。它对父角色的引用来自上下文对象上的 parent 方法。此外，这里还重载了 Actor 类的 postStop 方法，它会在子角色终止之后被调用。ChildActor 模板如下面的代码所示。

```scala
class ChildActor extends Actor {
  val log = Logging(context.system, this)
  def receive = {
    case "sayhi" =>
      val parent = context.parent
      log.info(s"my parent $parent made me say hi!")
  }
  override def postStop() {
    log.info("child stopped!")
  }
}
```

然后定义角色类 ParentActor，它接收的消息包括 create、sayhi 和 stop。当 ParentActor 收到一个 create 消息时，它会通过上下文对象的 actorOf 方法来创建一个新的子角色。当 ParentActor 类收到 sayhi 消息时，它会通过遍历 context.children 链表将此消息转发给子角色。最后，当 ParentActor 类收到一个 stop 消息时，它会停止自己。

```scala
class ParentActor extends Actor {
  val log = Logging(context.system, this)
  def receive = {
    case "create" =>
      context.actorOf(Props[ChildActor])
```

```
        log.info(s"created a kid; children = ${context.children}")
      case "sayhi" =>
        log.info("Kids, say hi!")
        for (c <- context.children) c ! "sayhi"
      case "stop" =>
        log.info("parent stopping")
        context.stop(self)
    }
  }
```

下面的程序用于测试角色类 ParentActor 和 ChildActor。首先，创建 ParentActor 实例 parent，并向其发送两个 create 消息。然后，parent 角色会输出两次，提示创建了两个子角色。随后，发送的 sayhi 消息会被 parent 转发给子角色，并最终输出。最后，stop 消息会停止 parent 角色。

```
object ActorsHierarchy extends App {
  val parent = ourSystem.actorOf(Props[ParentActor], "parent")
  parent ! "create"
  parent ! "create"
  Thread.sleep(1000)
  parent ! "sayhi"
  Thread.sleep(1000)
  parent ! "stop"
  Thread.sleep(1000)
  ourSystem.shutdown()
}
```

通过查看标准输出，可以发现两个子角色都在父角色提示将要结束时输出消息 sayhi。这是 Akka 角色的正常行为，因为子角色无法脱离父角色独立存在，一旦父角色终止，则它所有的子角色也会被角色系统停止。

 当一个父角色终止时，它的子角色也会自动停止。

运行上面的示例时，用户可能会注意到，输出角色引用时会反映出角色在角色层次中的位置。比如，输出子角色引用会显示 akka://OurExampleSystem/user/parent/$a。这个字符串的第一部分 akka:// 表示这是一个本地角色的引用。OurExampleSystem 表示当前所用角色系统的名称。parent/$a 表示父角色的名称 parent 和自动产生的子角色名称$a。唯一奇怪的是其中用 user 表示的一个中间角色的引用。

在 Akka 中，角色层次的最顶层角色称为守护角色（guardian actor），它的作用是执行一些内部任务，比如记录日志和重启用户的角色。

应用中创建的每个顶层角色都放在 user 这个预定义的守护角色之下。除此之外，角色层次中还有其他守护角色。比如图 8.3 所示的角色层次中的守护角色 user 和 system 构成了角色系统 OurExampleSystem 中的两个角色层次。

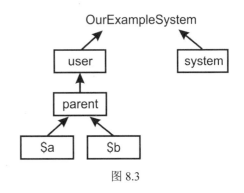

图 8.3

本节介绍了 Akka 角色构成的分层结构，以及其中的角色之间的关系。特别介绍了用上下文对象的 parent 和 children 来访问与当前角色直接相邻的父、子角色。8.1.5 节将介绍如何在同一个角色系统中引用任意一个角色。

8.1.5　角色的查找

前面介绍了角色被组织成了一种分层的树状结构，每个角色可能有一个父角色和一些子角色。因而，每个角色都在树状结构中有一条唯一的路径，其可表示为路径上的角色名序列构成的标识符。如果角色 parent 直接位于守护角色 user 之下，则它的唯一标识符为 /user/parent。类似地，parent 的子角色 $a 的标识符为 /user/parent/$a。角色路径（actor path）是将协议、角色系统名和角色标识符拼接起来的字符串。前面例子中的 parent 角色的角色路径为 akka://OurExampleSystem/user/parent。

角色路径很像文件系统中的文件路径，每个文件路径唯一确定了文件的位置，同理，角色路径也唯一确定了角色在树状分层结构中的位置。正如文件路径不代表文件存在，一个角色路径也不表示角色系统中存在这样一个角色。不过，可以用一个角色路径来获取角色系统中的角色引用。另外，角色路径中的角色名称可以用通配符和 .. 符号替代，类似于 Shell 命令中的文件名通配符，这种路径表示称为路径选择（path selection）。比如，路径选择 .. 表示当前角色的父角色引用，../* 表示当前角色及其所有兄弟角色的引用。角色路径和角色引用不一样，因为用户不能向角色路径发送消息。因此，必须先用角色路径获得角色引用，如果角色引用存在，才能向该角色发送消息。

为获得角色路径对应的角色引用，需要调用角色的上下文对象上的 actorSelection 方法。此方法接收一个角色路径参数或一个路径选择参数。调用 actorSelection 方法可能不会得到任何角色，因为角色路径或路径选择对应的角色可能是不存在的。类似地，一个路径选择可能对应于多个角色，因此，actorSelection 方法返回的不是一个 ActorRef 对象，而是 ActorSelection 对象，它可能对应于零个、一个或多个角色。然后，用户就可以用 ActorSelection 对象向相应的角色发送消息了。

 用上下文对象上的 actorSelection 方法来与角色系统中的任意角色进行通信。

如果将 ActorRef 对象与电子邮件进行类比，ActorSelection 对象类似于电子邮件地址链表。将一封电子邮件发送到一个合法的电子邮件地址可确保电子邮件被发送给指定的人。而向电子邮件地址链表发送一封电子邮件，则收到电子邮件的人数可能是零个、一个或多个，这完全取决于电子邮件地址链表订阅用户的数目。

ActorSelection 对象并不会告诉我们角色的具体地址，就像电子邮件地址链表不会公开它的订阅者一样。这是因为 Akka 定义了一种特殊类型的消息 Identify。当一个 Akka 角色收到一个 Identify 消息时，它会自动回复一条 ActorIdentity 消息，其中就包含了它的 ActorRef 对象。如果一个角色选择中没有角色，则 Identify 发送方收到的 ActorIdentity 消息中也就不会有 ActorRef 对象了。

 向 ActorSelection 对象发送 Identify 消息，可以获得角色系统中的角色引用。

在下面的例子中，定义了一个角色类 CheckActor，它描述的角色会在接收到带着角色路径的任意消息时，检查并输出此角色路径对应的角色引用。当类型为 CheckActor 的角色接收到带角色路径或路径选择的字符串时，它会获得一个 ActorSelection 对象，并向它发送 Identify 消息。此消息会转发给这个选择中的所有角色，它们会反馈 ActorIdentity 消息。这个 Identify 消息还有一个 messageId 参数。如果一个角色发送出多个 Identify 消息，messageId 可用于区分不同的 ActorIdentity 消息。在本例中，messageId 为路径字符串。当 CheckActor 收到一个 ActorIdentity 消息时，如果找到角色了，它会输出它们的角色引用，否则会提示在指定路径中没有找到角色。

```scala
class CheckActor extends Actor {
  val log = Logging(context.system, this)
  def receive = {
    case path: String =>
      log.info(s"checking path $path")
      context.actorSelection(path) ! Identify(path)
```

```
    case ActorIdentity(path, Some(ref)) =>
      log.info(s"found actor $ref at $path")
    case ActorIdentity(path, None) =>
      log.info(s"could not find an actor at $path")
  }
}
```

接下来，实例化 CheckActor 类，并向其发送路径选择参数 ../*，表示其父角色的所有子角色，即当前角色及其所有兄弟角色。

```
val checker = ourSystem.actorOf(Props[CheckActor], "checker")
checker ! "../*"
```

除了 checker，这里没有实例化其他顶层角色，所以 checker 只收到一个 ActorIdentity 消息，并输出其角色路径。接下来，还可以找出 checker 角色之上的所有角色。回忆一下，顶层角色的父角色应该是守护角色，而守护角色可以有多个。

```
checker ! "../../*"
```

不出所料，checker 角色输出了角色系统中的两个守护角色 user 和 system。读者可能会对系统内部角色感兴趣，所以可以发送如下绝对路径选择。

```
checker ! "/system/*"
```

checker 角色会输出内部角色 log1-Logging 和 deadLetterListener 的角色路径，它们分别用于记录日志和处理未处理的消息。那么，如果尝试寻找不存在的角色会怎么样呢？

```
checker ! "/user/checker2"
```

因为并不存在名为 checker2 的角色，所以 checker 会获得一个 ActorIdentity 消息，其 ref 字段为 None，checker 会输出无法找到角色。

actorSelection 方法和 Identify 消息是寻找角色系统中未知角色的基本方法。注意，通过 actorSelection 总能获得一个角色引用，但不是角色对象的直接对象引用。为了更好地理解这一点，8.1.6 节将介绍角色的生命周期。

8.1.6　角色的生命周期

前文中的 ChildActor 类重载了 postStop 方法，用于在角色终止时输出一些日志信息。而本节将讨论 postStop 方法到底是在什么时机调用的，以及角色的生命周期里的其他重要事件。

为理解角色的生命周期的重要性，首先考虑一种情况，如果角色在处理消息时抛出一个异常，会发生什么？在 Akka 中，这样的异常被视为正常行为，所以顶层的用户角色抛出异常时会默认重启。重启会生产一个全新的角色对象，即角色状态会重新初始化。当角色重启之后，它的角色引用和角色路径是保持不变的。因而，同一个 ActorRef 对象只代表了逻辑意义下的同一个角色，其实际的物理角色对象有可能有多个。这也是角色绝不允许它的 this 引用泄露的原因，否则程序其他部分就会引用到旧的角色对象，于是让角色引用不再具有透明性。此外，暴露角色对象的 this 引用可能会暴露角色内部的实现细节，甚至会引起数据损坏。

 绝不要将角色对象的 this 引用传给其他角色，因为这会破坏角色的封装。

下面开始讨论完整的角色的生命周期。前文提到了，一个逻辑角色实例在调用 actorOf 方法时产生，Props 对象用于实例化一个物理角色对象。这个对象会被指定一个邮箱，并且可以开始接收消息。actorOf 方法向调用者返回一个角色引用，而所有的角色都可以并发地执行。在角色开始处理消息之前，它的 preStart 方法会被调用，此方法用于初始化逻辑角色实例。角色创建完毕之后，它开始处理消息。在某个时刻，一个角色可能会因为异常而需要重启，这时，preRestart 方法会被调用。然后，所有的子角色会被停止。随后，之前用于 actorOf 方法创建角色的那个 Props 对象会被重用，用于创建一个新的角色对象，并在新的角色对象上调用其 postRestart 方法。postRestart 方法返回之后，新的角色对象的邮箱被指定为旧的角色对象的邮箱，它会继续处理重启之前邮箱中剩余的消息。

默认情况下，postRestart 方法会调用 preStart 方法。在有些情况下，用户可能想修改这种行为。比如，数据库连接可能只需要在 preStart 中打开一次，并在逻辑角色实例停止时再关闭。一旦逻辑角色实例要停止了，postStop 方法会被调用，角色的角色路径会被释放，并返回给角色系统。preRestart 方法默认会调用 postStop 方法。完整角色的生命周期如图 8.4 所示。

注意，在角色的生命周期中，角色系统其他部分看到的是同一个角色引用，它不会因为角色重启而改变。角色的失败和重启对角色系统其他部分而言是不可见的。

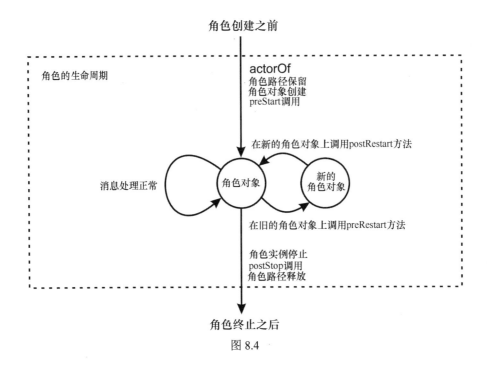

角色创建之前

角色的生命周期

actorOf
角色路径保留
角色对象创建
preStart调用

在新的角色对象上调用postRestart方法

消息处理正常

角色对象

新的
角色对象

在旧的角色对象上调用preRestart方法

角色实例停止
postStop调用
角色路径释放

角色终止之后

图 8.4

为测试一个角色的生命周期，下面声明两个角色类，即 `StringPrinter` 和 `LifecycleActor`。`StringPrinter` 角色将它接收到的每个消息输出成日志。而它的 `preStart` 和 `postStop` 方法会被重载，以精确地追踪角色启动和终止的时机，如下面的代码所示。

```scala
class StringPrinter extends Actor {
  val log = Logging(context.system, this)
  def receive = {
    case msg => log.info(s"printer got message '$msg'")
  }
  override def preStart(): Unit = log.info(s"printer preStart.")
  override def postStop(): Unit = log.info(s"printer postStop.")
}
```

`LifecycleActor` 类维护了一个指向 `StringPrinter` 角色的子角色引用。`LifecycleActor` 类会响应 `Double` 和 `Int` 消息，并输出；也可以响应 `List` 消息，并输出链表的第一个元素。当 `LifecycleActor` 实例收到一个 `String` 消息时，它会将其转发给它的子角色。

```
class LifecycleActor extends Actor {
  val log = Logging(context.system, this)
  var child: ActorRef = _
  def receive = {
    case num: Double  => log.info(s"got a double - $num")
    case num: Int     => log.info(s"got an integer - $num")
    case lst: List[_] => log.info(s"list - ${lst.head}, ...")
    case txt: String  => child ! txt
  }
}
```

下面要重载其生命周期钩子函数。首先是 preStart 方法，它用于输出一个日志，并实例化子角色。这保证了子角色引用在子角色开始处理消息之前就初始化完成了。

```
override def preStart(): Unit = {
  log.info("about to start")
  child = context.actorOf(Props[StringPrinter], "kiddo")
}
```

接下来重载 preRestart 和 postRestart 方法。在这两个方法中，会输出失败的原因。postRestart 方法默认会调用 preStart 方法，以便让新的角色对象在重启之后初始化得到一个新的子角色对象。

```
override def preRestart(t: Throwable, msg: Option[Any]): Unit = {
  log.info(s"about to restart because of $t, during message $msg")
  super.preRestart(t, msg)
}
override def postRestart(t: Throwable): Unit = {
  log.info(s"just restarted due to $t")
  super.postRestart(t)
}
```

重载 postStop 方法，用于追踪角色终止的时机。

```
override def postStop() = log.info("just stopped")
```

现在，创建一个 LifecycleActor 类的实例 testy，并向其发送消息 math.Pi。此角色会在 preStart 方法中输出 about to start 的信息，创建一个新的子角色。然后输出它接收到的消息 math.Pi。注意，该角色的 about to start 日志信息是在 math.Pi 消息被接收到之后输出来的。这表明角色创建过程是异步操作：当调用 actorOf 时，创建出的角色会由角色系统代理，然后程序立即开始执行。

```
val testy = ourSystem.actorOf(Props[LifecycleActor], "testy")
testy ! math.Pi
```

向 testy 发送一个字符串消息，此消息会被转发给子角色，子角色接收到消息之后在日志记录中输出。

```
testy ! "hi there!"
```

向 testy 发送 Nil 消息，此对象表示一个空链表，所以 testy 在尝试获取第一个元素时抛出一个异常。这时角色汇报它需要重启，随后可以看到子角色也要重启的消息。因为前文提到过，当一个角色重启时，子角色会被停止。最后，testy 会输出它将要重启的消息，而新的子角色也将初始化。这些事件都源自下面这条语句。

```
testy ! Nil
```

测试角色的生命周期揭示了 actorOf 方法的一个重要性质，即调用 actorOf 方法时，执行过程会继续，而不会等待角色充分初始化完毕。类似地，发送一个消息不会阻塞执行过程，无论其他角色是否接收到或处理，执行过程都会继续。这种消息称为异步消息。8.2 节将介绍多种通信模式中是如何处理这种异步消息的。

8.2　角色之间的通信

前文已经介绍过，角色之间通过消息进行通信。虽然运行在同一台机器上的角色可以访问共享内存，甚至可以相互同步，但通过发送消息可以让角色之间相互隔离，并保证了位置的透明性。向一个角色发送消息的基本操作是使用!操作符。

前文还提到过使用!操作符是非阻塞操作，即发送一条消息后，发送方不会等待消息送达，消息发出去发送方就可以继续执行了。这种消息发送方式有时候称为发送不管（fire-and-forget）模式，因为发送方不会等待接收方的回复，也不用保证消息是否送达。这种消息发送方式提高了基于角色的程序的吞吐量，并提高了并发度，但对一些场合不一定适用。比如，有些角色希望马上收到回复。本节将介绍角色通信的一些除发送不管之外的其他模式。

"发送不管"模式不保证消息一定能够送达，它保证消息至多只发一次。目标角色绝不会收到重复的消息。此外，对发送方和接收方而言，其消息的顺序是有保证的。如果角色 A 依次发送消息 X 和 Y，则角色 B 将不会收到重复消息，且只会出现 3 种情况，即只收到 X、只收到 Y，或者先收到 X 再收到 Y，如图 8.5（a）所示。

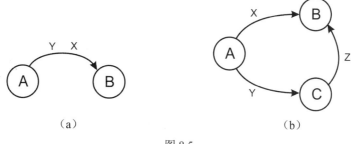

图 8.5

但是，对 3 个或更多角色而言，发送顺序就不能保证了。比如，如图 8.5（b）所示，执行了下列操作。

- 向角色 B 发送消息 X。

- 向另一个角色 C 发送消息 Y。

- 角色 C 在收到 Y 之后向角色 B 发送消息 Z。

在这种情况下，消息 X 和 Z 之间的顺序是无法保证的。角色 B 可以以任意顺序收到 X 和 Z。这个性质反映了大部分计算网络的特性，遵循这个性质可以让远程运行的角色具有位置透明性。

 角色 B 从角色 A 接收消息的顺序与角色 A 发送消息的顺序一致。

在讨论角色通信的各种模式之前，还要注意一下使用操作符!并不是唯一的非阻塞操作。方法 actorOf 和 actorSelection 也是非阻塞的。这些方法通常在处理消息的过程中被调用，如果在处理消息的过程中阻塞角色，那么角色将不能继续处理邮箱中的消息，从而极大地影响了系统的吞吐量。出于这些原因，大部分角色 API 都是非阻塞式的。此外，用户也绝不要在角色中使用第三方库的阻塞操作。

 消息不能在长时阻塞的情况下被处理。绝对不要启动一个无穷循环，也应避免在 receive 代码块、unhandled 方法以及角色的生命周期钩子函数中产生长时通信。

8.2.1 ask 模式

不能在角色中使用阻塞操作意味着不能实现请求—应答式通信模式。在这种模式中，一个角色关心某个信息，于是向另一个角色发送一个请求。然后，它会一直等待回复。在 Akka 中，这种通信模式也称为 ask 模式。

akka.pattern 包中定义了一些辅助角色通信的帮助函数。导入这个包的内容之后，可以在角色引用上调用?（读成 ask）操作符。这个操作符会向目标角色发送一条消息，这一点和操作符!一样。此外，?操作符会从目标角色获得一个 Future 对象的回复。

为了演示 ask 模式，下面定义两个角色，用于展示它们相互之间的来回通信。Pingy 角色向另一个 Pongy 角色发送一个 ping 消息，当 Pongy 角色收到 ping 消息之后，它会回复一个 pong 消息。首先要导入 akka.pattern 包。

```
import akka.pattern._
```

然后定义 Pongy 角色类，它需要发送方的角色引用，才能回复收到的 ping 消息。当处理一条消息时，每个角色都可以调用 Actor 类的 sender 方法，以获得当前消息的发送方的角色引用。Pongy 角色使用 sender 方法回复 pong 消息。Pongy 的实现如下面的代码所示。

```
class Pongy extends Actor {
  val log = Logging(context.system, this)
  def receive = {
    case "ping" =>
      log.info("Got a ping -- ponging back!")
      sender ! "pong"
      context.stop(self)
  }
  override def postStop() = log.info("pongy going down")
}
```

接下来，定义 Pingy 角色类，它用?操作符向 Pongy 角色发送一条请求。当 Pingy 类收到 Pongy 的 pongyRef 角色引用时，它创建一个隐式的 Timeout 对象，超时时间设置为 2 s。?操作符的使用要求在作用域中有一个隐式的 Timeout 对象；如果回复消息没有能够在指定的时间内到达，Future 对象就会失败并抛出 AskTimeoutException 异常。一旦 Pingy 类发送了 ping 消息，它就会得到 Future 对象 f。Pingy 对象通过特殊的 pipeTo 组合子，将 Future 中的值发送给 pongyRef 角色引用的发送方，如下面的代码所示。

```
import akka.util.Timeout
import scala.concurrent.duration._
```

```
class Pingy extends Actor {
  val log = Logging(context.system, this)
  def receive = {
    case pongyRef: ActorRef =>
      implicit val timeout = Timeout(2 seconds)
      val f = pongyRef ? "ping"
      f pipeTo sender
  }
}
```

Future 对象中的消息可以用标准的 Future 组合子操作，参见第 4 章。不过，下面的 Pingy 角色的定义是不对的。

```
class Pingy extends Actor {
  val log = Logging(context.system, this)
  def receive = {
    case pongyRef: ActorRef =>
      implicit val timeout = Timeout(2 seconds)
      val f = pongyRef ? "ping"
      f onComplete { case v => log.info(s"Response: $v") } // 不要这样做
  }
}
```

虽然，在 Future 对象 f 上调用 onComplete 是完全合法的，但后续的异步计算不应该访问任何可变角色状态。前文提到过，角色的状态只对角色自己可见，所以并发访问可能会产生数据争用和竞态。log 对象只应该由拥有它的角色访问。类似地，用户也不应该在 onComplete 中调用 sender 方法。在 Future 对象完成回复消息时，角色可能正在用另一个不同的 sender 处理其他消息，所以 sender 方法可能返回任意值。

 当在 receive 代码块、unhandled 方法或生命周期钩子函数中启动一个异步计算时，绝对不要让闭包捕捉任何可变角色状态。

下面测试一下 Pingy 和 Pongy，定义 Master 角色类，用于实例化这两个角色。当收到 start 消息之后，Master 角色将 pongy 引用传给 pingy 引用，一旦 pingy 返回一个来自 pongy 的 pong 消息，Master 角色就会停止，如下面的代码所示。

```
class Master extends Actor {
  val pingy = ourSystem.actorOf(Props[Pingy], "pingy")
  val pongy = ourSystem.actorOf(Props[Pongy], "pongy")
  def receive = {
```

```
    case "start" =>
      pingy ! pongy
    case "pong" =>
      context.stop(self)
  }
  override def postStop() = log.info("master going down")
}
val masta = ourSystem.actorOf(Props[Master], "masta")
masta ! "start"
```

ask 模式很有用，因为它可以让角色向多个角色发送请求，然后用 Future 对象来处理回复。多个 Future 对象中的值可以由推导过程组合成一个值，从而可以由多个回复计算出一个值。如果使用发送不管模式来和多个角色通信，就需要不断改变角色的行为，这相比于 ask 模式要复杂很多。

8.2.2　转发模式

有些角色的目的只是向其他角色转发消息，比如，一个角色可能负责在多个工作角色之间进行请求的负载均衡，或者将消息转发给镜像角色，以提高可用性。在这些情况下，不改变消息的发送方而直接转发是很有必要的。角色引用上的 forward 方法就可以满足这个需求。

下面的代码用前文提到的 StringPrinter 角色定义了一个 Router 角色类。Router 角色实例化了 4 个 StringPrinter 子角色，并维护了一个 i 字段，它表示子角色链表中转发对象的索引。每当收到一个消息时，它就会将消息转发给一个不同的 StringPrinter 子角色，并将 i 字段递增。

```
class Router extends Actor {
  var i = 0
  val children = for (_ <- 0 until 4) yield
    context.actorOf(Props[StringPrinter])
  def receive = {
    case msg =>
      children(i) forward msg
      i = (i + 1) % 4
  }
}
```

下面的代码中，创建了一个 Router 角色，并向它发送了两个消息。可以观察到，这两个消息是由两个不同的 StringPrinter 角色输出的，分别为/user/router/$b 和

/user/router/$a。

```
val router = ourSystem.actorOf(Props[Router], "router")
router ! "Hola"
router ! "Hey!"
```

转发模式常用于路由角色中，路由的作用是根据特定的知识来决定消息的走向；也可用于复制器（Replicator），其作用是将同一个消息发送给多个角色；或者用于负载均衡器，其作用是保证多个工作角色的工作量保持均衡。

8.2.3 角色终止

在本章前面的示例中，角色终止调用的是 context.stop。调用上下文对象上的 stop 方法会让角色在处理完当前消息之后立刻停止。在一些情况下，用户可能希望对角色的停止过程拥有更多的控制权。比如，用户希望角色在处理完剩下的消息或等待其他角色终止之后再停止。在 Akka 中，有几种特殊的消息类型可以辅助完成这类操作，本节将予以介绍。

在很多情况下，用户并不希望停止角色实例，只是想重启一下。前文介绍过，一个角色在抛出异常之后会自动重启。而角色收到 Kill 消息之后也会重启，因为它会自动抛出 ActorKilledException，然后重启。

使用 Kill 消息来重启目标角色并不会导致邮箱内的消息丢失。和 stop 方法不同，Kill 消息不会停止角色，而只是将其重启。

在一些情况下，用户会希望停止角色实例，但允许它处理完邮箱中的消息。向一个角色发送一个 PoisonPill 消息和使用 stop 方法的效果类似，只不过角色在处理完邮箱中的消息之后才会处理后到的 PoisonPill 消息。

通过 PoisonPill 消息来终止角色，允许它将 PoisonPill 消息之前的消息处理完。

在一些情况下，光靠 PoisonPill 来延缓角色的停止可能还不够，用户可能希望一个角色在其他角色终止之后再停止它自己。因为，这时候用户比较关心有序关闭，有些敏感操作有这个需求，比如磁盘上的文件写入。用户不会希望关闭应用程序时强制停止这类操作。在 Akka 中，一个可以让角色追踪到其他角色的停止信息的工具称为 DeathWatch。

回想一下之前的 Pingy 和 Pongy 角色，如果用户希望停止 Pingy 角色，但要求 Pongy 角色必须先停止。为实现这个要求，可以定义一个新的角色类 GracefulPingy。GracefulPingy 角色类在创建时会调用上下文对象上的 watch 方法，这可以确保 Pongy 角色终止，且它的 postStop 方法完成之后 GracefulPingy 角色会收到一个带着 Pongy 角色引用的 Terminated 消息。收到 Terminated 消息后，GracefulPingy 会让自己停止，如下面的代码所示。

```
class GracefulPingy extends Actor {
  val pongy = context.actorOf(Props[Pongy], "pongy")
  context.watch(pongy)
  def receive = {
    case "Die, Pingy!" =>
      context.stop(pongy)
    case Terminated(`pongy`) =>
      context.stop(self)
  }
}
```

每当用户希望从一个角色内部追踪另一个角色的停止信息时，就需要像上面的例子那样用到 DeathWatch。当用户希望从角色外部等待一个角色终止时，就需要用到优雅停止模式了。akka.pattern 包中的 gracefulStop 方法接收一个角色引用、一个超时参数和一个停止消息。它会返回一个 Future 对象，并异步地将停止消息发送给指定角色。如果该角色在指定的超时时间内停止，该 Future 对象就会成功完成，否则会失败。

在下面的代码中，实例化了一个 GracefulPingy 角色，并调用了 gracefulStop 方法。

```
object CommunicatingGracefulStop extends App {
  val grace = ourSystem.actorOf(Props[GracefulPingy], "grace")
  val stopped =
    gracefulStop(grace, 3.seconds, "Die, Pingy!")
  stopped onComplete {
    case Success(x) =>
      log("graceful shutdown successful")
      ourSystem.shutdown()
    case Failure(t) =>
      log("grace not stopped!")
      ourSystem.shutdown()
  }
}
```

　　一般而言，角色内部用 DeathWatch，而应用主线程应使用优雅停止模式。优雅停止模式在角色中也是可以使用的，用户要小心的是，不要让 gracefulStop 方法返回的 Future 对象的回调函数捕捉任何角色状态。有了 DeathWatch 和优雅停止模式，用户就可以安全地关闭基于角色的程序了。

8.3　角色的监管

　　前文介绍角色的生命周期时提到过，当异常发生时，顶层的用户角色默认会重启。这里将详细讨论其背后的原理。

　　在 Akka 中，每个父角色都是其子角色的监管者。当一个子角色失败了，它会中断消息处理，并向父角色发送一个消息来决定如何处理这个失败。子角色失败之后用于确定父角色和该子角色的行为的策略称为监管策略（supervision strategy）。父角色有可能采纳下列行为中的一种。

- 用 Restart 消息重启子角色。

- 用 Resume 消息让子角色恢复而不重启。

- 用 Stop 消息永久性地停止子角色。

- 用 Escalate 消息抛出同样的异常来停止自己。

　　在默认情况下，守护角色 user 的监管策略是重启失败的子角色。而用户角色在默认情况下会停止子角色。两种监管策略都可以被重载。

　　为了重载用户角色中的默认监管策略，需要重载 Actor 类的 supervisorStrategy 字段。在下面的代码中，定义了一个问题很多的角色类 Naughty。当 Naughty 角色收到一个 String 类型的消息时，它会输出一个日志信息。对于其他消息类型，它会抛出 RuntimeException 异常，如下面的代码所示。

```
class Naughty extends Actor {
  val log = Logging(context.system, this)
  def receive = {
    case s: String => log.info(s)
    case msg => throw new RuntimeException
  }
  override def postRestart(t: Throwable) =
    log.info("naughty restarted")
}
```

接下来，声明一个角色类 Supervisor，它会创建类型为 Naughty 的子角色。Supervisor 角色不会处理任何消息，只是重载监管策略。如果 Supervisor 角色的子角色因为抛出 ActorKilledException 异常而失败，那么子角色应该重启。如果异常是其他类型，此异常就会扩散至 Supervisor 角色。supervisorStrategy 字段被重载为 OneForOneStrategy 值，它是一种专门用于失败角色的错误处理的监管策略。

```
class Supervisor extends Actor {
  val child = context.actorOf(Props[StringPrinter], "naughty")
  def receive = PartialFunction.empty
  override val supervisorStrategy =
    OneForOneStrategy() {
      case ake: ActorKilledException => Restart
      case _ => Escalate
    }
}
```

下面，通过创建一个角色实例 super 来测试 Supervisor 角色类的新的监管策略。然后用角色选择找到 super 的所有子角色（naughty 角色），并向它们发送 Kill 消息。这会让 Naughty 角色失败，但 super 会根据监管策略将其重启。随后，向 Naughty 角色发送字符串消息用于道歉。最后，将另一个字符串消息转化为字符链表，并将其发送给 naughty 角色，它产生一个 RuntimeException 异常，进而扩散至 super，这时两个角色都会终止。如下面的代码所示。

```
ourSystem.actorOf(Props[Supervisor], "super")
ourSystem.actorSelection("/user/super/*") ! Kill
ourSystem.actorSelection("/user/super/*") ! "sorry about that"
ourSystem.actorSelection("/user/super/*") ! "kaboom".toList
```

在此例中，用户可以看到 OneForOneStrategy 的工作原理。当一个子角色失败时，它会恢复、重启，还是关闭，完全取决于引起失败的异常类型。另外一种策略 AllForOneStrategy 则针对所有子角色进行错误处理决策。当一个子角色失败了，所有子角色都会恢复、重启或停止。

回忆一下第 6 章的网页浏览器，现在需要为其添加一个独立的子系统，用于处理并发文件下载。通常情况下，这种子系统称为下载管理器。本章的知识可以用于为一个简单的下载管理器实现必要的基础设施。

下载管理器可实现为一个角色，表示为 DownloadManager 角色类。每一个下载管理器的两个非常重要的任务是下载指定 URL 的资源，并追踪其下载进度。为了响应下载

请求和下载完成事件,需要在 DownloadManager 伴生对象中定义消息类型 Download
和 Finished。Download 消息封装了资源 URL 和保存文件路径,而 Finished 消息
则记录了保存文件路径。

```
object DownloadManager {
  case class Download(url: String, dest: String)
  case class Finished(dest: String)
}
```

DownloadManager 角色不会直接执行下载任务,因为这会让它在下载完成之前无法
接收其他消息。此外,这相当于让不同的下载过程串行化,从而不能并发执行了。因而,
DownloadManager 角色必须将文件下载任务转交给其他子角色,这类子角色表示为
Downloader 角色。DownloadManager 角色维护了一些 Downloader 角色,并且追踪
哪些 Downloader 角色正在下载某个资源。当一个 DownloadManager 角色收到一个
Download 消息时,它会选择一个不忙的 Downloader 角色,然后向其转发 Download 消
息。一旦下载完成,Downloader 角色会让 DownloadManager 角色发送一个 Finished
消息。这个过程如图 8.6 所示。

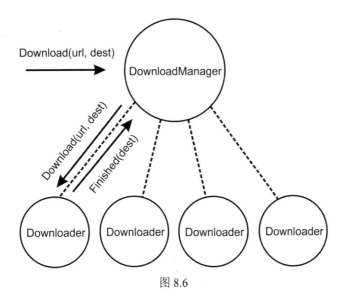

图 8.6

　　下面,将定义 Downloader 角色类。当一个 Downloader 角色收到一个 Download
消息时,它会将指定 URL 的内容下载到指定文件处,然后将 Finished 消息发送回
Download 消息的发送者,如下面的代码所示。

```
class Downloader extends Actor {
  def receive = {
    case DownloadManager.Download(url, dest) =>
      val content = Source.fromURL(url)
      FileUtils.write(new java.io.File(dest), content.mkString)
      sender ! DownloadManager.Finished(dest)
  }
}
```

DownloadManager 角色类需要维护一个状态，即哪个 Downloader 角色正在下载哪
个资源。如果有多个下载请求，其数量超过了 Downloader 实例的个数，则
DownloadManager 角色需要将下载请求放入一个队列，直到有 Downloader 角色有空为
止。DownloadManager 角色维护了一个 downloaders 队列，其保存了空闲的 Downloader
角色引用。它还维护了另外一个队列 pendingWork，其中是当前还没有指定 Downloader
实例的 Download 请求。最后，它还维护了一个映射对象 workItems，其将下载中的
Downloader 实例与其 Download 请求关联起来。如下面的代码所示。

```
class DownloadManager(val downloadSlots: Int) extends Actor {
  import DownloadManager._
  val log = Logging(context.system, this)
  val downloaders = mutable.Queue[ActorRef]()
  val pendingWork = mutable.Queue[Download]()
  val workItems = mutable.Map[ActorRef, Download]()
  private def checkDownloads(): Unit = {
    if (pendingWork.nonEmpty && downloaders.nonEmpty) {
      val dl = downloaders.dequeue()
      val item = pendingWork.dequeue()
      log.info(
        s"$item starts, ${downloaders.size} download slots left")
      dl ! item
      workItems(dl) = item
    }
  }
  def receive = {
    case msg @ DownloadManager.Download(url, dest) =>
      pendingWork.enqueue(msg)
      checkDownloads()
    case DownloadManager.Finished(dest) =>
      workItems.remove(sender)
      downloaders.enqueue(sender)
```

```
      log.info(
        s"'$dest' done, ${downloaders.size} download slots left")
      checkDownloads()
    }
  }
```

私有的 checkDownloads 方法维护了 DownloadManager 角色的不变性：
pendingWork 和 downloaders 队列不可同时为空。只要这两个队列都不为空，一个
Downloader 角色引用 dl 就从队列 downloaders 中取出来，同时也从 pendingWork
队列中取出一个 Download 请求 item。item 会被作为消息发给 dl 角色，而
workItems 也会更新。

每当 DownloadManager 角色收到一个 Download 请求时，就会将它添加到
pendingWork 队列中，然后调用 checkDownloads 方法。类似地，当收到
DownloadManager 角色的 Finished 消息后，Downloader 角色会从 workItems 中
被移除，并重新添加到 downloaders 队列中。

为确保 DownloadManager 角色拥有指定数目的 Downloader 角色，可以重载
preStart 方法，创建 Downloader 链表，并将其中的角色引用添加到 downloaders
队列中。

```
override def preStart(): Unit = {
  for (i <- 0 until downloadSlots) {
    val dl = context.actorOf(Props[Downloader], s"dl$i")
    downloaders.enqueue()
  }
}
```

有些 URL 可能是非法的，这时角色会因为 FileNotFoundException 异常而失
败，因此需要将这类角色从 workItems 中移除，并添加到 downloaders 队列中。这
种情况下重启 Downloader 角色是没有意义的，因为它们并不包含任何状态。对于无法
解析 URL 的 Downloader 角色，与其重启它，不如直接恢复它。如果 Downloader
实例因为其他消息而失败，则应该扩散此异常，让 DownloadManager 角色也失败，如
下面的 supervisorStrategy 实现的代码所示。

```
override val supervisorStrategy =
  OneForOneStrategy(
    maxNrOfRetries = 20, withinTimeRange = 2 seconds
  ) {
```

```
        case fnf: java.io.FileNotFoundException =>
          log.info(s"Resource could not be found: $fnf")
          workItems.remove(sender)
          downloaders.enqueue(sender)
          Resume // 忽略异常并恢复角色
        case _ =>
          Escalate
    }
```

为测试这个下载管理器，下面创建一个带有 4 个下载槽的下载管理器角色，并向其发送多个 Download 消息。

```
val downloadManager =
    ourSystem.actorOf(Props(classOf[DownloadManager], 4), "man")
downloadManager ! Download(
    "http://www.w3.org/Addressing/URL/url-spec.txt",
    "url-spec.txt")
```

再下载一次 URL 规范也无妨。开始下载前，下载管理器会记录现在还有 4 个下载槽，一旦下载完成，下载管理器就会记录又恢复到 4 个下载槽了。如果用户想将这个代码贡献给 Scala 语言，还需要一个 Scala 官方库中的 README 文件。不幸的是，用户输错了 URL，于是从下载管理器中得到一个警告信息，提示资源无法找到。

```
downloadManager ! Download(
    "https://github.com/scala/scala/blob/master/README.md",
    "README.md")
```

这个基于角色的下载管理器的简单实现既展现了如何通过向子角色代理任务来实现并发性，也展示了如何处理子角色的错误。这种任务代理是非常重要的，既可用于将程序分解为更小的独立的组件，也可以实现高吞吐和可扩展性。对用不同角色实现的独立组件而言，角色监管是一种基本的异常处理机制。

8.4 远程角色

到目前为止，本书主要关心的还是编写在单机上运行的程序。并发程序运行在单机、单进程中，其通信方法可以是使用共享内存。虽然本章描述的角色是通过传送消息进行通信的，但消息实际上也是通过读写共享内存来传递的。

本节将介绍如何在一个分布式程序中使用现有的角色，并确保位置透明性。还是以两个已有的角色为例，即 Pingy 和 Pongy，并将它们部署到不同的进程中。然后，像前文的示例一样，让 Pingy 角色向 Pongy 角色发送一个消息，并等待 Pingy 角色返回 Pongy 角色回复的消息。这种消息交换的发生过程是透明的，而且在 Pingy 和 Pongy 角色的实现过程中也没有考虑过其是否运行在不同的进程中，甚至运行在不同的计算机上。

Akka 角色框架包含多个模块，为了使用 Akka 中支持远程角色系统通信的组件，需要在构建定义文件中加入如下依赖。

```
libraryDependencies += "com.typesafe.akka" %% "akka-remote" % "2.3.2"
```

在不同的进程中创建角色之前，还需要创建一个角色系统，用于处理远程角色。为此，首先创建一个角色系统配置字符串，这个字符串可用于配置一系列不同的角色系统属性。这里用到的是一种称为 RemoteActorRefProvider 的定制 ActorRef 工厂对象。这个 ActorRef 工厂对象支持角色系统创建可以在网络上通信的角色引用。此外，通过配置，角色系统可以使用 Netty 网络库，在传输控制协议（Transmission Control Protocol，TCP）网络层和指定的 TCP 端口上通信。为此，可声明 remotingConfig 方法，如下面的代码所示。

```
import com.typesafe.config._
def remotingConfig(port: Int) = ConfigFactory.parseString(s"""
akka {
    actor.provider = "akka.remote.RemoteActorRefProvider"
    remote {
      enabled-transports = ["akka.remote.netty.tcp"]
      netty.tcp {
        hostname = "127.0.0.1"
        port = $port
      }
    }
}
""")
```

然后，定义一个 remotingSystem 工厂方法，它创建了一个指定名称和端口的角色系统对象。再通过 remotingConfig 方法，可以产生一个配置对象，用于指定网络端口。

```
def remotingSystem(name: String, port: Int): ActorSystem =
  ActorSystem(name, remotingConfig(port))
```

现在，可以开始创建 Pongy 角色了。首先声明一个称为 RemotingPongySystem 的应用，它实例化了一个称为 `PongyDimension` 的角色系统，网络端口为 `24321`。这只不过是任意选择的一个本机上的空闲的端口。如果角色系统的创建因为端口不可用而失败，可以选择 `1024~65535` 范围内的其他端口。要保证本机上没有运行防火墙，因为防火墙可能会禁用任意应用的网络端口。

```
object RemotingPongySystem extends App {
  val system = remotingSystem("PongyDimension", 24321)
  val pongy = system.actorOf(Props[Pongy], "pongy")
  Thread.sleep(15000)
  system.shutdown()
}
```

`RemotingPongySystem` 应用创建了一个 Pongy 角色，并在 15 s 之后关闭。当应用启动之后，就只有一段很短的时间去启动另一个应用来运行 Pingy 角色。第二个应用称为 `RemotingPingySystem`。在实现之前，还要创建另一个角色 Runner，它用于实例化 Pingy，获得 Pongy 角色的角色引用，然后将其传给 Pingy 角色；读者可以回忆一下，在前文的 ping-pong 示例中，也先为 Pingy 角色获得了 Pongy 角色的角色引用。

当 Runner 角色收到一个 start 消息时，它会构造 Pongy 角色的角色路径。这里使用了 akka.tcp 协议和角色系统的名称，以及 IP 地址和端口。Runner 角色向角色选择发送一个 Identify 消息，以获得远程 Pongy 实例的角色引用。完整的 Runner 实现代码如下所示。

```
class Runner extends Actor {
  val log = Logging(context.system, this)
  val pingy = context.actorOf(Props[Pingy], "pingy")
  def receive = {
    case "start" =>
      val pongySys = "akka.tcp://PongyDimension@127.0.0.1:24321"
      val pongyPath = "/user/pongy"
      val url = pongySys + pongyPath
      val selection = context.actorSelection(url)
      selection ! Identify(0)
    case ActorIdentity(0, Some(ref)) =>
      pingy ! ref
    case ActorIdentity(0, None) =>
      log.info("Something's wrong - ain't no pongy anywhere!")
      context.stop(self)
    case "pong" =>
      log.info("got a pong from another dimension.")
```

```
        context.stop(self)
    }
}
```

一旦 Runner 角色将 Pongy 的角色引用发给 Pingy，远程 ping-pong 游戏就开始了。为测试这个角色系统，需要声明一个 RemotingPingySystem 应用，它会启动 Runner 角色，并向它发送 start 消息。

```
object RemotingPingySystem extends App {
    val system = remotingSystem("PingyDimension", 24567)
    val runner = system.actorOf(Props[Runner], "runner")
    runner ! "start"
    Thread.sleep(5000)
    system.shutdown()
}
```

现在，还需要启动 RemotingPongySystem 应用，然后马上启动 RemotingPingy System 应用，因为在 RemotingPongySystem 关闭之前只有 15 s 的时间。容易的实现方式之一是在工程目录中启动两个 SBT 实例，然后同时运行这两个应用。在 RemotingPongySystem 应用启动之后，可以马上观察到从另一个应用中传来的 pong 消息。

在上述示例中，角色系统配置和 Runner 角色负责网络通信的设置，但其并不是位置透明的。这是分布式系统的典型情况，一部分程序负责初始化，并在远程角色系统中发现角色，而应用本身的业务逻辑只限于独立的角色中。

 在大型角色程序中，部署逻辑和应用业务逻辑要分离。

总的来说，实现远程角色通信需要如下步骤。

● 使用合适的远程配置来声明一个角色系统。

● 在独立的进程或独立的机器上启动两个角色系统。

● 通过角色路径选择来获得角色引用。

● 通过角色引用来透明地发送消息。

显然，前 3 个步骤不是位置透明的，而应用业务逻辑仅限于第 4 个步骤。这一点很重要，因为这可以实现部署逻辑和应用业务逻辑的分离，从而让分布式系统可以透明地部署在不同的网络配置中。

8.5　小结

本章介绍了什么是角色，以及如何用角色来构造并发程序。通过 Akka 角色框架，用户可以创建角色、将角色组织为分层结构、管理角色的生命周期，并让角色从错误中恢复。本章还介绍了角色通信的几种重要模式，以及如何为角色行为建模。最后，本章介绍了角色模型是如何实现位置透明的，其可作为无缝构建分布式系统的强大工具。

当然，还有很多 Akka 功能没有出现在本章中，但它们有非常详细的在线文档，这也是 Akka 较好的信息来源。为了更加深入地理解分布式编程，推荐读者阅读由南希·A·林奇（Nancy A. Lynch）编写的图书《分布式算法》，以及由克里斯蒂安·卡金（Christian Cachin）等人编写的图书 *Introduction to Reliable and Secure Distributed Programming*。

第 9 章将总结本书中介绍的几种不同的并发库，将介绍它们的典型用例以及如何在大型系统中结合使用它们。

8.6　练习

下面的练习可测试读者对角色模型以及一般性的分布式编程的理解程度。前几个练习非常直接，都关于 Akka 中的角色 API 的基本知识。后续练习的内容要更深入一些，涉及了容错分布式编程的领域。为了解决这些问题，基本思路是，首先假设没有机器会失败，然后考虑万一有机器失败了怎么办。

1. 实现 TimerActor 类中的 timer 角色。当收到 Register 消息之后，其包含了以 ms 为单位的超时时间 t，timer 角色将在 t ms 之后回复一条 Timeout 消息。timer 必须能接收多个 Register 消息。

2. 回忆第 2 章中的银行系统示例，用多个角色实现另一个银行系统程序，其账户表示为 AccountActor 类。当一个 AccountActor 类收到一个 Send 消息之后，它必须向另一个角色转指定数目的资金。要是在交易过程中其中一个角色收到 Kill 消息怎么办？

3. 实现 SessionActor 类，用于控制角色对其他角色的访问。当 SessionActor 实例收到了 StartSession 消息，且消息中带有正确的密码时，它会将所有的消息转发给角色引用 r，直到它收到 EndSession 消息。用行为为这个角色建模。

```
class SessionActor(password: String, r: ActorRef)
```

```
extends Actor {
  def receive = ???
}
```

4. 用角色实现第 3 章描述的 ExecutionContext 接口。

5. 实现 FailureDetector 角色，它每隔几秒向指定角色发送 Identify 消息。如果一个角色在指定时间内没有回复 ActorIdentity 消息，则 FailureDetector 角色会向其父角色发送一个 Failed 消息，其中包含了失败角色的角色引用。

6. 分布式散列映射是一种分布在多台机器上的分布式容器数据结构，每台机器上包含了一部分数据，这部分数据称为分片。当存在 2^n 个分片时，映射键的散列码的前 n 个比特用于决定这个键值二元组应该在哪个分片中去查询。用下面的 DistributedMap 类实现这个分布式散列映射。DistributedMap 类接收 ShardActor 实例的角色引用链表作为参数，读者需要实现其角色模板。读者可以假设分片链表的长度是 2 的幂。update 和 get 方法是异步的，会在 Future 对象中返回结果。

```
class DistributedMap[K, V](shards: ActorRef*) {
  def update(key: K, value: V): Future[Unit] = ???
  def get(key: K): Future[Option[V]] = ???
}
```

7. 实现一个抽象的 BroadcastActor 类，其中定义如下 broadcast 方法，这个方法向指定角色引用链表中的所有角色发送消息 msg。调用 broadcast 的角色可能出于某些原因，比如没电了，在执行 broadcast 的过程中失败了。但是，要求 broadcast 的执行过程必须具备可靠的消息传达：如果链表中至少有一个角色收到了 msg 消息，则链表中的所有角色必须最终也能收到该消息。

```
def broadcast(refs: ActorRef*)(msg: Any): Unit = ???
```

8. 实现一个 FlowRateActor 角色类，该角色用于将收到的消息转发给一个目标角色，它必须保证每秒转发消息的速率不会超过构造函数中指定的速率。

9. 实现一个 Sequencer 角色，它用于将消息转发给目标角色。如果消息是二元组，且第一个元素类型是 Long，则这个 Long 值被视为一个序列号。这样的消息都必须按照正确的序列号顺序转发，转发序列号从 0 开始。

10. 实现一个 MasterWorker[T] 角色，它将工作数目作为构造函数参数，它会创建一些工作子角色，并将类型为 () => T 的任务消息发送给这些工作角色。当工作角色完成任务之后，将结果发送给 MasterWorker 角色，它再回复最初发出此任务的客户端角色。

第 9 章
并发编程实践

最好的理论的灵感来源于实践。

—— 唐纳德·克努特（Donald Knuth）

本书研究了太多的并发工具了，现在，读者应该已经学会几十种方法来启动并发计算和访问共享数据。知道如何使用不同风格的并发计算方法是有益的，但它们的使用时机似乎并不是那么显而易见的。

本章的目标是更全面地对并发编程进行描述，讨论不同并发抽象的使用案例、如何调试并发程序，以及如何在大型应用程序中结合使用不同的并发库，具体包含如下几个方面。

- 总结前文介绍过的不同并发框架的特点和典型使用场景。
- 讨论并发应用程序中的 Bug 处理方法。
- 介绍如何定位和解决性能瓶颈。
- 应用这些知识实现一个大型的并发应用程序，即一个远程文件浏览器。

下面，将总结前文介绍过的重要并发框架，以及每一种并发框架的使用方法。

9.1 选择并发性编程的正确工具

本节将对本书介绍过的并发库进行总结，先从它们的不同点入手，然后看它们的相同之处。本节的综述将让读者更深入地理解这些不同的并发库有何用处。

并发框架通常需要解决如下几个问题。

- 必须为并发程序提供声明共享数据的方法。
- 必须提供读取和修改程序数据的方法。

- 必须能够表达条件执行，即只有当某些条件满足时，才会触发执行。
- 必须定义启动并发程序的方法。

本书中有些框架解决了这些问题，有一些则只解决了一部分问题，并将剩余的问题交由其他框架解决。

典型情况下，并发编程模型中的并发共享数据结构与只供单线程访问的数据结构相比是有区别的。这样，JVM 运行时就可以单独对程序的串行部分进行优化。到目前为止，本书已经提到很多种不同的并发共享数据表示方式，既有低层次的抽象，也有高层次的抽象。这些数据抽象如表 9.1 所示。

表 9.1

数据抽象	数据类型或注解	描述
易失变量（JDK）	@volatile	确保类的字段和局部变量的可见性以及前发生关系在闭包中被捕捉到
原子性变量（JDK）	AtomicReference[T]、AtomicInteger、AtomicLong	提供可组合的基础原子性操作，比如 compareAndSet 和 incrementAndGet
Future 和 Promise（scala.concurrent）	Future[T]、Promise[T]	有时候称为单赋值变量，它们表示的是还没有计算完，但总会计算完的值
Observable 和 Subject（Rx）	Observable[T]、Subject[T]	也称为头等事件流，描述了逐个到达的一些值
事务性引用（ScalaSTM）	Ref[T]	描述了只能从内存事务中访问的内存位置，只有当事务成功提交时，其修改才变得可见

另一个重要问题是共享数据的访问方式，包括共享内存位置的读取和修改。通常，并发程序会使用特殊的方法来表达这类访问。下面对它们进行了总结，如表 9.2 所示。

表 9.2

数据抽象	数据访问构造	描述
任意数据（JDK）	synchronized	使用内蕴的对象锁来阻止任意访问
原子性变量和类（JDK）	compareAndSet	原子性地与单个内存位置交换数据，可用于实现无锁程序
Future 和 Promise（scala.concurrent）	value、tryComplete	用于将一个值赋给一个 Promise，或检查相应的 Future 的值。value 方法并不是与 Future 交互的理想方式
事务性引用和类（ScalaSTM）	atomic、orAtomic single	原子性地修改多个内存位置上的值，减少死锁风险，但不允许在事务性阻塞中产生副作用

　　并发数据访问并不是并发框架的唯一关注点，前文介绍过，有时候，并发程序需要在某个条件满足之后才能继续执行。表 9.3 中总结了实现这个功能的一些构造。

表 9.3

并发框架	条件执行构造	描述
JVM 并发性	wait、notify、notifyAll	用于阻塞正在执行的线程，直到另一个线程发来通知，告知条件已经满足
Future 和 Promise	onComplete Await.ready	条件性地调度一个异步计算 Await.ready 方法阻塞线程，直到 Future 完成为止
Rx	subscribe	当一个事件到达时，异步或同步地执行一个计算
STM	retry、retryFor、withRetryTimeout	当某些相关内存位置发生了变化时，重试当前内存事务
角色	receive	当消息到达时，执行角色的 receive 代码块

　　并发模型必须定义启动并发执行的方法，不同并发构造的总结如表 9.4 所示。

表 9.4

并发框架	并发构造	描述
JVM 并发性	Thread.start	启动一个新的线程并执行
执行上下文	Execution contexts	为线程池上的执行调度代码块
Future 和 Promise	Future.apply	调试一个代码块并执行，返回 Future 对象，其中包含了将要完成的执行结果
并行容器	par	让常规容器的相关方法也有并行访问的版本
Rx	Observable.create observeOn	create 方法定义了一个事件源，observeOn 方法在不同的线程上调度事件的处理
角色	actorOf	调度一个新的角色对象并执行

　　到这里可知，不同的并发框架之间的差异已经是很大的。比如，并行容器没有条件等待的构造，因为数据并行操作独立作用在各个元素上。类似地，STM 没有表示并发计算的构造，它只专注于保护共享数据的访问。角色并没有特殊的共享数据模型和保护机制，因为数据被封装在不同的角色中，而且每个角色只能串行地处理自己的数据。

　　基于共享数据模型和并发性的表示方式，本节已经对这些并发库进行了分类，下面将总结不同并发库各自的优点。

- 经典的 JVM 并发性模型。它使用线程、synchronized 语句、易失变量以及原子性原语，适用于一些层次较低的任务。使用场合包括定制并发工具，设计并发数据结构，或实现针对特定任务的并发框架。

- Future 和 Promise。它非常适用于那些产生单个值的并发计算。Future 表示的是程序中的延迟，它也允许将稍后才计算完的值组合起来。使用场合包括执行远程网络请求，等待回复，访问长时异步计算的结果，或监听 I/O 操作的完成事件。Future 通常可以作为并发应用的"黏合剂"，可将并发程序的不同部分组合在一起。用户常常会将一些单事件回调 API 转换为基于 Future 类型的标准表示方式。

- 并行容器。它非常适合针对大型数据集的高效数据并行计算。使用场合包括文件搜索、文本处理、线性代数应用，或数值计算和仿真。长时运行的 Scala 容器操作通常比较适用于并行计算。

- Rx。它用于表示基于事件的异步程序，和并行容器不同，在 Rx 中，数据元素在操作开始时并不一定准备好了，而是有可能在程序运行时才会到达。使用场合包括转换基于回调的 API，为用户界面中的事件建模，为应用程序的外部事件建模，使用容器风格的组合子操作程序事件，由输入设备或远程位置获得流式数据，或在整个程序中为数据模型提供增量修改事件。

- STM。它可用于保护程序数据免受并发访问的影响。STM 支持构建复杂的数据模型，并减少死锁和竞态风险。典型应用场景是针对线程对数据访问不重叠的情况，在保持良好的可扩展性的同时，保护被并发访问的数据。

- 角色。它适用于封装并发访问数据，并无缝构建分布式系统。角色框架提供了一种表达并发任务的自然方式，它的通信方式是显式地发送消息。使用场合包括将并发数据访问串行化，为系统表达并发访问的状态单元，或构建分布式应用程序（比如交易系统、P2P 网络、通信中心或数据挖掘框架）。

如果有编程语言、软件库或软件框架的"狂热粉丝"尝试说服别人：它们的技术是最好的，适用于任何任务和任意场合。其目的常常是一种营销。理查德·斯托尔曼作为工程师，对编程潮流和营销宣传应该具备辨别力和抵抗力。不同的框架都是针对特定的案例来优化的，因此，正确的选择技术的方式应该是仔细权衡该技术在具体情况下的优、缺点。

 不存在适合所有情况的技术，应提高自己的辨别力，对具体的编程任务选择较合适的并发框架。

有时候，要选择出较合适的并发工具，是说到容易做到难的，这需要有大量经验。很多情况下，用户甚至不知道系统的确切需求，就需要开始进行决策了。不过，经验法则是在同一个应用程序中应用多个并发框架，让每一个并发框架应用于它最擅长的任务上。通常情况下，不同并发框架的真正威力会在它们结合一起使用的时候显现出来。这也是 9.2 节将要介绍的内容。

9.2　将所有工具组合起来——编写一个远程文件浏览器

本节将根据前文所介绍的多种并发框架构建出一个远程文件浏览器。这个规模较大的应用程序展示了如何将不同并发库结合起来使用，以及如何在不同场合使用。就将这个远程文件浏览器叫作 ScalaFTP 吧！

ScalaFTP 浏览器可分成两个组件：服务器和客户端。服务器进程运行在文件系统所在的远程机器上，而客户端则运行在本地机器上，客户端包含一个用户界面，用于浏览远程文件系统。这里只是为了描述起来更简单，客户端和服务器之间的通信协议其实并不是 FTP，而是一种定制的通信协议。经过精心选择实现 ScalaFTP 不同部分所需的并发库，ScalaFTP 的完整实现代码被控制在了 500 行以内。

具体而言，ScalaFTP 浏览器实现了如下功能。

● 在远程文件系统中显示文件名和目录名，允许用户浏览文件结构。

● 在远程文件系统中的不同目录之间复制文件。

● 在远程文件系统中删除文件。

为了独立实现这些功能，ScalaFTP 服务器和客户端程序采取分层的结构。服务器程序的任务是应答客户端的复制和删除请求，以及应答获取某个目录内容的请求。为确保文件系统的视图是一致的，服务器应该缓存文件系统的目录结构。服务器程序可分为两层：文件系统 API 和服务器接口。文件系统 API 将服务器程序的数据模型暴露出来，并定义了操控文件系统的一些工具方法。服务器接口用于接收客户端请求并回复。

因为服务器接口需要与远程客户端通信，所以选用了 Akka 角色框架。Akka 带有远程通信工具，详情可参考第 8 章。文件系统的内容，即状态，是随着时间而变化的。因此，应该为数据访问选择合适的构造。

为实现共享状态的同步访问，文件系统 API 可以使用对象监控器和锁，但是使用它们有死锁风险，所以不应使用。类似地，也要避免使用原子性变量，因为它容易产生竞态。整个文件系统的状态可以封装到一个角色里面，但需要注意的是，这会存在可扩展性瓶颈：角色会将文件系统状态的所有访问串行化。因此，最后的选择是用 ScalaSTM 框架来对文件系统内容进行建模。STM 避免了死锁和竞态风险，并保证了良好的水平可扩展性，详情可参考第 7 章。

客户端程序的任务是提供远程文件系统的图形化展现，并与服务器进行通信。客户端程序可分成 3 个功能层次。图形用户界面（Graphical User Interface，GUI）层用于渲染远程文件系统的内容，并注册用户请求，比如用按钮单击。GUI 采用 Swing 和 Rx 框架来实现，类似于第 6 章中的网页浏览器的实现。客户端 API 层用于在客户端复制服务器接口，并与服务器通信。这里采用 Akka 来与服务器通信，但是将远程操作的结果表示为 Future 对象。最后，客户端逻辑层为一个"胶水层"，它将 GUI 层和客户端 API 层绑定到一起。

ScalaFTP 浏览器的体系结构图如图 9.1 所示，其中标记了不同功能层所用的并发库。虚线表示客户端和服务器之间的通信路径。

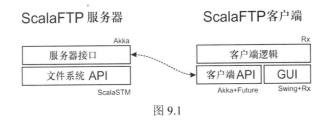

图 9.1

现在，可以开始实现 ScalaFTP 服务器了，这里采用的是自底向上的设计思路。后面的内容将具体描述文件系统 API 的具体细节。

9.2.1　文件系统建模

在第 3 章中，用原子性变量和并发容器实现了一个非阻塞且线程安全的文件系统 API，它可以支持文件复制和文件系统快照。在本节中，将基于 STM 重复这个任务，用户会发现，STM 方式更为直观且不容易出错。

首先，定义一个文件可能存在的几种状态。和第 3 章中的文件系统类似，文件的可能状态包括已创建、空闲、被复制、被删除状态。这几种状态可以用标记为 sealed 的特质 State 的 4 种情形来描述。

```
sealed trait State
case object Created extends State
case object Idle extends State
```

```
case class Copying(n: Int) extends State
case object Deleted extends State
```

文件只有在空闲状态下才可以被删除，只有在空闲或被复制状态下才可以被复制。因为文件可以同时被复制到多个目标位置，Copying 状态需要记录目录有几个复制操作正在进行。为此，State 特质中添加了两个方法 inc 和 dec，它们分别返回增加复制操作或减少复制操作的新状态。比如，Copying 状态的 inc 和 dec 方法的实现如下所示。

```
def inc: State = Copying(n + 1)
def dec: State = if (n > 1) Copying(n - 1) else Idle
```

类似于 java.io 中的 File 类，这里的文件和目录采用了相同的实体，统一都称为文件。文件由 FileInfo 类表示，它包含了文件路径、名称、父目录、最后修改日期、一个布尔值（用于标记这是一个目录还是文件）、文件大小，以及它的 State 对象。FileInfo 类是不可变的，更新文件状态要求创建一个全新的 FileInfo 对象。

```
case class FileInfo(path: String, name: String,
  parent: String, modified: String, isDir: Boolean,
  size: Long, state: State)
```

然后，定义两个方法 apply 和 creating，分别对应于 Idle 和 Created 状态，它们接收一个 File 对象，返回一个 FileInfo 对象。

根据服务器启动位置的不同，ScalaFTP 的根目录结构在实际文件系统中的位置也会不同。采用 FileSystem 对象来追踪指定根目录中的文件，里面包含了一个称为 files 的事务性映射。

```
class FileSystem(val rootpath: String) {
  val files = TMap[String, FileInfo]()
}
```

还要单独定义一个 init 方法，用于初始化 FileSystem 对象。init 方法会启动一个事务，清除 files 映射的内容，然后用 Apache Commons IO 库遍历根目录 rootpath 下的所有文件和目录。对于每个文件和目录，init 方法都会创建一个 FileInfo 对象，并将其添加到 files 映射中，映射的键为文件路径。

```
def init() = atomic { implicit txn =>
  files.clear()
  val rootDir = new File(rootpath)
  val all = TrueFileFilter.INSTANCE
```

```
  val fileIterator =
    FileUtils.iterateFilesAndDirs(rootDir, all, all).asScala
  for (file <- fileIterator) {
    val info = FileInfo(file)
    files(info.path) = info
  }
}
```

因为 ScalaFTP 浏览器必须展示远程文件系统的内容，为了实现这种目录查询功能，首先要为 FileSystem 类添加 getFileList 方法，它会获取指定目录 dir 下的文件链表。getFileList 方法会启动一个事务，并直接将父目录为 dir 的那些文件过滤出来。

```
def getFileList(dir: String): Map[String, FileInfo] =
  atomic { implicit txn =>
    files.filter(_._2.parent == dir)
  }
```

文件系统 API 中的复制文件的逻辑由 copyFile 方法实现，这个方法接收一个源路径参数 src 和一个目标路径参数 dest，并启动一个事务。当检查完 dest 目标路径对应的文件是否存在之后，copyFile 方法会检查源文件的状态，如果不是 Idle 或 Copying，复制就会失败。然后，它会调用 inc 来创建一个新的状态，表示增加复制数，并用此状态更新 files 映射中的源文件项。类似地，copyFile 方法还会在 files 映射中为目标文件创建一个新项。最后，copyFile 方法在事务完成之后调用 afterCommit 来实现文件的物理复制。这是因为事务中不允许执行有副作用的操作，所以私有的 copyOnDisk 方法只能在事务提交之后再调用。

```
def copyFile(src: String, dest: String) = atomic { implicit txn =>
  val srcfile = new File(src)
  val destfile = new File(dest)
  val info = files(src)
  if (files.contains(dest)) sys.error(s"Destination exists.")
  info.state match {
    case Idle | Copying(_) =>
      files(src) = info.copy(state = info.state.inc)
      files(dest) = FileInfo.creating(destfile, info.size)
      Txn.afterCommit { _ => copyOnDisk(srcfile, destfile) }
      src
  }
}
```

copyOnDisk 方法调用了 Apache Commons IO 库的 FileUtils 类中的 copyFile 方法。当文件传输完成之后，copyOnDisk 方法启动另一个事务，它会递减源文件的复制数，并将目标文件的状态设置为 Idle。

```
private def copyOnDisk(srcfile: File, destfile: File) = {
  FileUtils.copyFile(srcfile, destfile)
  atomic { implicit txn =>
    val ninfo = files(srcfile.getPath)
    files(srcfile.getPath) = ninfo.copy(state = ninfo.state.dec)
    files(destfile.getPath) = FileInfo(destfile)
  }
}
```

deleteFile 方法用类似的方式删除文件，将文件状态修改为 Deleted，删除文件，并启动另一个事务来删除文件项。

```
def deleteFile(srcpath: String): String = atomic { implicit txn =>
  val info = files(srcpath)
  info.state match {
    case Idle =>
      files(srcpath) = info.copy(state = Deleted)
      Txn.afterCommit { _ =>
        FileUtils.forceDelete(info.toFile)
        files.single.remove(srcpath)
      }
      srcpath
  }
}
```

用 STM 来对服务器数据模型进行建模可以为服务器程序无缝集成各种并发计算。在 9.2.2 节中，将实现一个服务器角色，它用服务器 API 来执行文件系统操作。

使用 STM 来对并发访问数据建模，因为 STM 可以与大部分并发框架无缝集成。

实现完文件系统 API，现在可以开始处理 ScalaFTP 浏览器中的服务器接口。

9.2.2　服务器接口

服务器接口只包含一个角色 FTPServerActor，此角色将接收客户端请求，并串行地回应。如果这个服务器角色构成了系统的性能瓶颈，只需要再添加一个服务器角色即可，从而实现水平可扩展性。

首先定义这个服务器角色的消息类型，将其定义在FTPServerActor的伴生对象中。

```
object FTPServerActor {
  sealed trait Command
  case class GetFileList(dir: String) extends Command
  case class CopyFile(src: String, dest: String) extends Command
  case class DeleteFile(path: String) extends Command
  def apply(fs: FileSystem) = Props(classOf[FTPServerActor], fs)
}
```

这个角色模板接收一个 FileSystem 对象作为参数，可以处理 GetFileList、CopyFile 和 DeleteFile 消息，收到消息之后使用文件系统 API 中的相应方法处理即可。

```
class FTPServerActor(fileSystem: FileSystem) extends Actor {
  val log = Logging(context.system, this)
  def receive = {
    case GetFileList(dir) =>
      val filesMap = fileSystem.getFileList(dir)
      val files = filesMap.map(_._2).to[Seq]
      sender ! files
    case CopyFile(srcpath, destpath) =>
      Future {
        Try(fileSystem.copyFile(srcpath, destpath))
      } pipeTo sender
    case DeleteFile(path) =>
      Future {
        Try(fileSystem.deleteFile(path))
      } pipeTo sender
  }
}
```

当服务器收到 GetFileList 消息之后，它会对指定 dir 目录调用 getFileList 方法，并向客户端返回一个 FileInfo 对象的串行容器。因为 FileInfo 是一个 case 类，它扩展了 Serializable 接口，所以其实例可以通过网络传输。

当服务器收到 CopyFile 或 DeleteFile 消息时，它会异步调用合适的文件系统方法。当文件系统 API 中的这些方法出错时会抛出异常，所以需要将其封装在 Try 对象中。当异步文件操作完成了，结果 Try 对象就会通过 Akka 的 pipeTo 方法由管道传回给发送角色。

为启动 ScalaFTP 服务器，需要实例化和初始化一个 FileSystem 对象，并启动服务器角色。另外，还需要解析从命令行传入的网络端口，用于创建支持远程通信的角色系统。因此，可以使用 remotingSystem 工厂方法，具体可参考第 8 章。然后，远程角色系统会创建一个 FTPServerActor 实例，如下面的程序所示。

```
object FTPServer extends App {
  val fileSystem = new FileSystem(".")
  fileSystem.init()
  val port = args(0).toInt
  val actorSystem = ch8.remotingSystem("FTPServerSystem", port)
  actorSystem.actorOf(FTPServerActor(fileSystem), "server")
}
```

ScalaFTP 的服务器角色可以和客户端应用程序运行在同一个进程中，也可以运行在同一台机器的另一个进程中，或者运行在通过网络连接的另一台机器上。采用角色模型的优势在于用户不用操心角色的运行位置，只需要在部署时将其集成到整个应用程序中即可。

要实现一个运行在多台机器上的分布式的应用程序，应该使用角色框架。

现在，服务器程序就算完成了，可以用 SBT 的 run 命令将其运行起来，这里将角色系统的端口设置为 12345。

```
run 12345
```

9.2.3 节将实现用于文件浏览的 ScalaFTP 客户端 API，即通过服务器接口实现远程通信。

9.2.3　客户端 API

客户端 API 向客户端程序暴露了服务器接口，它使用的是异步方法，并返回 Future 对象。和服务器的文件系统 API 只在本地运行不一样，客户端 API 方法执行远程的网络请求。Future 是一种自然的、为客户端 API 的延迟过程建模的方法，它可以避免网络请求阻塞。客户端 API 内部维护了一个角色实例，用于与服务器角色进行通信。客户端角色在创建之时并不知道服务器角色的角色引用，因此，客户端角色一开始处于一种未连接（unconnected）状态。当它收到带有服务器角色系统的 URL 的 Start 消息之后，客户端开始构造服务器角色的角色路径，并发送一个 Identify 消息，然后切换至连接中（connecting）状态。如果角色系统能够找到服务器角色，则客户端角色会从服务器角色引用处得到 ActorIdentity 消息，这时客户端角色就会切换至已连接（connected）状态，然后就可以向服务器转发命令了。否则，连接失败，客户端角色重新回到未连接状态。客户端角色的状态图如图 9.2 所示。

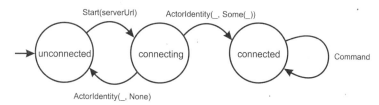

图 9.2

将 Start 消息定义在客户端角色的伴生对象中。

```
object FTPClientActor {
  case class Start(host: String)
}
```

然后就可以定义 FTPClientActor 类了，它有一个隐式的 Timeout 参数，此参数用于 Akka 的 ask 模式中，表示向服务器角色转发客户端请求时的超时时间。FTPClientActor 类的定义如下。

```
class FTPClientActor(implicit val timeout: Timeout)
extends Actor
```

在进一步定义其 receive 方法之前，还要定义不同角色状态对应的行为。一旦处于未连接状态的客户端角色收到 Start 消息和服务器主机信息 host，它就会构造服务器角色路径，并创建一个角色选择对象。然后，客户端角色向角色选择对象发送 Identify 消息，并将状态切换至连接中状态。这个过程如下面的行为方法 unconnected 所示。

```
def unconnected: Actor.Receive = {
  case Start(host) =>
    val serverActorPath =
      s"akka.tcp://FTPServerSystem@$host/user/server"
    val serverActorSel = context.actorSelection(serverActorPath)
    serverActorSel ! Identify(())
    context.become(connecting(sender))
}
```

　　客户端角色的 connecting 方法接收的参数是向其发送 Start 消息的角色的角色引用，即 clientApp，因为这个 Start 消息的发送方是 ScalaFTP 客户端应用程序。一旦客户端角色收到来自服务器角色的 ActorIdentity 消息及其角色引用 ref，它就会向 clientApp 引用回复 true，表明连接成功了。在这种情况下，客户端角色的状态切换成了已连接状态。但如果客户端角色收到的 ActorIdentity 消息中没有服务器角色引用，客户端角色就会向应用程序回复 false，并切换回未连接状态。

```
def connecting(clientApp: ActorRef): Actor.Receive = {
  case ActorIdentity(_, Some(ref)) =>
    clientApp ! true
    context.become(connected(ref))
  case ActorIdentity(_, None) =>
    clientApp ! false
    context.become(unconnected)
}
```

　　已连接状态使用服务器角色引用 serverActor，用于转发 Command 消息。为实现这一点，客户端角色会采用 Akka 的 ask 模式，它会返回表示服务器响应的 Future 对象。Future 的内容会通过管道发送回原来的 Command 消息的发送方。这样，客户端角色就起到了应用程序（发送方）和服务器角色之间的中间人的作用。connected 方法如下面的代码所示。

```
def connected(serverActor: ActorRef): Actor.Receive = {
  case command: Command =>
    (serverActor ? command).pipeTo(sender)
}
```

　　最后，receive 方法返回的是 unconnected 行为，即客户端角色创建时的初始行为。

```
def receive = unconnected
```

　　实现客户端角色后，下一步是实现客户端 API。这里将其表示成一个特质，它包含一个 connected 值，其具体的方法是 getFileList、copyFile 和 deleteFile，以及一个抽象 host 方法。客户端 API 创建了一个私有的远程角色系统和一个客户端角色，然后它会实例化 connected 这个 Future 对象，用于记录向客户端角色发送 Start 消息之后的连接状态。这里用到了 ask 模式来从客户端角色获得这样一个 Future 对象。

　　角色的消息是没有类型的，而 ask 模式返回的是 Future[Any] 对象。出于这个原因，客户端 API 中的每个方法都用 mapTo 组合子来恢复消息的类型。

```
trait FTPClientApi {
  implicit val timeout: Timeout = Timeout(4 seconds)
  private val props = Props(classOf[FTPClientActor], timeout)
  private val system = ch8.remotingSystem("FTPClientSystem", 0)
  private val clientActor = system.actorOf(props)
  def host: String
  val connected: Future[Boolean] = {
    val f = clientActor ? FTPClientActor.Start
    f.mapTo[Boolean]
  }
  def getFileList(d: String): Future[(String, Seq[FileInfo])] = {
    val f = clientActor ? FTPServerActor.GetFileList(d)
    f.mapTo[Seq[FileInfo]].map(fs => (d, fs))
  }
  def copyFile(src: String, dest: String): Future[String] = {
    val f = clientActor ? FTPServerActor.CopyFile(src, dest)
    f.mapTo[Try[String]].map(_.get)
  }
  def deleteFile(srcpath: String): Future[String] = {
    val f = clientActor ? FTPServerActor.DeleteFile(srcpath)
    f.mapTo[Try[String]].map(_.get)
  }
}
```

注意，客户端 API 并没有暴露它使用角色来开展远程通信这个事实。此外，客户端 API 类似于服务器 API，只不过其方法的返回类型是 Future 对象，而不是常规值。Future 对象中记录了方法的延迟性，而没有暴露延迟的原因，所以它们常用于不同 API 之间的边界处。用户完全可以将客户端和服务器之间的角色通信换成远程 Observable 对象，这完全不会改变客户端 API。

 在并发应用中，应在不同功能层的边界上使用 Future 对象来表达延迟性。

已经编程实现客户端和远程 ScalaFTP 服务器之间的通信，下一步就需要考虑客户端程序的用户界面了。

9.2.4 客户端程序的用户界面

本节介绍 ScalaFTP 客户端程序的静态用户界面，这个图形化的前端使得 ScalaFTP 使用起来比较容易和直观。这里实现 UI 用到的是 Scala Swing 库，客户端界面将继承一个抽象的 FTPClientFrame 类，如下面的代码所示。

```
abstract class FTPClientFrame extends MainFrame {
  title = "ScalaFTP"
}
```

本节将扩展 FTPClientFrame，添加各种 UI 组件。这些组件将支持用户与客户端程序进行交互，并最终实现与远程服务器的交互。因此，需要实现以下内容。

- 具备常用应用程序选项的菜单栏。

- 显示不同用户提示的状态栏，这些提示包括连接状态、最后请求的操作的状态、各种错误信息等。

- 两个文件面板，显示了某个特定目录在文件系统中的路径及其内容，以及一些用于复制和删除操作的按钮。

实现这些内容之后，ScalaFTP 客户端程序的用户界面应该如图 9.3 所示。

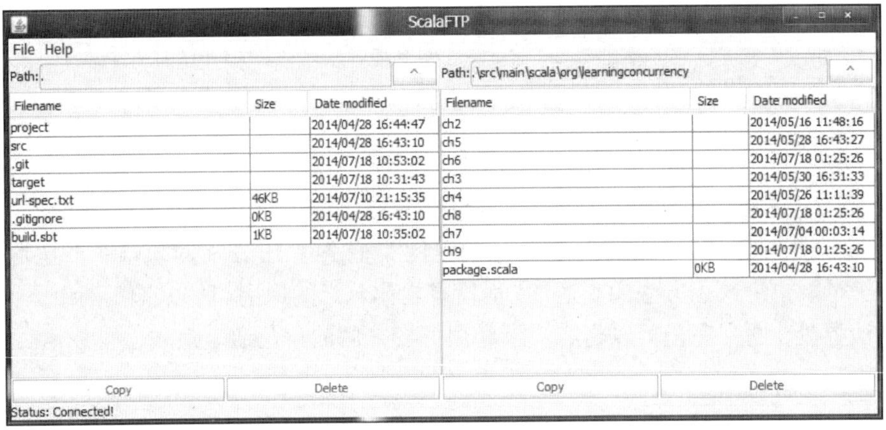

图 9.3

首先实现菜单栏。在 UI 中创建 Swing 组件时，可以实例化一个继承 Menu 或 MenuBar 的匿名类，并将其赋值给一个局部变量。不过，匿名类不允许访问自定义的成员。如果匿名的 UI 组件类包含了嵌套的组件，用户将无法访问它们。因此，这里采用了嵌套的单例对象来实例化 UI 组件，这样做可以让用户访问一个对象中的嵌套组件。

在下面的代码片段中，创建了一个菜单的单例对象，它扩展自 MenuBar 类。菜单栏中包含 file 和 help 菜单，分别包含 exit 和 about 菜单项。然后将每个 Menu 组件添加到外围组件的内容集合 contents 中。

```
object menu extends MenuBar {
  object file extends Menu("File") {
    val exit = new MenuItem("Exit ScalaFTP")
    contents += exit
  }
  object help extends Menu("Help") {
    val about = new MenuItem("About...")
    contents += about
  }
  contents += file += help
}
```

类似地,可以通过扩展 BorderPanel 类来实现状态栏对象。BorderPanel 组件用于保存其他嵌套组件,这里有两个 Label 对象。匿名 Label 对象总是包含了静态的状态文本,而命名 Label 对象可包含任意的状态消息。这里将匿名 Label 对象放在左边,将带状态消息的 Label 对象放在中间,如下面的代码所示。

```
object status extends BorderPanel {
  val label = new Label("connecting...", null, Alignment.Left)
  layout(new Label("Status: ")) = West
  layout(label) = Center
}
```

最后,实现一个定制的 FilePane 组件,用于演示远程文件系统的内容。因为这里的客户端程序中有两个 FilePane 实例,所以要声明一个定制的 FilePane 类,它继承 BorderPanel 组件类型。

```
class FilePane extends BorderPanel
```

FilePane 类可以分层地分解为 3 个部分:pathBar 组件(用于展示当前目录的路径)、scrollPane 组件(支持滚屏显示当前目录中的内容)以及按钮组件(包含了用于触发复制和删除操作的按钮)。在下面的代码中,添加了一个不可编辑的文本字段来记录当前路径;还添加了一个 upButton 组件,用于跳转到文件系统中的上一个层次。

```
object pathBar extends BorderPanel {
  val label = new Label("Path:")
  val filePath = new TextField(".") { editable = false }
  val upButton = new Button("^")
  layout(label) = West
  layout(filePath) = Center
```

```
    layout(upButton) = East
  }
```

scrollPane 组件包含了一个 Table 对象 fileTable，它的列包括 Filename、Size 和 Date modified，它的每一行表示当前工作目录中的一个文件或子目录。为了防止用户修改文件名、文件大小或日期，还需要安装一个定制的 TableModel 对象，用来禁止每一行和每一列中的编辑行为。完整的 scrollPane 组件的实现代码如下所示。

```
object scrollPane extends ScrollPane {
  val columnNames =
    Array[AnyRef]("Filename", "Size", "Date modified")
  val fileTable = new Table {
    showGrid = true
    model = new DefaultTableModel(columnNames, 0) {
      override def isCellEditable(r: Int, c: Int) = false
    }
    selection.intervalMode = Table.IntervalMode.Single
  }
  contents = fileTable
}
```

按钮单例对象是一个 GridPanel 组件，它有一行两列，每一列包含一个按钮，其实现代码如下所示。

```
object buttons extends GridPanel(1, 2) {
  val copyButton = new Button("Copy")
  val deleteButton = new Button("Delete")
  contents += copyButton += deleteButton
}
```

然后，将这些定制组件添加到 FilePane 组件中。

```
layout(pathBar) = North
layout(scrollPane) = Center
layout(buttons) = South
```

将父目录字段 parent 和当前目录中的文件链表 dirFiles 添加到 FilePane 类中，另外还需添加一些让嵌套 UI 组件更容易访问的辅助函数。

```
var parent: String = "."
var dirFiles: Seq[FileInfo] = Nil
```

```
def table = scrollPane.fileTable
def currentPath = pathBar.filePath.text
```

客户端程序左边需要一个 FilePane 实例，右边也需要一个。FTPClientFrame 类中声明的单例对象 files，它其中就包含了两个 FilePane 实例，如下面的代码所示。

```
object files extends GridPanel(1, 2) {
  val leftPane = new FilePane
  val rightPane = new FilePane
  contents += leftPane += rightPane
  def opposite(pane: FilePane) =
    if (pane eq leftPane) rightPane else leftPane
}
```

最后，还需要将菜单栏、文件面板和状态栏分别放在客户端程序的顶部、中部和底部。

```
contents = new BorderPanel {
  layout(menu) = North
  layout(files) = Center
  layout(status) = South
}
```

现在，这个客户端程序已经可以运行，甚至可以进行交互。不过，它还什么都做不了，单击 FilePane 组件、按钮或菜单项并不会有任何效果，因为这些 UI 组件的单击行为上还没有注册任何回调函数。9.2.5 节将使用 Rx 来完成客户端程序的这部分功能。

9.2.5　实现客户端逻辑

现在可以开始实现客户端的业务逻辑，让 ScalaFTP 的图形界面具有"生命力"了。首先在 FTPClientLogic 特质中定义逻辑层。这里只允许在 FTPClientLogic 特质中混入同时扩展了 FTPClientFrame 和 FTPClientApi 特质的那些类，因为这可以让逻辑层既访问到 UI 组件，又能使用客户端 API。因此，让这个特质带有一个 FTPClientApi 的自类型（self-type）FTPClientFrame 类。

```
trait FTPClientLogic {
  self: FTPClientFrame with FTPClientApi =>
}
```

在开始实现功能之前，请读者回想一下，Swing 只能在事件调度线程中修改。类似于第 6 章中用 swingScheduler 对象来确保这一点, 这里定义了 swing 方法, 它会接收一个代码块, 并将其调度至 Swing 的事件调度线程上执行。

```scala
def swing(body: =>Unit) = {
  val r = new Runnable { def run() = body }
  javax.swing.SwingUtilities.invokeLater(r)
}
```

本节的相关功能的实现依赖于 swing 方法, 它可用来保证一些异步计算只会在 Swing 的事件调度线程上产生作用。

Swing 只允许在事件调度线程上修改 UI 组件, 但这在编译时是无法保证的, 因此运行时的错误操作会导致不可预料的失败。

首先要做的是将连接状态与用户界面关联起来。前文提到过 Future 对象 connected 是客户端 API 的一部分, 其结果可用于修改状态栏上的文本值, 用来显示可能的错误信息或与服务器成功连接的信息。在后一种情况中, 需要调用 refreshPane 方法来更新 FilePane 组件的内容(这一点后文会介绍)。下面的代码显示了 onComplete 回调函数的实现。

```scala
connected.onComplete {
  case Failure(t) =>
    swing { status.label.text = s"Could not connect: $t" }
  case Success(false) =>
    swing { status.label.text = "Could not find server." }
  case Success(true) =>
    swing {
      status.label.text = "Connected!"
      refreshPane(files.leftPane)
      refreshPane(files.rightPane)
    }
}
```

更新 FilePane 组件的内容涉及两个步骤。首先, 需要从服务器上获得远程目录的内容; 然后, 一旦得到这些内容, 就需要将它们更新到 FilePane 组件的 Table 对象上。在下面的代码中, 调用了客户端中的 getFileList 方法, 它会用 updatePane 方法来更新 Table 对象。

```scala
def refreshPane(pane: FilePane): Unit = {
```

```
val dir = pane.pathBar.filePath.text
getFileList(dir) onComplete {
  case Success((dir, files)) =>
    swing { updatePane(pane, dir, files) }
  case Failure(t) =>
    swing { status.label.text = s"Could not update pane: $t" }
}
}
```

updatePane 方法接收目录名参数 dir 和文件链表参数 files，并用它们来更新 FilePane 组件 p。它会提取出 DefaultTableModel 对象，通过将行数设置为 0 来清除它之前的内容，然后在 FilePane 对象中更新 parent 字段，将其更新为 dir 目录的父目录。

最后，将文件链表参数 files 存储在 dirFiles 字段中，并为每一个条目添加一行内容。

```
def updatePane(p: FilePane, dir: String, files: Seq[FileInfo]) = {
  val table = p.scrollPane.fileTable
  table.model match {
    case d: DefaultTableModel =>
      d.setRowCount(0)
      p.parent =
        if (dir == ".") "."
        else dir.take(dir.lastIndexOf(File.separator))
      p.dirFiles = files.sortBy(!_.isDir)
      for (f <- p.dirFiles) d.addRow(f.toRow)
  }
}
```

前面用到了 toRow 方法，它的作用是将 FileInfo 对象转换为一个字符串的数组，以便让 Table 组件可以使用。

```
def toRow = Array[AnyRef](
  name, if (isDir) "" else size / 1000 + "KB", modified)
```

目前为止，一切顺利。客户端程序已经可以连接服务器，并显示根目录的内容了。接下来还需要实现 UI 逻辑，让用户可以浏览远程文件系统。

第 6 章介绍了处理 UI 事件的方法，即用 Observable 对象增强 UI 组件。前文已经添加 clicks 和 texts 方法，分别用于处理来自 Button 和 TextField 组件的事

件。在下面的代码中，用 rowDoubleClicks 方法增强了 Table 组件，它会返回一个
Observable 对象，用于监听被双击的那些行的索引。

```
implicit class TableOps(val self: Table) {
  def rowDoubleClicks = Observable[Int] { sub =>
    self.peer.addMouseListener(new MouseAdapter {
      override def mouseClicked(e: java.awt.event.MouseEvent) {
        if (e.getClickCount == 2) {
          val row = self.peer.getSelectedRow
          sub.onNext(row)
        }
      }
    })
  }
}
```

要实现在远程文件系统中浏览和导航，用户需要单击 FilePane 和 upButton。因
此需要为每个文件面板设置这个功能，于是可定义如下 setupPane 方法。

```
def setupPane(pane: FilePane): Unit
```

第一步是响应 FilePane 组件上的单击事件，即将每个用户双击事件映射到被单击
的文件或目录的名称。如果被双击的是一个目录，则更新当前 filePath，并调用
refreshPane 方法。

```
val fileClicks =
  pane.table.rowDoubleClicks.map(row => pane.dirFiles(row))
fileClicks.filter(_.isDir).subscribe { fileInfo =>
  pane.pathBar.filePath.text =
    pane.pathBar.filePath.text + File.separator + fileInfo.name
  refreshPane(pane)
}
```

类似地，当用户单击了 upButton 组件时，需要调用 refreshPane 方法来切换至
父目录中。

```
pane.pathBar.upButton.clicks.subscribe { _ =>
  pane.pathBar.filePath.text = pane.parent
  refreshPane(pane)
}
```

在远程文件系统中实现导航是很棒的，但还需要能够复制和删除远程文件。这就要求能够响应用户界面上的按钮单击事件，而且要能够映射到当前被选中的文件上。当一个按钮被单击时，rowActions 方法可产生一个事件流，其中包含了按钮被单击时被选中的那些文件。

```
def rowActions(button: Button): Observable[FileInfo] =
  button.clicks
    .map(_ => pane.table.peer.getSelectedRow)
    .filter(_ != -1)
    .map(row => pane.dirFiles(row))
```

单击 Copy 按钮会将选中的文件复制到另一个文件面板的被选中目录中，并且调用客户端 API 的 copyFile 文件。因为 copyFile 返回的是一个 Future 对象，所以还需要调用 onComplete 方法来异步处理其结果。

```
rowActions(pane.buttons.copyButton)
  .map(info => (info, files.opposite(pane).currentPath))
  .subscribe { t =>
    val (info, destDir) = t
    val dest = destDir + File.separator + info.name
    copyFile(info.path, dest) onComplete {
      case Success(s) =>
        swing {
          status.label.text = s"File copied: $s"
          refreshPane(pane)
        }
    }
  }
```

Delete 按钮上的单击事件响应过程类似，也使用 rowActions 方法。最后，为每个面板调用一次 setupPane 方法。

```
setupPane(files.leftPane)
setupPane(files.rightPane)
```

现在，远程文件浏览器的功能就算是完成了。为了测试，首先打开两个独立的终端，各在工程目录中运行一个 SBT。第一个运行的是服务器程序。

```
> set fork := true
> run 12345
```

确定服务器运行在端口 12345 上之后，就可以在终端中运行客户端了，命令如下所示。

```
> set fork := true
> run 127.0.0.1:12345
```

如果运行无误，用户就可以尝试在不同目录之间复制工程文件了。如果删除功能也实现了，则操作之前记得要先备份。不过，在源码上进行测试从来就不是什么好主意。

9.2.6　改进远程文件浏览器

在成功地运行 ScalaFTP 服务器、客户端程序，并可以复制文件之后，用户可能会发现，如果从一个外部程序删除磁盘上的文件，比如从源码编辑器删除了一个文件，那么这个文件并不反映在 ScalaFTP 服务器程序中。原因在于服务器角色并没有监听文件系统的变动，而删除文件的时候服务器文件系统功能层并没有及时更新。为了让 ScalaFTP 服务器程序能够获知文件系统的变化，需要对文件系统进行监听。这貌似是事件流的一个完美案例，第 6 章已经实现过类似的功能，当时定义了一个 modified 方法来追踪文件的修改。这一次，定义了 3 种类型的文件系统事件：FileCreated、FileDeleted 和 FileModified。

```
sealed trait FileEvent
case class FileCreated(path: String) extends FileEvent
case class FileDeleted(path: String) extends FileEvent
case class FileModified(path: String) extends FileEvent
```

通过在 FileAlterationListener 接口中实现这些额外的方法，可以保证生成的 Observable 对象可以产生 3 种事件中的任意一中。在下面的代码中，展示了 fileSystemEvents 方法中相关的部分，它产生了相应文件系统事件的 Observable [FileEvent]对象。

```
override def onFileCreate(file: File) =
  obs.onNext(FileCreated(file.getPath))
override def onFileChange(file: File) =
  obs.onNext(FileModified(file.getPath))
override def onFileDelete(file: File) =
  obs.onNext(FileDeleted(file.getPath))
```

现在有了文件事件流，修改文件系统模型就很容易了。只需要订阅这个文件事件流，然后启动一个单操作事务来更新 fileSystem 事务性映射即可。

```
fileSystemEvents(".").subscribe { e => e match {
  case FileCreated(path) =>
    fileSystem.files.single(path) = FileInfo(new File(path))
  case FileDeleted(path) =>
    fileSystem.files.single.remove(path)
  case FileModified(path) =>
    fileSystem.files.single(path) = FileInfo(new File(path))
  }
}
```

修改完成之后，再次运行服务器和客户端，试验一下在服务器启动之后，从外部程序删除或复制文件，可以注意到服务器确实检测到了文件系统的变化，并在客户端刷新时在用户界面上反映出来。注意，这个例子只是为了展示如何结合使用本书描述的不同并发库。在实际中是没有必要在每个程序中都用到这些库的。在很多场合下，可能只需要用到少数几种并发抽象，这取决于编程任务，用户要自己判断哪一些并发抽象是合适的。

 绝对不要让并发程序过度工程化。只需要用最能够有助于解决问题的那些并发库。

本节介绍了如何在较大规模的应用程序中将不同的并发库组合起来使用，并且演示了如何选择正确的并发库。接下来，将讨论并发编程中的另外一个主题，即并发程序的调试。

9.3 调试并发性程序

并发编程比串行编程要难得多，原因有很多。首先，内存模型细节对并发编程而言更加重要，从而增加了编程复杂度。即使是一种良定义的内存模型，比如 JVM，程序员也必须小心翼翼地访问基础类型的数据，以防出现数据争用。其次，多线程程序中的控制流更难追踪，因为有多段代码在同时执行。当前，编程语言的调试器仍然主要关注单线程的追踪。另外，死锁和内在的非确定性也是重要的 Bug 来源，它们在串行程序中是不常出现的。更糟糕的是，解决了这些问题只确保了程序的正确性，还没有考虑并发吞吐量和性能，那又是另外一堆问题了，而且比想象中还要难处理。一般来说，要想让一个并发程序能够运行得更快，需要投入大量的精力，性能调优本来就是一门艺术。

本节将概述并发程序中的一些典型错误的原因，以及相应的处理方法。首先要介绍的是形式较简单的并发 Bug，即表现为系统卡住的那些问题。

9.3.1　死锁和没有进度

虽然死锁这个词听起来有些吓人，但在并发程序的调试中，死锁反而是较好处理的一类问题。因为死锁容易追踪和分析。

本节将介绍如何在并发程序中找到产生死锁的位置以及解决的方法。在开始之前，要确保让 SBT 在一个独立的 JVM 进程中启动示例程序，可以在 SBT 的交互式命令行界面中输入如下命令。

```
> set fork := true
```

第 2 章详细讨论过死锁及其产生的原因，这里将回顾一下银行系统的例子，这也是死锁问题的经典案例。银行系统示例中包含了一个 Account 类和一个 send 方法，该方法会锁住两个 Account 对象，并在它们之间转账。

```
class Account(var money: Int)

def send(a: Account, b: Account, n: Int) = a.synchronized {
  b.synchronized {
    a.money -= n
    b.money += n
  }
}
```

当有人尝试同时由账户 a 向 b，以及由 b 向 a 转账时，就会产生一个非确定性的死锁，如下面的代码所示。

```
val a = new Account(1000)
val b = new Account(2000)
val t1 = ch2.thread { for (i <- 0 until 100) send(a, b, 1) }
val t2 = ch2.thread { for (i <- 0 until 100) send(b, a, 1) }
t1.join()
t2.join()
```

在上面的代码中，用了 thread 方法来创建线程，该方法的定义参见第 2 章。这个程序永远不会结束，因为线程 t1 和 t2 处于死锁状态，所以都会被阻塞。在一个大型程序中，这种效果常常是因为发出请求之后缺乏回复产生的。如果一个并发程序无法产生结果或无法结束，这就是一个很明显的死锁前兆。通常情况下，调试死锁较难的部分在于找到死锁。在上面的简单示例中当然能一眼就看出来，但是在大型应用程序中就不那么容易了。不过,死锁的显著特征之一是线程没有进度,因此程序员可以利用这一点来找到产生死锁的原因,只需要找到处理阻塞状态的线程,再查看它们的堆栈追踪就行了。

新的 JDK 发行版中带有一个 Java VisualVM 工具,它提供了确定运行中的 Scala 和 Java 程序状态的较简单的方法。不需要退出死锁状态的程序,只需要在终端中执行 jvisualvm 即可。

$ jvisualvm

一旦运行了这个命令行程序,它就会显示当前机器上的所有活跃的 JVM 进程。如图 9.4 所示,Java VisualVM 程序显示了一个 SBT 进程,这正是本节示例中的死锁程序,另外还可以看到 VisualVM 进程本身。

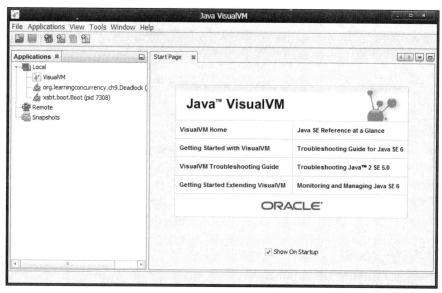

图 9.4

单击示例对应的进程,可以看到图 9.5 所示的报告。

图 9.5 显示有多个线程正在示例进程中运行,这些线程大部分都属于虚拟机运行时的一部分,无法由程序员直接控制。而还有一些线程,比如 main、Thread-0 和 Thread-1,就是由程序创建出来的。

为了确定出现死锁的原因,首先要检查处理 BLOCKED 状态的那些线程。通过查看它们的堆栈追踪,可以找到产生死锁的死循环。在本例中,Java VisualVM 已经足够智能,直接就确定了出现死锁的原因,并将处于死锁状态的线程用红色条带(软件中）显示出来。

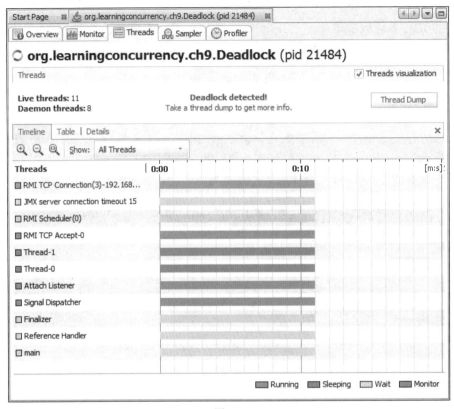

图 9.5

单击 Thread Dump 按钮，Java VisualVM 会显示所有线程的堆栈追踪，如图 9.6 所示。

这些堆栈追踪直接指出了程序中阻塞的那些线程，以及阻塞的原因。Thread-0 和 Thread-1 这两个线程在 Debugging.scala 文件的第 15 行被阻塞了。再查看编辑器中的这一行代码，可以知道两个线程都是在嵌套的 synchronized 语句中被阻塞的。于是，可以推断出现死锁的原因是 send 方法中的锁定顺序反转。

第 2 章已经讨论过如何处理 JVM 和 JMM 上的这类死锁，教科书式的死锁处理方法是在 send 方法中强制使用一种锁定顺序，这只需要为每个锁指定一个唯一的标识符就可以做到。

在有些情况下，靠锁定顺序是不能完全避免出现死锁的。比如，第 3 章介绍的懒值初始化就会不知不觉地调用 synchronized 语句。对于这种情况，就需要避免在懒值外面使用 synchronized 语句。另一种防止死锁出现的方法是避免在资源不可用时对其访问导致阻塞。第 3 章介绍的定制锁可以返回一个错误值，让后面的程序自行决定如何处理拿不到锁的情况。

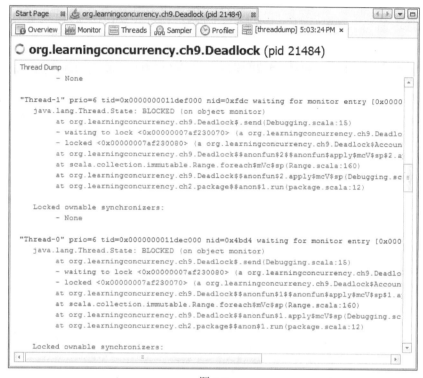

图 9.6

除了死锁，还有其他类型的并发 Bug 会导致程序卡死，其中一种是前文已经介绍过的资源饥饿。在第 4 章中，有一个例子是同时启动多个 Future，并用 sleep 方法对它们进行阻塞，于是 ExecutionContext 对象下的线程池就会处于"线程荒"的状态，在 sleep 方法返回之前，无法再产生多余的 Future 了。

在活锁（live lock）中，不同的并发计算不会被阻塞，它们只是不停地改变状态，但无法取得进展。活锁就像是街上的两个人都想走到对面让对方通过，结果就是两个人都没法前进了，只是不停地交换位置。这类错误会导致系统无法取得进展或进展缓慢，因此也容易定位出错位置。

寻找死锁相比于其他并发错误，更容易追踪。9.3.2 节将讨论一种更"险恶"的并发错误，它们是以错误输出的形式出现的。

9.3.2　程序错误输出的调试

本节将讨论一类更广泛存在的并发错误，它们表现为程序中的错误输出。一般来说，这类错误更难追踪，因为它们在程序长时间运行之后才会产生明显的副作用。这类错误在现实生活中的一个典型例子是马路上有碎玻璃，司机驾车时是看不到这些碎玻璃的，因此会不小心开上去。但只有当轮胎瘪了，司机才会意识到出现问题了，但此时已经弄不清楚碎玻璃到底是在哪个路段出现的了。

这种错误有两种出现的形式。第一种是并发程序一直产生错误输出，这是运气比较好的一种形式，因为调试过程中总能重现错误。另一种就没这么好了，错误输出只会偶尔出现，这是用户不希望看到的。由于并发程序内在的非确定性，因此它是有可能产生偶发性的错误行为的。

本节将对确定性错误和非确定性错误都进行讨论，其目标是实现 Future 上的 fold 方法。给定一个序列的 Future 对象、一个零值及 folding 操作符，fold 方法将返回一个 Future 对象，它是 folding 操作符作用于所有相邻 Future 而产生的。这个 folding 操作符要求具有交换性、结合性，并且没有副作用。fold 方法对应于容器上的 foldLeft 方法，其声明如下。

```
def fold[T](fs: Seq[Future[T]])(z: T)(op: (T, T) => T): Future[T]
```

fold 方法的一个使用场景是对多个 Future 对象中的值求和，这时就无法直接用容器上的 foldLeft 方法了，如下面的代码所示。

```
val fs: Seq[Future[Int]] = for (i <- 0 until 5) yield Future { i }
val sum: Future[Int] = fold(fs)(0)(_ + _)
```

fold 方法的实现分两步。首先，对 fs 中的每个 Future 对象用 op 操作符求值，然后将这些值累积起来，结果就是最终的 Future 对象中的值。然后，等所有 Future 完成之后，将累积值放入最终的 Future 中，完成这个 Future。

在实现 fold 方法之前，首先实现几个基础的并发抽象结构。并发累积器用于追踪多个值的累积值，若这些值是整数，那么累积值就是它们的和。并发累积器用于获得累积过程的当前状态。这里将给出并发累积器的一个较简单的无锁实现方案，它用到了第 3 章介绍的原子性变量。这个 Accumulator 类有一个累加类型 T、一个初始值 z，还有一个归约操作符 op，如下面的代码所示。

```
class Accumulator[T](z: T)(op: (T, T) => T) {
  private val value = new AtomicReference(z)
  def apply(): T = value.get
  @tailrec final def add(v: T): Unit = {
    val ov = value.get
    val nv = op(ov, v)
    if (!value.compareAndSet(ov, nv)) add(v)
  }
}
```

Accumulator 类的实现中有一个私有的原子性变量 value，它初始化为 z，其作用是追踪累积过程中的值。apply 方法实现起来比较简单，只需要调用线性化的 get 方法获得当前累积值即可。而 add 方法必须使用 CAS 操作原子性地更新累积状态。在此方法中，首先读取 ov 的当前值，然后用 op 操作符将 v 累积到当前值上，最后调用 CAS 操作来将旧的 ov 累积值换成新的 nv 值。如果 CAS 操作返回 false，则说明累积过程在其他线程中先一步发生了，因此用尾递归的方式重试 add 方法。第 3 章详细介绍过这种技术，注意，因为有可能要重试，op 操作符可能会对同一个 v 参数触发多次。所以，这个无锁并发累积器的实现成功与否，取决于归约操作符 op 是否有副作用。

接下来要实现的是让多个 Future 对象同步结束的工具：计数闩。它是一种同步原语，用于在一些线程一致同意的情况下执行某个操作。这里要实现的 CountDownLatch 类的参数为线程数目 n 和一个代码块 action。这个计数闩保存了一个原子性的整型变量 left，用于表示当前的计数值，它还定义了一个 count 方法，用于对 left 递减。当调用 n 次 count 之后，代码块 action 就会被调用一次。这个过程如下面的代码所示。

```
class CountDownLatch(n: Int)(action: =>Unit) {
  private val left = new AtomicInteger(n)
  def count() =
    if (left.decrementAndGet() <= 1) action
}
```

现在，实现 fold 方法的条件已经满足了，它需要返回一个 Future 对象，所以要先实例化一个 Promise 对象。这个 Promise 对象将用于返回相应的 Future 对象，详细内容可参见第 4 章。接下来，需要实现将不同 Future 中的值累积起来的过程，可以用初始值 z 和归约操作符 op 来实例化一个 Accumulator 对象。只有在所有 Future 对象完成之后，这个 Promise 对象才会完成，所以这里创建一个计数闩，用于对 Future 的完成情况计数。计时闩的 action 要做的事就是将累积器的结果作为 Promise 对象的完成值，于是可以用 trySuccess 方法来实现。

　　最后，还需要在所有 Future 上安装回调函数，用于更新累积器，并通知计数闩调用 count 方法。fold 方法的完整实现如下面的代码所示。

```
def fold[T](fs: Seq[Future[T]])(z: T)(op: (T, T) => T) = {
  val p = Promise[T]()
  val accu = new Accumulator(z)(op)
  val latch = new CountDownLatch(fs.length)({
    p.trySuccess(accu()))
  })
  for (f <- fs) f foreach { case v =>
    accu.add(v)
    latch.count()
  }
  p.future
}
```

　　如果读者足够细心，可以发现 fold 的实现代码中故意引入了一个错误。不过，如果没有发现也没关系，接下来的内容就是分析这个错误的表现形式，讨论如何找到这个错误。为测试 fold 方法，可运行如下示例程序。

```
val fs = for (i <- 0 until 5) yield Future { i }
val folded = fold(fs)(0)(_ + _)
folded foreach { case v => log(s"folded: $v") }
```

　　在一次实验中，运行这个程序产生了正确值 10，于是用户会自信地认为 fold 方法的实现是正确的，但是以防万一，用户又再运行了一次。这次程序结果是 7。显然，fold 方法的实现中有一个 Bug，不妙的是，这个 Bug 还是非确定性的。

　　在串行编程中，正常的做法是启动一个调试器，并逐步追踪程序的运行过程，直到找到出问题的地方。但是在并发程序中，这种方法往往不起作用。调试器中的一个进程会产生延迟效果，从而影响整个程序的执行调度过程。这个 Bug 显然是非确定性的，所以很有可能在调试过程中无法重现。

　　因此，与其追踪程序的运行过程去寻找问题，还不如回到代码本身。结果中的 Future 对象的完成值不正确，意味着某个线程将错误值插入相应的 Promise。所以，应该在 Promise 的完成处插入一个断点，并观察会发生什么。简单起见，这里会避免使用调试器，直接用一个简单的 println 语句来追踪 Promise 对象的完成值。

```
val total = accu()
println(total)
```

```
p.trySuccess(total)
```

再次运行程序，可以得到如下输出结果。

```
8
10
ForkJoinPool-1-worker-1: folded: 8
```

这个结果揭示了一个惊人的事实：这个 Promise 实际上完成了两次。第一次用的是累积器的当前值 8，第二次则是另一个线程使用了 10。这意味着计数闩的 action 代码块执行了两次，所以接下来需要找到其原因。下面，修改 count 方法，让它追踪 action 代码块的调用时机。

```
def count() = {
  val v = left.decrementAndGet()
  if (v <= 1) {
    println(v)
    action
  }
}
```

然后，程序会输出以下内容。

```
1
0
ForkJoinPool-1-worker-15: folded: 7
```

看起来，action 代码块不仅在最后一次计数时被调用，它在倒数第二次计数时也被调用了。这是因为 decrementAndGet 方法会递减原子性整数，然后返回递减之后的值，而不是返回递减之前的值。修复的方案有两个，要么调用 getAndDecrement 方法，要么修改 if 语句。count 方法的修改如下面的代码所示。

```
def count() =
  if (left.decrementAndGet() == 0) action
```

注意，如果用 success 方法取代 trySuccess，则这个错误的处理方法会简单许多。下面在 fold 方法的重新实现中使用了 success 方法。

```
p.success(accu()))
```

这样修改之后，之前错误的 count 方法会产生如下异常。

java.lang.IllegalStateException: Promise already completed.

这就好多了，程序的输出是错误的，而且每次运行程序时都会产生这个错误。根据这个错误的原因，用户总可以根据完整的堆栈追踪快速找到错误发生的位置。这种错误是以确定性的方式发生的。

回想一下，第 4 章用了 tryComplete 方法来实现 Future 对象上的组合子 or，这个组合子本身是非确定性的，所以只能用 tryComplete 方法来实现。不过，fold 方法的实现就不需要使用这类 tryXYZ 方法了，因为 fold 方法需要总返回相同的结果。在这种情况下，应尽可能地使用 complete、success 和 failure 方法，而不是使用 tryComplete、trySuccess 和 tryFailure。

一般情况下，用户应该总使用确定性语义，除非程序本身就被设计为非确定性的。

 程序错误防御性策略：经常检查违反一致性的情况，多用确定性语义，尽早抛出异常。采用这些策略可以简化对出错程序的调试。

9.3.3 节将转向介绍并发程序的另一个正确性评价标准：执行效率。

9.3.3　性能调优

性能调优领域几乎是个"无底洞"，单独编写一本书都只能讲到其皮毛。本节只是给出两个基本的示例，介绍在并发 Scala 程序中如何分析和解决性能问题的基础知识。

近年来，处理器时钟速率提升出现瓶颈，处理器厂商难以再大幅提升单个处理器的性能。因此，多核处理器占领了消费者市场，主要措施是通过提高程序的并行度来提升性能。而并发计算和并行计算的目标之一也正是提升程序性能。

程序性能的提升有两种实现方式。第一种是优化程序，让它的串行性能尽可能地好。第二种是让程序的一部分并行执行。在并发和并行计算中，这两种方式都是实现最优性能的关键所在。实际上，如果并行程序比优化的串行程序运行得还要慢，并行也就失去了意义。因而，这两种方法都是值得研究的，既要了解如何优化串行程序，也要知道如何并行化一个并发程序。

首先，这里介绍一个使用并发累积器的单线程序，目标是让它能够快速运行。然后，再想办法让它可扩展，即添加处理器能让它运行得更快。

并行程序的性能调优的第一步是测量其运行时间。第 5 章提到过，对程序性能进行基准测试是了解程序运行速度和找到瓶颈的有效方式。但这个任务在 JVM 上更加复杂一些，因为程序运行中存在一些不可控因素，比如垃圾回收、即时编译和自适应优化。

　　幸运的是，Scala 生态圈有一个称为 ScalaMeter 的工具，它的设计目标就是测试 Scala 和 Java 程序。ScalaMeter 工具的使用方式有两种。第一种是定义性能回归测试，这些测试实际上是针对性能的单元测试。第二种是内联基准测试（inline benchmarking），它对正在运行的程序的一部分进行基准测试。

　　简单起见，本节只介绍 ScalaMeter 的内联基准测试功能。首先，在 build.sbt 文件中加入如下内容。

```
libraryDependencies +=
  "com.storm-enroute" %% "scalameter-core" % "0.6"
```

为了在程序内使用 ScalaMeter，需要导入如下包。

```
import org.scalameter._
```

这个包提供了 measure 语句，用于测量各种性能指标。默认情况下，这个方法测量的是代码片段的运行时间。下面的代码测试了 100 万个整数通过 9.3.2 节定义的 Accumulator 进行累加需要多长时间。

```
val time = measure {
  val acc = new Accumulator(0)(_ + _)
  var i = 0
  val total = 1000000
  while (i < total) {
    acc.add(i)
    i += 1
  }
}
```

输出时间值 time，可得到如下输出。

Running time: 34.60

　　读到这里，用户可能会得出结论：100 万个整数相加大概需要 34 ms。不过，这个结论是错的。第 5 章讨论过，JVM 程序启动时，有一个热身（warm-up）的过程。程序通常在热身结束之后才会实现最优的性能。为了更精确地测量相关运行时间，首先要保证 JVM 达到稳定性能的状态。

　　好消息是 ScalaMeter 可以自动实现这一点。下面的代码中配置了 measure 方法，使用的是默认的热身实现，即 Warmer.Default。配置中有几个参数，比如最小热身运行数目、最大热身运行数目，以及基准测试的次数（用于计算平均运行时间）。最后，设计 verbose 为 true，以便用更详细的日志记录 ScalaMeter 的运行过程。如下面的代码所示。

```
val accTime = config(
  Key.exec.minWarmupRuns -> 20,
  Key.exec.maxWarmupRuns -> 40,
  Key.exec.benchRuns -> 30,
  Key.verbose -> true
) withWarmer(new Warmer.Default) measure {
  val acc = new Accumulator(0L)(_ + _)
  var i = 0
  val total = 1000000
  while (i < total) {
    acc.add(i)
    i += 1
  }
}
println("Accumulator time: " + accTime)
```

当运行这个代码时，要确保计算过程中后台没有其他应用程序在运行。运行这个代码可得到如下结果。

```
18. warmup run running time: 17.285859
GC detected.
19. warmup run running time: 21.460975
20. warmup run running time: 16.557505
21. warmup run running time: 17.712535
22. warmup run running time: 16.355897
Steady-state detected.
Accumulator time: 17.24
```

从结果可以看到热身阶段的运行时间是如何变化的。最终，ScalaMeter 检测到一个稳定状态，并输出运行时间。最后的结果是 17.24 ms，这是一个更好的估计时间。

通过观察 ScalaMeter 的输出结果，可以发现偶尔会出现垃圾回收。垃圾回收会周期性地产生，所以 add 方法肯定在堆中分配了一些内存。不过，在 add 的实现中貌似并没有任何 new 语句，因此对象分配肯定是隐式发生的。

注意，Accumulator 类是泛型化的，它有一个类型参数 T，表示待累积的数据类型。Scala 的类型参数既支持引用类型，比如 String 或 Option；也支持原语类型，比如 Int 或 Long。虽然这很方便，可以用同样的方式处理原语类型和引用类型，但是它的副作用是传给泛型类的原语类型会被转换为堆对象。这个过程称为自动装箱，它会在多个方面影响性能。首先，直接传一个原语类型会慢很多。其次，它会让垃圾回收更频繁。最后，它会影响缓存局部性，因而可能会引起内存竞争。在 Accumulator 类的例子中，每次对一个 Long 类型的值调用 add 方法时，它都会在堆上创建一个 java.lang.Long 对象。

在实践中，自动装箱过程有时候会出问题，有时候却不会。一般来说，在高性能的代码中应该尽量避免出现自动装箱过程。在本例中，可以为 Long 类型专门定制一个累积器，如下面的代码所示。

```
class LongAccumulator(z: Long)(op: (Long, Long) => Long) {
  private val value = new AtomicLong(z)
  @tailrec final def add(v: Long): Unit = {
    val ov = value.get
    val nv = op(ov, v)
    if (!value.compareAndSet(ov, nv)) add(v)
  }
  def apply() = value.get
}
```

重新运行一下程序，可以看到新的累积器运行速度翻了一倍。

Long accumulator time: 8.88

自动装箱对程序的性能影响可大可小，这取决于对象分配过程和其他方面的因素，每个程序的情况不尽相同，测试一下就知道了。

定制累积器的缺点就是这个累积器只能用于处理 Long 类型。不过，Scala 支持保持原版 Accumulator 的泛型。另外，Scala 有一个专有化功能，可以用@specialized 注解标记类型参数，告诉 Scala 编译器自动为原语类型（如 Long）产生泛型版本，从而避免了自动装箱的问题。这里不过多介绍这个主题，感兴趣的读者可以参考相关文档。

成功找到影响程序效率的问题并将其解决之后，下一步介绍如何提高程序的并行度。下面的代码用 4 个独立的线程来并行累加 100 万个整数。

```
val intAccTime4 = config(
  Key.exec.minWarmupRuns -> 20,
  Key.exec.maxWarmupRuns -> 40,
```

```
  Key.exec.benchRuns -> 30,
  Key.verbose -> true
) withWarmer(new Warmer.Default) measure {
  val acc = new LongAccumulator(0L)(_ + _)
  val total = 1000000
  val p = 4
  val threads = for (j <- 0 until p) yield ch2.thread {
    val start = j * total / p
    var i = start
    while (i < start + total / p) {
      acc.add(i)
      i += 1
    }
  }
  for (t <- threads) t.join()
}
println("4 threads integer accumulator time: " + intAccTime4)
```

在上面的示例中，100 万个整数相加的任务被分配给了 4 个不同的线程，所以按理说，程序的运行效率会提高 4 倍。然而，现实结果远不理想。

4 threads integer accumulator time: 95.85

第 5 章提到过，不同的线程向同一个内存位置写入数据，会造成内存竞争的问题。在大部分计算机体系结构中，不同处理器在向同一个内存写入数据时，它们需要交换缓存行，从而拖慢程序的运行速度。在本例中，竞争点在于 LongAccumulator 类中的 AtomicLong 对象。在同一个内存位置上同时触发 CAS 操作不具有可扩展性。

为解决这个内存竞争的问题，需要让写操作均匀分散到不同的缓存行中。于是不再向同一个内存位置累积值，而是将部分累积值保存到多个内存位置上。当某个处理器调用 add 方法时，它会选择其中一个内存位置，并更新部分累积值。当一个处理器调用 apply 方法时，它会扫描所有的部分累积值，并将它们全部加起来。在这种实现方式中，会通过牺牲 apply 方法的性能，来获得 add 方法的更好的可扩展性。这种权衡在很多情况下是可以接受的，当然也包括这里的 fold 方法的情况，因为它需要调用很多次 add 方法，但只会调用一次 apply。

此外，注意新版本的 apply 方法不是可线性化的，详情参见第 7 章。如果某个处理器在别的处理器调用 add 时调用了 apply 方法，则得到的累积值可能是不正确的。不过，如果没有其他处理器同时调用 add，apply 的结果将是正确的。这种情况称为新的 apply 实现对 add 方法而言是静止一致（quiescently consistent）的。

注意，这种性质对确保 fold 方法的正确性而言是足够的，因为 fold 方法只会在所有 add 方法结束之后才会调用。

下面开始实现 ParLongAccumulator 类，它用一个 AtomicLongArray 对象 values 来保存部分累积值。在这个原子性的数组上面可以调用 compareAndSet 之类的操作。从概念上看，AtomicLongArray 等价于 AtomicLong 对象的数组，但它的内存开销更小。

ParLongAccumulator 类必须要选择 AtomicLongArray 对象的合适大小，让这个数值等于处理器的个数就可以解决内存竞争的问题。回想一下之前的内容，一个处理器在向缓存行中写入数据时需要独占权，而一个缓存行的大小一般是 64 字节，即在一个 32 位的 JVM 上，AtomicLongArray 中的 8 个连续项可以放到一个缓存行中。即使不同的处理器写入不同的 AtomicLongArray 项，如果这些项在同一个缓存行上，内存竞争就依然会存在。这个效应称为伪共享（false-sharing）。避免伪共享的必要条件是让数组的大小至少大于处理器数目的 8 倍。

一个 ParLongAccumulator 对象会被多个线程同时使用，在大部分程序中，线程数目总是多于进程数目。为尽量减少伪共享，可将 values 数组的大小设置为处理器数目的 128 倍。

```scala
import scala.util.hashing
class ParLongAccumulator(z: Long)(op: (Long, Long) => Long) {
  private val par = Runtime.getRuntime.availableProcessors * 128
  private val values = new AtomicLongArray(par)
  @tailrec final def add(v: Long): Unit = {
    val id = Thread.currentThread.getId.toInt
    val pos = math.abs(hashing.byteswap32(id)) % par
    val ov = values.get(pos)
    val nv = op(ov, v)
    if (!values.compareAndSet(pos, ov, nv)) add(v)
  }
  def apply(): Long = {
    var total = z
    for (i <- 0 until values.length)
      total = op(total, values.get(i))
    total
  }
}
```

这个新的实现与原版类似，主要区别在于新版本需要为部分累积值选择一个内存位置

pos。不同的处理器应该根据索引选择不同的内存位置。不幸的是，JVM 标准 API 没有提供当前处理器的索引，一种足够好的类似方法是从当前线程 ID 来计算部分累积值的内存位置 pos。此外，这里还用到了 byteswap32 散列函数来有效地让数组的位置随机化，这也减少了 ID 相邻的两个线程访问相邻内存位置的机会，从而减少了伪共享的可能性。

再次运行程序，结果显示加速目标实现了，加速因子约为 3。

```
Parallel integer accumulator time: 3.34
```

还有其他一些方法可用于改进 ParLongAccumulator 类，其中一种方法是进一步减少伪共享，让 values 数组的索引更随机一些。另一种方法是保证 apply 方法不仅是静止一致的，而且还是可线性化的。但是为了让本节内容更简洁，这里就不多介绍了，感兴趣的读者可以自行研究。

本章到这里为止，已经总结不同风格的并发计算，讨论了处理并发 Bug 的基础知识。尽管了解这些可以让人高屋建瓴，但是理论只有应用到实践中才更有价值。对此，本章实现了一个远程文件浏览器，展示了并发编程在较大型程序中的使用方法，兼顾了并发编程的理论和应用实践。

9.4　小结

在前文介绍大量并发库的技术细节之后，本章以一种更全面的视角来讨论 Scala 并发编程。在对它们进行分类之后，还列出相应的使用场景。然后，本章将这些不同的并发框架结合起来，实现了一个真实的分布式应用程序：远程文件浏览器。最后，本章介绍了如何调试并发程序并分析其性能。

好的理论由实践所启发，而好的实践由理论来指导，本书算得上两者兼顾。为了进一步加深对并发编程的理解，读者可以考虑阅读每章后面提到的参考资料，读到本章之后，读者应该可以掌握这些参考资料中的大部分内容。最重要的是，为了提升并发编程实践能力，读者应该尝试解答本书的练习。最后，建议读者开始构建自己的并发程序。到目前为止，读者应该已经对高层次并发抽象构造有所理解，并了解到如何将其结合起来使用，离成为并发编程专家也更进一步了。

9.5　练习

下面的练习将帮助读者提升构建实用并发程序的技术。其中一些练习要求扩展本章中的 ScalaFTP 程序，其他的则要求从头实现并发程序。最后，有一些练习用于测试并发程序的性能和可扩展性。

1. 扩展 ScalaFTP 程序，支持向远程文件系统添加目录。

2. 扩展 ScalaFTP 程序，让服务器文件系统的变动自动反映在客户端程序中。

3. 扩展 ScalaFTP 程序，支持在远程文件系统中用正则表达式并行查找文件。

4. 扩展 ScalaFTP 服务器，支持递归复制目录。

5. 实现下载和上传功能，在 Swing 的 ProgressBar 组件中用 Observable 对象显示文件传输进度。

6. 扩展 ScalaFTP 客户端，支持让 FilePane 既能显示远程文件系统，也能显示本地文件系统。

7. 设计和实现一种分布式聊天应用程序。

8. 设计和实现一种远程协作编辑的远程绘图程序 Paint。

9. 比较两种过程所需的时间，第一种是创建和启动新线程，并等待其结束；第二种是用 Future.apply 启动一个计算，并等待 Future 对象完成。

10. 池是一种简单的抽象容器结构，它支持元素的添加和提取。remove 操作返回之前添加到池中的元素。并发池可表示为如下 ConcurrentPool 类。实现这个并发池，确保它的操作是可线性化的。测试程序性能，保证程序的高性能和可扩展性。

```
class ConcurrentPool[T] {
  def add(x: T): Unit = ???
  def remove(): T = ???
  def isEmpty(): Boolean = ???
}
```

11. 比较两种数据结构的性能和可扩展性，第一种是 Treiber 栈，第二种是第 7 章中的事务性排序链表。它们和练习 10 中的并发池相比性能如何？

12. 实现第 2 章中的 getUniqueId 方法，测试其性能，保证它的高性能和可扩展性。

13. 实现一种无锁的并发链表和一种基于锁的并发链表，让它们支持线性化前插（prepend）和后接（append）操作。两种链表必须都是单链表。测试其插入多个元素时的性能。

14. 栅栏是一种让 N 个线程在同一个地方同步的并发对象，它只有一个 await 方法，能够有效地阻塞线程，直到 N 个线程都调用了 await。当 N 个线程都调用了 await 时，N 个 await 调用会立即返回，阻塞解除。阻塞过程可以用忙等待来实现。用原子性整数来实现栅栏。测量其性能，考虑 1 个、2 个、4 个、8 个线程以及大量线程的情况。

第 10 章
反应器编程模型

简洁是可靠的必要条件。

——艾兹格·W·迪科斯彻（Edsger W. Dijkstra）

角色模型具备的位置透明性、可序列化事件处理、非阻塞式发送语义等特点让它成为构建分布式系统的强大基石。不过，角色模型有一些严重的局限，这在构建更大型的系统时更为明显。

- 角色没有多个消息接收点，所有消息都必须经过同一个 receive 代码块。因此，两个不同的协议也就不能重用同一消息类型，而且还必须区分开。Identify 消息是可能会出现这种情况的一个主要例子，它要求用户在消息中加入一个唯一的令牌。

- 角色不能延迟等待特定消息组合。比如，同时向两个目标角色发送消息，要求在两个回复都收到之后角色再继续执行，这对角色模型而言是比较烦琐的。

- receive 语句不是头等对象。而 Rx 框架中的事件流是头等对象，这有助于程序的组合、模块化以及关注点分离。

本章将介绍分布式计算中的反应器编程模型（reactor programming model），它既保留了角色模型的优点，又克服了上述局限。这个模型提供了正确、健壮、可组合的分布式计算抽象结构，从而让创建复杂的并发和分布式程序变得更加容易。类似于角色模型，反应器模型支持编写位置透明的程序，并发单元之间的隔离是通过一种称为反应器（reactor）的特殊实体来实现的。隔离让并发程序的推断更容易，这一点和角色模型一样。不过，反应器模型中的计算和消息交换模式可以更容易地被划分为模块化组件。反应器模型的核心就是这种改进的组合方式，它来源于传统的角色模型与函数式的响应式编程概念的精心整合。

本章会一直使用 Reactor 框架来介绍反应器编程模型，具体包括如下内容。

● 使用事件流和组合事件流，在反应器中实现结构逻辑。

● 定义反应器，启动反应器实例。

● 定制反应器实例，使用定制的调度器。

● 使用反应器系统服务访问非标准事件，定义自定义服务。

● 介绍协议组合的基础知识，以及一些具体的协议示例。

首先要介绍的是并发计算和分布式计算，以及反应器模型在其中的重要性。

10.1　对反应器的需求

通过阅读本书，读者应该早就知道了，编写并发和分布式程序并不容易。其相比于串行程序，正确性、可扩展性和容错性都更难保证。这里再回顾一下出现这种状况的原因。首先，大部分并发和分布式计算本身就是非确定性的。这种非确定性不是由于差劲的编程抽象，而是由于系统本身就需要响应各种外部事件导致的。数据争用是大部分内存共享多核系统的基本特征，再结合系统的非确定性，共同导致了一些难以察觉和重现的 Bug。

对分布式计算而言，事情变得更为复杂。随机错误、网络中断或程序中断，都是可能出现在分布式编程里的，从而让分布式计算的正确性和健壮性都受到影响。此外，共享内存程序不是运行在分布式环境中的，将现有的共享内存程序迁移到分布式环境中是不容易的。

这还只是并发和分布式编程很难的一部分原因。在构建大型程序时，用户会希望用简单的程序组件组合成更大型的程序。不过，正确地组合并发和分布式程序往往是很难的。单个组件的正确性无法保证它们构成的整个程序的正确性。由锁产生的死锁就是这样的一个例子，角色中潜在的竞态也有可能这样。

本书中的那些框架都想解决并发和分布式编程中的这些问题。不同的并发模型试图从不同的角度解决这些问题。而本章描述的反应器模型就要从已有的框架中借鉴较好的特点，比如位置透明性、可序列化和防止数据争用，非常重要的还有可组合性。

为实现这些目标，反应器模型采用多种极简化抽象，其可以进一步组合成复杂的协议、算法和程序组件。具体而言，这个模型是基于如下几点的。

● 位置透明反应器。这是轻量级的实体，可以相互之间并发执行，但内部总是单线程的，可以从单机移植到分布式环境。每个反应器都有一个主事件流。反应器是传统角色模型中角色的一般化。

- 异步头等事件流。它可以以一种声明式、函数式的方式推断程序，它是实现组件可组合的基础。事件流是一个通道的读取端，只有拥有这个通道的反应器才可以从相应的事件流中读取数据。事件流不能被多个反应器共享。与角色模型进行类比，事件流相当于 receive 语句。

- 通道。它可被多个反应器共享，用于异步发送事件。通道是相应的事件的写入端，可以有任意数目的反应器向同一个通道写入数据。通道完全等价于角色模型中的角色引用。

这 3 种独特的抽象是构建强大的分布式计算抽象的核心条件。本章提到的 Reactor 框架中的大部分其他工具是基于上述 3 种抽象的。

10.2　开始使用 Reactor

本节将提供使用 Reactor 框架之前的一些准备工作，该框架有多种前端语言，也可用于多种平台。在本书编写时，Reactor 框架已经可以作为一个 JVM 库，用于 Scala 和 Java 中。如果使用 Reactor 的 Scala.js 前端，则可以用它的 Node.js 库。

如果用户正在使用 SBT 进行开发，那么让工程支持 Reactor 的一种方式是加一个依赖库。为了使用 Reactors.IO 库，需要在 Maven 上找到最新的快照版本，然后在 SBT 工程文件中加入如下内容。

```
resolvers ++= Seq(
  "Sonatype OSS Snapshots" at
"https://oss.sonatype.org/content/repositories/snapshots",
  "Sonatype OSS Releases" at
"https://oss.sonatype.org/content/repositories/releases"
)
libraryDependencies ++= Seq(
  "io.reactors" %% "reactors" % "0.8")
```

在本书编写之时，其最新版本是基于 Scala 2.11 的 0.8 版本。对于更新的 Scala 2.12，就需要在上述配置文件中修改相应的 Reactors.IO 的版本。

10.3　Hello World 程序

本节提供一个较简单的可以运行的 Hello World 程序，但不会详细说明，更深入的介绍参见本章后文。这个程序只定义了一个反应器，它会等待接收外部事件，收到事件之后会在标准输出中输出一个消息，然后退出。

首先，引入包 io.reactors。

```
import io.reactors._
```

这个包中包含了 Reactor 框架中的一些工具。在下面的代码中，定义了一个简单的基于反应器的程序。

```
object ReactorHelloWorld {
  def main(args: Array[String]): Unit = {
    val welcomeReactor = Reactor[String] { self =>
      self.main.events onEvent { name =>
        println(s"Welcome, $name!")
        self.main.seal()
      }
    }
    val system = ReactorSystem.default("test-system")
    val ch = system.spawn(welcomeReactor)
    ch ! "Alan"
  }
}
```

此程序声明了一个匿名反应器 welcomeReactor，它会等待主事件流接收到一个名称 name，然后将其输出，并关闭主通道，接着终止自己。主程序则会创建一个新的反应器系统，用反应器模板启动 welcomeReactor 的一个运行实例，并向其发送一个事件"Alan"。

通过分析上述代码，可得出如下结论。

● 反应器是用构造函数 Reactor[T]定义出来的，其中 T 是事件类型，可通过反应器的主通道发送给它。

● 反应器通过回调函数响应事件，这个回调函数是通过 onEvent 设置的。比如，在反应器的主事件流上可以调用 onEvent，主事件流可通过 main.events 表达式得到。

● 调用 main.seal 会终止反应器。

● 定义好的反应器可以由 spawn 方法启动，它会返回此反应器的主通道。

● 事件可通过反应器的某个通道上的!操作符发送给该反应器。

后文将详细解释这些结论。

10.4 事件流

本节将介绍 Reactor 框架中的大部分计算所依赖的基础数据类型：事件流。事件流表示一些特殊的程序值，它们偶尔会产生事件。事件流由 Events[T] 类型表示。在语义上，事件流类似于第 6 章介绍的 Observable 类型。在后文中会看到，两者之间的主要区别在于 Observable 对象通常用于不同线程，甚至可以用 observeOn 方法来跨线程发送事件；而事件流中的 Events 对象只能在拥有该事件流的反应器中使用。

绝不要在两个反应器之间共享一个事件流。事件流只能被拥有相应通道的反应器所使用。

在下面的示例代码中，有一个事件流 myEvents，它会产生类型为 String 的事件。

```
val myEvents: Events[String] = createEventStreamOfStrings()
```

现在，假定方法 createEventStreamOfStrings 已经定义好，它返回类型为 Events[String] 的事件流。需要小心的是，事件流必须允许用户以某种方式操纵它所产生的事件。出于这个目的，每个事件流都有一个方法 onEvent，它会接收用户提供的回调函数，并在每次事件到达时触发。

```
myEvents.onEvent(x => println(x))
```

onEvent 方法类似于大部分基于回调的框架提供的方案：提供一个接口，用于注册一个回调函数，一旦事件发生，就触发这个回调函数。不过，和 Rx 中的 Observable 对象一样，onEvent 方法的接收者（事件流）是一个头等值。这意味着事件流可以作为函数参数，因而支持编写更通用的抽象结构。比如，可以用如下方式实现一个可重用的 trace 方法。

```
def trace[T](events: Events[T]): Unit = {
  events.onEvent(println)
}
```

onEvent 方法会返回一个特殊的 Subscription 对象，事件会被传播给用户指定的回调函数，除非用户决定调用该 Subscription 对象上的 unsubscribe 方法。这些 Subscription 对象在语义上类似于 Rx 框架中的类似概念。

在继续深入之前，读者应该注意到事件流完全是一个单线程实体，即同一个事件流绝不会同时产生两个事件。所以，在同一个事件流上，onEvent 方法绝不会同时被两个线程触发。后文会看到，这个性质简化了编程模型，让基于事件的程序更容易推理。

为更好地理解，下面讨论一个具体的事件流 emitter，它的类型为 Events.Emitter[T]，如下面的代码所示。

```
val emitter = new Events.Emitter[Int]
```

emitter 既是事件流，也是事件源。用户可告诉 emitter 用 react 方法产生一个事件，这时，emitter 会触发之前用 onEvent 注册的回调函数。

```
var luckyNumber = 0
emitter.onEvent(luckyNumber = _)
emitter.react(7)
assert(luckyNumber == 7)
emitter.react(8)
assert(luckyNumber == 8)
```

运行上面的代码可以看到，react 调用确实让 emitter 产生了一个事件。此外，emitter.react(8) 将总是在 emitter.react(7) 之后执行，而回调函数将先处理 7，再处理 8，不会并发处理。事件传播过程将在调用 react 的那个线程上串行执行。

10.4.1　事件流的生命周期

下面，将详细讨论事件流上产生的那些事件。类型为 Events[T] 的事件流通常会发出类型为 T 的事件。不过，类型 T 并不是一个事件流产生的唯一事件类型。有些事件流是有限的，它们发完所有事件之后，会再发一个特殊事件，表示没有剩余事件了。有时候，事件流会出现异常情况，这时它会发出异常事件。

前文介绍的 onEvent 方法只能响应正常事件。为了监听其他类型事件，事件流还有一个更一般的方法 onReaction，该方法接收一个 Observer 对象，这个对象有 3 个不同的方法来响应不同的事件。在下面的代码中，实例化了一个事件发射器，并监听了它的所有事件。

```
var seen = List[Int]()
var errors = List[String]()
var done = 0
val e = new Events.Emitter[Int]
e.onReaction(new Observer[Int] {
```

```
def react(x: Int, hint: Any) = seen ::= x
def except(t: Throwable) = errors ::= t.getMessage
def unreact() = done += 1
})
```

Observer[T]类型有 3 种方法。

- react 方法，它在正常事件被发送时触发。它的第二个可选参数 hint 可能包含额外的值，但通常为 null。

- except 方法，它在异常事件产生时触发。事件流可产生多种异常事件，但它们不会终止事件流，而同一个事件流可产生多个异常事件。这是事件流与 Rx 中的 Observable 类型之间的一个重要区别。

- unreact 方法，它是在事件流停止产生事件时触发的。当这个事件在一个观察者上触发之后，此事件流不会再产生任何事件和异常。这一点可通过验证前面的 Events.Emitter 实例来确认。如下面的代码所示，除了用 react 产生事件之外，还可用 except 来产生异常，或用 unreact 来宣布不再有事件。

```
e.react(1)
e.react(2)
e.except(new Exception("^_^"))
e.react(3)
assert(seen == 3 :: 2 :: 1 :: Nil)
assert(errors == "^_^" :: Nil)
assert(done == 0)
e.unreact()
assert(done == 1)
e.react(4)
e.except(new Exception("o_O"))
assert(seen == 3 :: 2 :: 1 :: Nil)
assert(errors == "^_^" :: Nil)
assert(done == 1)
```

运行上面的代码可以看到，调用了 unreact 之后，后续的 react 或 except 调用都不再有任何效果，这相当于终止了事件发射器。但不是所有事件流都像事件发射器这般可直接关闭，因为大部分其他事件流都是由不同事件流功能性地组合在一起的。

10.4.2 事件流的函数式组合

使用事件流上的诸如 onEvent 和 onReaction 的方法会很容易产生回调"灾难"：

一个程序包含大量非结构化的 onXYZ 调用，从而难于理解和维护。事件流作为头等对象是解决这个问题的正确方向，但只有它还不够。

　　事件流支持函数式组合，这种组合方式在前文中介绍过。这种组合方式支持用声明式方式将简单值构造成复杂对象。考虑如下示例，其中计算了收到的事件中的值的平方和。

```
var squareSum = 0
val e = new Events.Emitter[Int]
e.onEvent(x => squareSum += x * x)
for (i <- 0 until 5) e react i
```

　　这个示例很好理解，但如果用户希望 squareSum 是一个事件流呢？这样其他部分的程序就可以响应它的变化了。这时就不得不创建另一个发射器，并用 onEvent 回调触发新的发射器上的 react 方法，并将 squareSum 传递给 onEvent。这个方案也许可行，但不够优雅，如下面的代码所示。

```
val ne = new Events.Emitter[Int]
e onEvent { x =>
  squareSum += x * x
  ne.react(squareSum)
}
```

　　下面，用事件流组合子重写上面的代码。具体而言，用到了 map 和 scanPast 组合子。map 组合子将事件流中的事件变换为衍生事件流中的事件。这里的 map 组合子产生的是每个整数的平方和。scanPast 组合子将最后一个事件和当前事件组合起来，产生一个新的事件，并将其发送到衍生事件流中。这里，scanPast 将前一个求和值加到当前值上。比如，如果一个输入事件流产生了数字 0、1、2，由 scanPast(0)(_ + _) 产生的数字将是 0、1、3。于是，重写后的代码如下所示。

```
val e = new Events.Emitter[Int]
val sum = e.map(x => x * x).scanPast(0)(_ + _)
for (i <- 0 until 5) e react i
```

　　可用于 Events[T] 类型的组合子非常多，详情请参考在线 API 文档。用组合子构造起来的事件流形成一个数据流图。发射器通常是这个数据流图中的数据源，组合子产生的事件流则为内部节点，而回调方法（如 onEvent）则是终止节点。像 union 这样的组合子可接收多个输入事件流，即一个图的节点有多条输入边。下面的代码是一个示例。

```
val numbers = new Events.Emitter[Int]
val even = numbers.filter(_ % 2 == 0)
val odd = numbers.filter(_ % 2 == 1)
val numbersAgain = even union odd
```

事件流产生的数据流图类似于 Scala 的 Future 和 Rx 中的 Observable 对象产生的数据流图，所以本章不会再深入讨论了。最重要的是，要记得反应器模型中的事件流是单线程实体。在 10.5 节中可以看到，每个事件流只能属于一个反应器。

10.5 反应器

如前文所述，事件流总是在单线程中传播事件的，这从程序理解的角度来看是有益的，但是还需要找到方法表达并发计算。本节将介绍如何用反应器实现并发性。

反应器是并发性的基本单元。类似于角色用于接收消息，反应器用于接收事件，采用不同的名称是为了避免混淆。不一样的是，角色在特定状态下只有一个消息接收点，即 receive 语句；而反应器可以同时有多个不同的事件流。

尽管有这种灵活性，反应器同时也最多只能处理一个事件。这时反应器接收到的消息是串行化的，类似于角色只能串行接收消息。

为了创建新的反应器，还需要一个 ReactorSystem 对象，它会在单机上追踪反应器。

```
val system = new ReactorSystem("test-system")
```

在启动一个反应器实例之前，还需要定义其模板。一种方式是调用 Reactor.apply[T] 方法，它会返回该反应器的一个 Proto 对象。这个 Proto 对象是一个反应器原型，可用于启动反应器。下面的反应器会在标准输出上输出它接收到的所有事件。

```
val proto: Proto[Reactor[String]] = Reactor[String] { self =>
  self.main.events onEvent {
    x => println(x)
  }
}
```

进一步观察这段代码，可以发现 Reactor.apply 方法的参数类型为 String，这意味着结果 Proto 对象中编码的反应器默认接收类型为 String 的事件。这是和标准角色模型的第一个区别，因为角色可以接收任意类型的消息，而反应器接收的消息是有指定类型的。

在反应器模型中，每个反应器都可以访问一种特殊的事件流 main.events，它会发送来自其他反应器的事件。因为这里用 Reactor.apply 方法声明了一个匿名反应器，所以还需要添加一个前缀 self 来访问反应器的成员。前文介绍过，可以用 onEvent 来为事件流注册回调函数，因此上面的示例中注册了 println，用于输出事件。

定义了反应器模板之后，下一步是创建一个新的反应器，这可以通过调用反应器系统 system 上的 spawn 方法实现。

```
val ch: Channel[String] = system.spawn(proto)
```

spawn 方法接收一个 Proto 参数，该参数通常编码了反应器构造函数参数、调度器、名称和其他选项。在本例中，用 Reactor.apply 方法为一个匿名的反应器创建了一个 Proto 对象，因而无法访问到任何构造函数参数。后文会介绍其他替代方式，用于声明反应器和配置原型。

spawn 方法做了两件事：注册和启动一个新的反应器实例；启动一个通道（Channel）对象，用于向新创建的反应器上发送事件。反应器、反应器的事件流和通道之间的关系如图 10.1 所示。

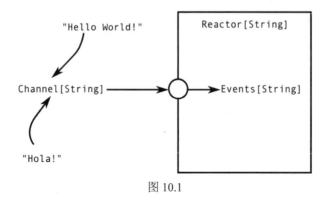

图 10.1

外部方法访问反应器内部的唯一方式是向它的通道发送事件。这些事件最终会发布到相应的事件流中，从而让反应器能够接收到。通道和事件流只能传送那些类型与反应器相符的事件。

比如，下面的代码中向反应器发送了一个事件，实现方式是在通道上调用!操作符。

```
ch ! "Hola!"
```

运行这个代码后会在标准输出中输出字符串"Hola!"。

10.5.1 反应器的定义和配置

本章介绍了如何用 Reactor.apply 方法定义一个反应器。本节将介绍另一种方式：扩展 Reactor 类。回想一下，Reactor.apply 方法定义了一个匿名反应器模板。而扩展 Reactor 类会声明一个命名反应器模板。

在下面的示例代码中，将声明一个 HelloReactor 类，它必须是顶层类。

```
class HelloReactor extends Reactor[String] {
  main.events onEvent {
    x => println(x)
  }
}
```

为运行这个反应器，首先要创建一个原型来对它进行配置。Proto.apply 方法接收反应器的类型作为参数，返回的是这个类型的反应器的一个原型。然后就可以对这个 Proto 对象调用 spawn 方法来启动反应器。

```
val ch = system.spawn(Proto[HelloReactor])
ch ! "Howdee!"
```

另外，还可以使用这个原型来设置反应器实例会用到的调度器。如果想让反应器实例运行在特定的线程上，并拥有更高的优先级，可以使用下面的方法。

```
system.spawn(
  Proto[HelloReactor].withScheduler(JvmScheduler.Key.newThread))
```

注意，如果在 Scala.js 上运行 Reactor，用户需要用一个 Scala.js 专用的调度器。原因在于 Scala.js 是 JavaScript 库，而 JavaScript 运行时不是多线程的。在 JavaScript 中，异步执行被放到了一个队列中，然后依次逐个执行。在 Scala.js 上，用户需要使用调度器 JsScheduler.Key.default。

另外，Proto 对象还有几种其他的配置选项，读者可以在在线 API 文档中找到。对本节的内容可以总结一下了。启动一个反应器一般分 3 个步骤。

● 通过继承 Reactor 类，创建一个命名反应器模板。

● 用 Proto.apply 方法创建一个反应器配置对象。

● 用反应器系统的 `spawn` 方法启动一个反应器实例。

前两个步骤可以用 `Reactor.apply` 方法合二为一，这时创建的是一个匿名反应器模板，并直接返回一个类型为 `Proto[I]` 的原型对象。这种用法多出现在测试中或 Scala REPL 界面中。

10.5.2　使用通道

前文介绍了多种创建和配置反应器的方法，现在可以开始讨论通道了。通道是反应器用来和周围环境通信的方法。前文提到过，每个反应器在创建时都会产生一个默认的主通道 `main`，一般情况下它是够用的。但有时候，反应器需要能够接收多种类型的事件，因此需要额外的通道来实现这一点。

下面，定义一个反应器，用来存储键值二元组。这个反应器必须响应存储键值二元组的请求，以及通过一个键来获取相应值的请求。因为这个反应器的输入通道要实现这两个目的，因此需要如下数据类型。

```
trait Op[K, V]
case class Put[K, V](k: K, v: V) extends Op[K, V]
case class Get[K, V](k: K, ch: Channel[V]) extends Op[K, V]
```

这里的 `Op` 数据类型有两个类型参数：K 和 V。它们分别表示键值二元组中的键类型和值类型。`Put` 情况类（`case class`）用于向反应器中存储一个值，即包含新的键值二元组。`Get` 情况类用于检索之前用某个键保存的值，所以它编码了键和类型为 V 的通道。当反应器收到 `Get` 事件时，它必须查询与这个键相关联的值，并将值发送到通道上。

对于 `Op[K, V]` 数据类型，可以定义如下 `MapReactor` 类。

```
class MapReactor[K, V] extends Reactor[Op[K, V]] {
  val map = mutable.Map[K, V]()
  main.events onEvent {
    case Put(k, v) => map(k) = v
    case Get(k, ch) => ch ! map(k)
  }
}
```

现在，启动 `MapReactor`，并对它进行测试。这里用它来存储一些域名系统（Domain Name System，DNS）别名，即将每个别名字符串映射为一个 URL，而这些 URL 存储在一个 `List[String]` 类型的链表中。首先，初始化的代码如下所示。

```
val mapper = system.spawn(Proto[MapReactor[String, List[String]]])
```

然后可发送一些 Put 事件，用于存储别名值。

```
mapper ! Put("dns-main", "dns1" :: "lan" :: Nil)
mapper ! Put("dns-backup", "dns2" :: "com" :: Nil)
```

接下来，创建一个客户端反应器，向它发送 String 事件，这意味着这个反应器的类型是 Reactor[String]。不过，这个客户端反应器也必须联系 MapReactor，向它请求一个 URL 值。因为 MapReactor 只能返回 List[String] 事件，这和客户端的默认通道类型不符，所以，客户端的默认通道不能收到这个回复。因此，客户端必须为 MapReactor 提供另一个通道。下面的表达式可创建一个新的通道。

```
val c: Connector[EventType] = system.channels.open[EventType]
```

表达式 system.channels 返回一个通道构造器对象，它提供了一些方法来定制通道，比如 named 或 daemon，详情请参见在线 API 文档。在这个例子中，创建了一个后台通道（daemon channel），意思是这个通道无须关闭（后文会进一步介绍）。为创建新的通道，调用通道构造器上的 open 方法，参数是相应的类型参数，返回的是 Connector 对象，它有两个成员：channel 字段（新创建的通道）和 events 字段（通道对应的事件流）。事件流会传播它收到的所有事件，并发到通道上去，而且它只能由创建它的反应器所使用，而通道则可以同其他反应器共享。

用 system.channels 对象上的 open 操作创建新的连接子（connector），每个连接子中包含了一个通道及其事件流。

下面，可以定义等待 start 消息的客户端反应器了，然后检查一个 DNS 项。这个反应器将使用 onMatch 取代 onEvent，用于只监听 String 事件，而忽略其他事件。

```
val ch = system.spawn(Reactor[String] { self =>
  self.main.events onMatch {
    case "start" =>
      val reply = self.system.channels.daemon.open[List[String]]
      mapper ! Get("dns-main", reply.channel)
      reply.events onEvent { url =>
        println(url)
      }
    case "end" =>
      self.main.seal()
  }
})
```

在上面的代码中，当反应器从主程序收到 start 事件时，它会打开一个新的回复通道 reply，用于接收 List[String] 事件。然后，它向 MapReactor 发送一个 Get 事件，其中包含 dns-main 键和回复通道 reply。最后，反应器会监听事件，回复到 reply 通道上，并在标准输出中输出 URL。在主模式匹配中的 end 情况下，反应器会调用主通道上的 seal 方法，表示不再接收此通道上的任何消息。一旦所有非后台通道都关闭了，反应器也就终止了。

 如果反应器的所有非后台通道都关闭了，或者它的构造函数或某个事件处理器抛出异常了，反应器就会终止。

下面启动这个客户端反应器，看一看会发生什么。

```
ch ! "start"
```

如果一切正常，应该就可以看到标准输出中输出的 URL 了。最后，向客户端反应器发送"end"消息，将其停止。

```
ch ! "end"
```

10.6 节将介绍如何在反应器中使用定制的调度策略。

10.6　调度器

每个反应器模板都可启动多个反应器实例，而每个反应器实例也可以通过不同的反应器调度器来启动。调度器涉及执行的优先级、频率、延迟和吞吐量等。

首先定义一个反应器 Logger，它会输出每个收到的事件，汇报每次的调度，而且会在被调度 3 次之后结束。这个反应器使用的是 sysEvents 事件流，10.7 节将详细介绍它。现在，读者只需要知道这个系统事件流会在反应器获得一些执行时间时产生事件（反应器被调度了），然后在反应器取得优先权时停止执行。Logger 反应器的定义如下所示。

```
class Logger extends Reactor[String] {
  var count = 3
  sysEvents onMatch {
    case ReactorScheduled =>
      println("scheduled")
```

```
    case ReactorPreempted =>
      count -= 1
      if (count == 0) {
        main.seal()
        println("terminating")
      }
  }
  main.events.onEvent(println)
```

在启动 Logger 反应器实例之前，还需要创建一个反应器系统，如下所示。

```
val system = new ReactorSystem("test-system")
```

每个反应器系统都有一个默认的调度器和一些预定义的调度器。当一个反应器启动时，若没有特别指定，它会使用那个默认的调度器。在下面的代码中，用 Scala 的全局执行上下文重载了默认调度器，即 Scala 自己的默认线程池。

```
val proto = Proto[Logger].withScheduler(
  JvmScheduler.Key.globalExecutionContext)
val ch = system.spawn(proto)
```

运行上述示例，会启动一个 Logger 反应器实例，并输出一次"scheduled"字符串，因为启动一个反应器就会发生调度，这发生在任意事件到达之前。然后，向主通道发送一个事件，"scheduled"字符串再次被输出，然后反应器才处理事件本身。发送事件的代码如下。

```
ch ! "event 1"
```

再次向此反应器发送事件会让它的计数器递减，从而关闭其主通道，让反应器处于没有非后台通道的状态，于是反应器终止。

```
ch ! "event 2"
```

反应器系统还支持注册定制的调度器实例。在下面的示例中，创建和注册了一个定制的 Timer 调度器，它会每隔 1000 ms 调度 Logger 反应器执行一次。

```
system.bundle.registerScheduler("customTimer",
  new JvmScheduler.Timer(1000))
val periodic = system.spawn(
  Proto[Logger].withScheduler("customTimer"))
```

运行上面的代码可以看到，即使没有收到事件，反应器也会被调度。Timer 调度器保证了反应器可以精确地每 N s 调度一次，然后就可以处理之前积压的事件了。

10.7　反应器生命周期

每个反应器都有一个包含多个阶段的生命周期，称为反应器生命周期。当反应器进入一个特定阶段时，它会发送一个生命周期事件。这些生命周期事件会发布到一个特殊的后台事件流上，称为 sysEvents。每个反应器都有一个这样的特殊事件流。

反应器生命周期可以总结为如下内容。

- 调用 spawn 方法之后，反应器被调度执行。它的构造函数会异步启动，启动之后马上会发布一个 ReactorStarted 事件。

- 每当反应器获得执行时间时，ReactorScheduled 事件就会被发布一次。之后，事件才会被发布到正常事件流上。

- 当调度系统决定优先执行一个反应器时，会发布一个 ReactorPreempted 事件。这个调度循环可以重复任意次。

- 反应器会因为正常执行结束或异常而终止。如果因为一段用户代码产生的异常，反应器终止了执行，就会发布一个 ReactorDied 事件。

- 无论是哪种原因导致反应器终止，最后都会发送一个 ReactorTerminated 事件。

反应器生命周期如图 10.2 所示。

为测试反应器的生命周期，可创建如下反应器。

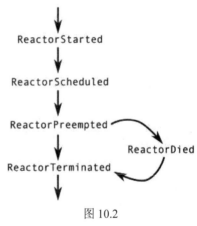

图 10.2

```
class LifecycleReactor extends Reactor[String] {
  var first = true
  sysEvents onMatch {
    case ReactorStarted =>
      println("started")
    case ReactorScheduled =>
      println("scheduled")
    case ReactorPreempted =>
```

```
    println("preempted")
    if (first) first = false
    else throw new Exception
  case ReactorDied(_) =>
    println("died")
  case ReactorTerminated =>
    println("terminated")
  }
}
```

创建这个反应器时，反应器会收到 ReactorSchecluled 事件，接着收到 ReactorSchecluled 和 ReactorPreempted 事件。随后反应器会中断，直到调度器给它分配一些执行时间。

```
val ch = system.spawn(Proto[LifecycleReactor])
```

如果调度器检测到这个反应器还有未处理的消息，它会再次执行该反应器。如果现在向这个反应器发送一个事件，可以从标准输出中看到 ReactorScheduled 和 ReactorPreempted 事件的循环过程。不过，这里的 ReactorPreempted 会抛出一个异常。异常被捕捉到之后，系统产生一个 ReactorDied 事件，紧接着产生强制性的 ReactorTerminated 事件。

```
ch ! "event"
```

这时，这个反应器就已经完全被反应器系统删除。

10.8 反应器系统服务

反应器限制并发执行，且事件流允许在每个反应器中有多个事件处理器。这已经是一种强大的抽象结构，支持构造各种分布式系统。不过，这样的抽象结构只限于反应器计算。它不能实现阻塞式 I/O 操作，不能从硬件实现的温度传感器中读取数据，不能等待图形处理器（Graphics Processing Unit，GPU）计算结束，也不能响应时序事件。在某些情况下，用户想要与操作系统本地功能进行交互，或者将反应器嵌入已有代码库的丰富生态圈中。对于这类需求，每个反应器系统都有一类服务，即将外界与事件流关联起来的协议。

本节将介绍那些默认可用的服务，以及如何定制一个服务，并将其注册到反应器系统中。

10.8.1　日志服务

首先介绍较简单的服务 Log，这个服务用于在标准输出中输出日志消息。下面，将创建一个使用 Log 服务的匿名反应器。导入 Log 服务的代码如下所示。

```
import io.reactors.services.Log
```

接下来，创建一个反应器系统，并启动一个反应器实例。这个反应器触发了反应器系统上的 service 方法，它返回的是指定类型的服务单例。然后，反应器会调用 log 对象上的 apply 方法，输出一个消息，并关闭自己。代码如下所示。

```
system.spawn(Reactor[String] { self =>
  val log = system.service[Log]
  log("Test reactor started!")
  self.main.seal()
})
```

运行上面的代码会在标准输出中输出带时间戳的消息。这个示例比较简单，但可以展示服务的几条重要性质。

- 反应器系统的方法 service[S]返回的是类型为 S 的服务。

- 通过上面的方式得到的服务是一个懒初始化的单例。每个反应器系统中至多存在一个单例，它只在第一次被某个反应器请求时才会被创建。

- 某些标准服务不是懒初始化的，它们在反应器系统创建之时就初始化了。这样的服务通常通过 ReactorSystem 类上的一些独立方法获得。比如，system.log 就是另一种获得 Log 服务的方法。

10.8.2　时钟服务

介绍完了一个简单的服务示例，接下来看一个更复杂的时钟服务 Clock，它将反应器与外界事件连接起来。Clock 服务能够产生时间驱动的事件，比如超时、计数或周期计数。这个服务是标准服务，所以它既可通过 system.clock 获得也可通过 system.service[Clock]获得。

在下面的示例中，创建了一个匿名反应器，它使用 Clock 服务在 1 s 之后创建了一个超时事件。时钟服务的这个超时事件返回一个 Unit 类型的超时事件流，它只能产生至多一个事件。在这个超时事件流上安装一个回调函数，用于关闭这个反应器的主通道。如下面的代码所示。

```
import scala.concurrent.duration._
system.spawn(Reactor[String] { self =>
  system.clock.timeout(1.second) on {
    println("done")
    self.main.seal()
  }
})
```

Clock 服务实际上用了一个独立的计时器线程,当这个线程发现时间到了时,就会让反应器发送事件。这些事件被发送到由 `timeout` 方法创建的一个特殊通道上,只能在相应的事件流组合子上才可以看得到。这个过程如图 10.3 所示。

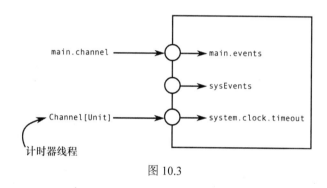

图 10.3

当主通道关闭之后,反应器也会终止。这是因为超时事件流创建的实际上是一个后台通道,它不会阻止匿名反应器在未拥有非后台通道的情况下结束。

Clock 服务表现出了一个一般性的模式:当一个本地实体或外部实体想要和一个反应器通信时,它需要创建一个新的通道,然后向它异步地发送事件。

10.8.3 Channels 服务

有些服务提供了可以和反应器系统内部进行协作的事件流,比如 Channels 服务,它提供了一种事件驱动的视图,用于查看当前反应器系统中的所有通道。这可以用于轮询当前可用的通道,或等待特定名称的通道恢复可用状态。等待通道的功能特别有用,因为这样用户就可以更容易地处理反应器之间的异步性,这在分布式系统中随处可见。

值得一提的是,前文的内容中早就用过了 Channels 服务,比如打开反应器中的第二个通道。表达式 `system.channels.open` 实际上调用了标准通道服务上的 open 方法。因而，这些通道服务不仅允许查询反应器系统中不存在的通道，还支持在已有的反应器中创建新的通道。

为展示 Channels 服务的基本用法，可构造两个反应器。第一个反应器在延迟一段时间之后创建一个名为 hidden 的通道；第二个反应器等待这个通道出现，然后向此通道发送事件。第一个反应器收到消息之后输出字符串 "event received"，然后关闭其主通道。如下面的代码所示。

```
val first = Reactor[String] { self =>
  system.clock.timeout(1.second) on {
    val c = system.channels.daemon.named("hidden").open[Int]
    c.events on {
      println("event received")
      self.main.seal()
    }
  }
}
system.spawn(first.withName("first"))
system.spawn(Reactor[String] { self =>
  system.channels.await[Int]("first", "hidden") onEvent { ch =>
    ch ! 7
    self.main.seal()
  }
})
```

在上面的程序中，使用了前文介绍的 Clock 服务，它会在第一个反应器上加上一个延时事件。在第二个反应器中，用到了 Channels 服务去等待名为 first 的反应器的名为 hidden 的通道。两个反应器差不多同时启动。

1 s 之后，第一个反应器使用 Channels 服务打开了一个新的后台通道，名为 hidden。然后，第一个反应器安装了一个回调函数：当第一个事件到达这个 hidden 通道时，它会在标准输出上输出一个消息，然后主通道被关闭，从而反应器终止。第二个反应器从 Channels 服务获得一个事件，因为指定名称的通道已经出现。这个反应器会向 hidden 通道发送值 7，然后终止。

总结一下，等待通道出现是在异步系统中建立时序的重要方式。一般来说，第一个反应器中的 hidden 通道的创建可能会被反应器系统任意延迟，而 Channels 服务允许其他反应器在某个特定通道出现之后再进行计算。

10.8.4　定制服务

看了几个已有的服务之后，下面介绍如何定制服务。定制服务必须实现 Protocol.Service 特质，它只有一个成员方法 shutdown。

```
class CustomService(val system: ReactorSystem)
extends Protocol.Service {
  def shutdown(): Unit = ???
}
```

shutdown 方法会在相应的反应器系统关闭时被调用，可用于释放该服务可能占用的任意资源。任何定制服务都必须额外加一个单参数构造函数，这个参数是一个 ReactorSystem 对象，用于与该服务交互，因而服务在"存活"期间可以使用反应器系统。前文提到过，服务是一种可以让反应器访问某些外部事件的机制，这些事件通常无法从其他反应器获得。

现在实现一个服务，用于在外围反应器系统关闭时通知一个反应器。对此，需要维护一个通道的映射表，其中包含订阅了 Shutdown 服务的那些通道，还需要一个状态访问锁。最后，还要公开一个 state 方法，它会创建一个事件流，用于当反应器系统关闭时发送一个事件。

这个 state 方法会返回一个特殊类型的事件流，称为信号（Signal）。Signal 类型扩展自 Events 类型，它的信号对象会在值发生变化时发送事件。此外，信号对象会缓存之前发送的事件的值，这可以在该对象的 apply 方法中访问到。任意事件流都可以通过 toSignal 方法转换为信号对象。

特定反应器调用的 state 方法必须创建一个新的后台通道 shut。这个通道被添加到 Shutdown 服务的订阅者集合 subscribers 中。与这个通道关联的事件流会被转换为初始值为 false 的信号对象，并返回给调用者。

Shutdown 服务的实现代码如下所示。

```
class Shutdown(val system: ReactorSystem)
extends Protocol.Service {
  private val subscribers = mutable.Set[Channel[Boolean]]()
  private val lock = new AnyRef
  def state: Signal[Boolean] = {
    val shut = system.channels.daemon.open[Boolean]
    lock.synchronized {
      subscribers += shut.channel
```

```
  }
    shut.events.toSignal(false)
  }
  def shutdown() {
    lock.synchronized {
      for (ch <- subscribers) ch ! true
    }
  }
}
```

现在，可以在用户程序中使用 Shutdown 服务，如下面的代码所示。

```
val system = ReactorSystem.default("test-shutdown-system")
system.spawn(Reactor[Unit] { self =>
  system.service[Shutdown].state on {
    println("Releasing important resource.")
    self.main.seal()
  }
})
```

接下来，当系统关闭时，可以预料回调函数中的代码会运行起来，并完成整个过程。

```
system.shutdown()
```

注意，当定制服务时，用户不能再像编写其他反应器代码那样随意。因为服务代码可能会被多个反应器并发执行，这也是要在 Shutdown 服务的实现代码中同步访问 subscribers 映射的原因。一般来说，在定制服务时，必须小心如下事项。

● 不要阻塞或获取服务构造函数的锁。

● 要保证服务的共享状态访问被正确同步了。

总而言之，如果有一个事件驱动的 API 要向用户程序中发布事件，这时用户就需要定制相应的服务。否则，只能向操作系统或相关硬件公开反应器系统的内部实现了。通常一个反应器系统服务的实现会采用一些低层次的并发原语，但好处是它可以发布一些高层次的 API，这些 API 可以使用事件流和通道这些高层次的抽象结构。

10.9　协议

反应器、事件流和通道是反应器编程模型的基础原语。这些基础原语可以构成强大的通信抽象结构。本节将讨论 Reactor 框架用这些基础原语实现的一些基础的通信协议。这些协议的共同点在于它们不是基础原语的简单扩展，而是由基础抽象结构和其他更简单的协议自然构造而成的。

先从一个较简单的协议开始，即所谓的服务器—客户端协议。本节首先要介绍的是如何自己实现一个简单的服务器—客户端协议，然后介绍如何使用 Reactor 框架提供的标准服务器—客户端协议实现。本节并不会深入探讨这个实现过程，只会介绍如何使用框架中定义好的协议。

这种讲解方式出于几个目的。首先，用户需要对如何用事件流和通道实现通信模式有一些概念。其次，用户需要意识到实现一个面向客户端的协议的方式不止一种。最后，用户需要了解 Reactor 框架中的协议是如何构造出来并提供给用户的。

10.9.1 定制一个服务器—客户端协议

本节将从头实现一个服务器—客户端协议。在开始之前，需要先创建一个默认的反应器系统。

```
val system = ReactorSystem.default("system")
```

仔细探讨一下服务器—客户端协议，可以发现这个协议涉及如下过程。首先，客户端向服务器发送一个请求值。然后，服务器根据这个请求值计算出一个回复值，并将其发送给客户端。但要实现这一点，服务器需要一个回复通道，它是回复值发送的终点。这意味着客户端不能只向服务器发送请求值，还需要向一个通道发送，这个通道留作回复使用。因而，由客户端发送的请求是一个二元组，即请求值和通道。服务器所用的通道必须能够接收这样的一个二元组。这种关系可用下面两种方式表达。

```
type Req[T, S] = (T, Channel[S])
type Server[T, S] = Channel[Req[T, S]]
```

这里的 T 是请求值的类型，而 S 是回复值的类型。Req 类型表示请求类型，它是一个请求值（类型为 T）和回复通道（用于发送类型 S 的回复值）的二元组。Server 只不过是一个接收请求对象的通道。

接下来的问题是，应该如何创建一个 Server 通道呢？Server 通道的工厂方法需要满足几个条件：对于请求类型和回复类型，server 方法应该是一个泛型方法；对于请求类型到回复类型的映射，它也应该是泛型的；当一个请求发送给服务器时，映射出来的回复应该发送回给服务器。将这些要求综合起来，于是得到了如下的 server 方法的实现代码，其作用是实例化一个新服务器。

```
def server[T, S](f: T => S): Server[T, S] = {
  val c = system.channels.open[Req[T, S]]
  c.events onMatch {
    case (x, reply) => reply ! f(x)
  }
  c.channel
}
```

server 方法首先会创建一个 Req[T, S] 类型的连接子，然后它会将一个回调函数加到新创建的连接子的事件流中。这个回调函数将请求二元组分解为类型为 T 的值 x 以及回复通道。然后，输入值被指定的映射函数 f 映射为类型为 S 的值，这个值被发送回回复通道。server 方法返回的是与这个连接子关联的通道。通过这个方法，可以启动一个服务器，它将请求中的字符串映射为大写字符串，代码如下所示。

```
val proto = Reactor[Unit] { self =>
  val s = server[String, String](_.toUpperCase)
}
system.spawn(proto)
```

接下来，将实现客户端协议。首先在 Channel 类型上定义一个称为?的新方法，其作用是将请求发送给服务器。这个方法不会立即返回服务器的回复，因为回复过程是异步的。方法?返回的是一个事件流，其中会包含服务器的回复。所以，?方法必须创建一个回复通道，向服务器发送 Req 对象，然后返回回复通道关联的事件流。其定义如下面的代码所示。

```
implicit class ServerOps[T, S: Arrayable](val s: Server[T, S]) {
  def ?(x: T): Events[S] = {
    val reply = system.channels.daemon.open[S]
    s ! (x, reply.channel)
    reply.events
  }
}
```

在上面的代码中，通过声明一个隐式类 ServerOps，定义了 Server 类型的对象的扩展方法?。类型 S 上绑定的 Arrayable 上下文在 Reactor 框架中是必要的，用于允许创建数组。当用户想要打开一个泛型类型（比如这里的 S）的通道时，Reactor 框架就会要求用到 Arrayable 类型类。

然后，通过在同一个反应器内实例化这个协议，就可以实现服务器和客户端之间的交互了。服务器只返回输入字符串的大写版本，而客户端则发送内容为 hello 的请求，并在标准输出中输出回复内容。这个过程如下面的代码所示。

```
val serverClient = Reactor[Unit] { self =>
  val s = server[String, String](_.toUpperCase)

  (s ? "hello") onEvent { upper =>
    println(upper)
  }
}
system.spawn(serverClient)
```

实现过程基本完成，但是只能在一个反应器中启动服务器—客户端协议似乎没什么用处。正常情况下，服务器和客户端是分散在网络上的，或至少运行在同一反应器系统的不同反应器内。

事实证明，上述示意性的服务器—客户端协议难以直观地在两个不同的反应器中实例化。主要原因在于一旦服务器通道在一个反应器中实例化了，就没有办法在另一个反应器中看到它。这个服务器通道隐藏在服务器反应器的字典作用域（lexical scope）内。10.9.2节将介绍如何使用 Reactor 框架提供的标准服务器—客户端协议实现来克服这个问题。

10.9.2 标准服务器—客户端协议

前文已经介绍一个服务器—客户端协议的示意性实现，它只用到了 Reactor 框架提供的基础原语。不过，这个实现过于简单，而且忽略了一些重要问题。比如，如何停止服务器协议？它能在单个反应器中实例化，那么如何在不同的反应器中实例化呢？

本节将介绍 Reactor 框架中开放的服务器—客户端协议，而且会解释如何解决上述问题。大部分预定义的协议都可以用如下几种方式实例化。

● 若一个反应器有一个合适的类型用于这个协议，那么可以在这个反应器内部已有的连接子上安装此协议。这种方式的主要优点在于，用户可以在反应器的主通道上安装这个协议。这也让这个协议可以访问能够感知该通道的其他反应器。

● 为这个协议创建一个新的连接子，然后为此连接子安装这个协议。这种方式的主要优点在于，用户可以充分定制这个协议的连接子（如为它命名），但用户需要实现一种方式与其他反应器共享这个协议的通道，比如在 Channels 服务上使用，或将此通道发送给指定的反应器。

● 为一个反应器创建一个新的 Proto 对象，让这个协议只在这个反应器中运行。这种方式的主要优点在于，用户可以充分配置反应器，比如指定调度器、反应器名称或传输方式。

● 立即启动一个反应器，让它运行指定的协议。这是一种较简单的方式。

这些方式大体上是等价的，但是在便捷性和可定制性之间进行了权衡。下面先看一看预定义的服务器—客户端协议，并逐个讨论每一种方式。

1. 使用已有的连接子

当使用一个已有的连接子时，用户需要确保连接子类型与协议中用到的类型相匹配。在服务器的情况中，连接子的事件类型必须为 Server.Req。下面，将定义一个服务器原型，它将请求中的整数值乘以 2，产生一个回复。为了安装服务器—客户端协议，可在连接子上调用其 serve 方法。

```
val proto = Reactor[Server.Req[Int, Int]] { self =>
  self.main.serve(x => x * 2)
}
val server = system.spawn(proto)
```

然后，客户端就可以用?操作符查询服务器通道了。方便起见，这里用了 spawnLocal 方法，它在定义匿名反应器模板的同时，还启动了一个新的客户端反应器，如下面的代码所示。

```
system.spawnLocal[Unit] { self =>
  (server ? 7) onEvent { response =>
    println(response)
  }
}
```

2. 创建新的连接子

有时候主通道 main 可能已经留作其他用途，比如，主通道用于接收终止请求。因而，主通道不能安装服务器协议，因为协议通常需要相应通道的专属权。这时，用户就需要为协议创建一个新的连接子。

这种方法非常类似于使用已有连接子的情况，唯一的区别在于这里需要首先创建连接子自身，从而给了用户定制它的机会。特别地，这里为服务器创建了一个后台通道，并将其命名为"server"，这样其他反应器就可以找到它了。而反应器本身命名为

"Multiplier"。为了创建一个服务器连接子，需要使用通道构建器对象上的 server 方法，它可以获得具有合适类型的一个新的连接子。

然后调用此连接子上的 serve 方法，启动这个协议，如下面的代码所示。

```
val proto = Reactor[String] { self =>
  self.main.events onMatch {
    case "terminate" => self.main.seal()
  }
  self.system.channels.daemon.named("server")
    .server[Int, Int].serve(_ * 2)
}
system.spawn(proto.withName("Multiplier"))
```

现在，客户端必须查询名称来找到服务器通道，然后照常运行，如下面的代码所示。

```
system.spawnLocal[Unit] { self =>
  self.system.channels.await[Server.Req[Int, Int]](
    "Multiplier", "server"
  ) onEvent { server =>
    (server ? 7) onEvent { response =>
      println(response)
    }
  }
}
```

3. 为协议创建反应器原型

如果用户确定一个反应器只用于（或主要用于）服务器协议，那么可以直接创建一个反应器服务器。为实现这一点，可以用反应器伴生对象上的 server 方法，该方法返回服务器的 Proto 对象，进而可以在反应器启动之前进行进一步的定制。server 方法接收一个用户函数，它在每次请求到来时会触发一次。这个用户函数接收服务器的状态 state 和请求事件，并返回回复事件，如下面的代码所示。

```
val proto = Reactor.server[Int, Int]((state, x) => x * 2)
val server = system.spawn(proto)

system.spawnLocal[Unit] { self =>
  (server ? 7) onEvent { response =>
    println(response)
  }
}
```

服务器的 state 对象包含一个 Subscription 对象，用于让用户关闭服务（比如在意外事件到达时）。

4. 直接启动运行指定协议的反应器

最后一种方式是不进行任何定制，直接启动一个运行指定协议的服务器反应器。这可通过向 ReactorSystem 上的 server 方法传入一个服务器函数来实现，如下面的代码所示。

```
val server = system.server[Int, Int]((state, x) => x * 2)

system.spawnLocal[Unit] { self =>
  (server ? 7) onEvent { response => println(response) }
}
```

后文将介绍其他一些预定义的协议，它们的 API 与服务器—客户端协议类似。

10.9.3　路由协议

本节将介绍一种简单的路由协议，它使发布到指定的通道上的事件会根据用户指定的策略，被导向到多个目标通道上。在实际中，这个协议被应用于大量的应用中，比如数据备份、负载均衡和多点传送。这个协议如图 10.4 所示。

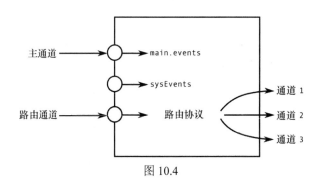

图 10.4

为了展示路由协议的使用方法，下面实例化一个主反应器，它将收到的请求导向两个 worker 反应器。在一个真实系统中，请求通常代表计算负荷，而 worker 反应器会基于这些请求进行计算。出于简洁性考虑，这里的请求为字符串，而 worker 负责将它们输出到标准输出。

和服务器—客户端协议一样，路由协议的实例化也有多种方式。首先，该协议可以在一个已有的反应器中启动，这种情况下，它只是运行在反应器内部的多个协议之一。

或者，这个协议可以启动一个独立的反应器，这时的反应器专门用于这个路由协议。而本例是在一个已有的反应器中实例化路由协议的。首先，启动两个 worker 反应器，分别为 worker1 和 worker2。这两个反应器用于将事件输出到标准输出中。这里用了简便方法 spawnLocal 来启动反应器，并没有专门为其创建 Proto 对象。

```
val worker1 = system.spawnLocal[String] { self =>
  self.main.events.onEvent(x => println(s"1: ${x}"))
}
val worker2 = system.spawnLocal[String] { self =>
  self.main.events.onEvent(x => println(s"2: ${x}"))
}
```

接下来，声明一个反应器，令其主通道接收 Unit 事件，因为这个主通道不会有什么特殊用途。在这个反应器内部，首先会调用 Channels 服务上的 router 方法来打开一个类型与路由类型相匹配的连接子。只调用 router 方法还不足以让路由协议启动，还需要调用新创建的连接子上的 route 方法来实际启动路由。route 方法会接收一个 Router.Policy 对象作为参数，这是一个策略对象，其中包含了一个函数，该函数会返回一个通道，路由转发的事件就会发到这个通道上。这个函数的类型为 T => Channel[T]，表达了路由协议的转发逻辑。

本例使用的是 Round-Robin 策略。这个策略可以用工厂方法 Router.roundRobin 来实例化，该方法的参数是 Round-Robin 策略所需的通道链表，所以这里传入的是 worker1 和 worker2 构成的链表，如下面的代码所示。

```
system.spawnLocal[Unit] { self =>
  val router = system.channels.daemon.router[String]
    .route(Router.roundRobin(Seq(worker1, worker2)))
  router.channel ! "one"
  router.channel ! "two"
}
```

在启动路由协议之后，向其路由通道发送字符串 "one" 和 "two"，然后这两个字符串被转发给两个不同的 worker 反应器。Round-Robin 策略并不会指定第一个目标通道是哪一个，所以输出结果可以是 "1: one" 和 "2: two" 或 "1: two" 和 "2: one"。

Round-Robin 策略并不知道两个目标通道的任何信息，它只会依次从目标链表中选择一个，到达最后一个之后再从第一个开始。如此简单的负载均衡模式是非常高效的。

另外还有两种预定义的策略可以用于路由协议。比如 Router.random 策略用的是随机数生成器来决定将事件转发给哪个通道，这种路由方案在周期性的高负载事件场合下更为健壮。另一种策略是 Router.hash，它计算出事件的散列码，然后根据散列码找到目标通道。如果这两种策略还不满足需求，deficitRoundRobin 策略可追踪到每个事件的预期开销，然后通过调整其路由协议实现每个目标通道的总开销均衡。对于其他一些场合，用户也可以定制自己的路由策略。

10.9.4 两路协议

本节介绍一种两路（two-way）通信协议，在两路通信中，通信双方获得一个类型为 TwoWay 的连接句柄，通过这个句柄，双方可以同时发送和接收任意多个事件，直到它们决定关闭连接。一方发起连接，这一方称为客户端，而另一方则称为服务端。TwoWay 类型有两个类型参数 I 和 O，分别描述了输入事件和输出事件类型（从客户端角度看）。两路协议示意图如图 10.5 所示。

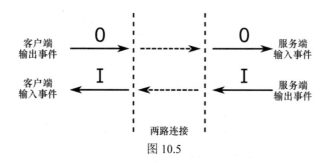

图 10.5

注意，这些类型是可以反转的，这取决于是从客户端角度看，还是从服务端角度看。客户端的两路连接的类型如下所示。

```
val clientTwoWay: TwoWay[In, Out]
```

而服务端看到的两路连接的类型如下所示。

```
val serverTwoWay: TwoWay[Out, In]
```

因而，TwoWay 对象包含一个输出通道 output 和一个输入事件流 input。为了关闭连接，TwoWay 对象包含了一个订阅对象 Subscription，用于关闭连接并释放相关资源。

下面，创建一个两路协议的实例，它的工作过程分两个阶段。第一阶段，客户端向服务端请求建立一个两路连接。第二阶段，客户端和服务端用这个两路连接通信。

为实现这个通信过程，还需要声明一个反应器，并在此反应器中实例化一个两路连接服务端。对于每个建立起来的两路连接，两路服务端都会收到字符串事件，并返回字符串的长度。

```
val seeker = Reactor[Unit] { self =>
  val lengthServer = self.system.channels
    .twoWayServer[Int, String].serveTwoWay()
}
```

上面的代码声明了一个反应器 Proto 对象，它会实例化一个两路服务端 lengthServer。首先，调用 Channels 服务上的 twoWayServer 方法，然后指定输入和输出类型（从客户端的角度看）。接着调用 serverTwoWay 方法来启动两路协议。在本例中，设置输入类型 I 为 Int，表示客户端收到来自服务端的整数；而输出类型 O 为 String，表示客户端将向服务端发送字符串。

产生的 lengthServer 对象表示连接的状态，它包含了一个事件流 connections，每当客户端请求一个连接时，该事件流都会发送一个事件。如果不与此事件流交互，服务端会保持"安静"：它会启动新连接，但会忽略来自客户端的事件。客户端和服务端在两路连接上确切的通信方式（以及结束方式）由用户指定。为了用用户自己的逻辑定制两路通信协议，需要响应事件流 connections 发送的 TwoWay 事件，并在 TwoWay 对象上安装回调函数。

在本例中，对于每个传入的两路连接，都会响应输入的字符串，计算出字符串的长度，并将长度发送回输出通道，如下面的代码所示。

```
lengthServer.connections.onEvent { serverTwoWay =>
  serverTwoWay.input.onEvent { s =>
    serverTwoWay.output ! s.length
  }
}
```

现在，一个可以运行的两路连接服务端就算完成了。这个反应器当前的状态可以用图 10.6 来描述，其中同时展现了新通道和标准反应器通道。

接下来，就可以启动两路协议的客户端部分了。客户端必须使用两路服务通道来请求连接。lengthServer 对象有一个字段 channel 就用于这个目的。客户端必须用这个通道来启动连接。注意，只有这个通道需要共享，而不是整个 lengthServer 对象。简洁起见，这里在同一个反应器中同时启动客户端协议和服务端协议。

为了连接服务端，客户端必须调用通道上的扩展方法 connectTwoWay（使用此方法之前需要导入包 io.reactors.protocol），并使用两路服务端通道。connect 方法返回一个事件流，用于在连接建立之后发送 TwoWay 对象。

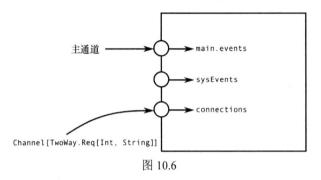

图 10.6

接下来，就可以连接到服务端了。一旦服务端响应了，就可以用 TwoWay[Int, String]对象来发送一个字符串事件，然后将收到的长度值输出。

```
lengthServer.channel.connect() onEvent { clientTwoWay =>
  clientTwoWay.output ! "What's my length?"
  clientTwoWay.input onEvent { len =>
    if (len == 17) println("received correct reply")
    else println("reply incorrect: " + len)
  }
}
```

```
system.spawn(seeker)
```

连接建立之后，反应器及其连接子的状态如图 10.7 所示。

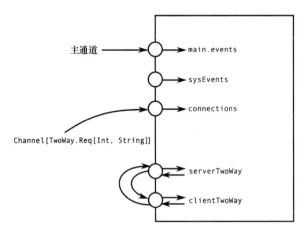

图 10.7

注意，在本例中，两路通道的两端都在同一个反应器中。这是因为这里出于演示目的调用了 twoWayServer 方法，并在同一个反应器中实现了连接。在实际应用场景中，这两个操作一般都是在两个独立的反应器中触发的。

10.10 小结

本章介绍了反应器模型，包括它在 Reactor 框架中的实现，如何定义和实例化反应器，如何组合事件流，如何定制反应器名称并指定调度器，如何使用和定制反应器服务。重要的是，本章介绍了如何使用一些基础的底层协议，比如服务器—客户端协议、路由协议和两路协议。关于反应器的更多细节，请参考 Reactor 框架的官网。Reactor 框架在不断发展之中，随着这个框架日益成熟、功能更丰富，用户在其官网上会找到越来越多的资料。至于学习反应器编程模型本身，读者可以参考论文 *Reactors, Channels, and Event Streams for Composable Distributed Programming*。

10.11 练习

在下面的练习中，读者需要定义一些反应器协议。在某些情况下，任务首先要求读者独自在线调研一个具体算法，然后用 Reactor 框架来实现。这些练习的难度递增，先是一些简单任务，越到后面越复杂。

1. 定义方法 twice，它的参数是通道 target，其返回另一通道，该通道将每个事件都向目标通道转发两次。

```
def twice[T](target: Channel[T]): Channel[T]
```

2. 定义方法 throttle，其作用是限制将事件转发到目标通道 target 上的速度。提示：读者可能需要用到 Clock 服务和函数式事件流组合。

```
def throttle[T](target: Channel[T]): Channel[T]
```

3. 本章介绍的 Shutdown 服务在被订阅了太多反应器时可能会用尽内存。这是因为当前的实现从来没有从该服务的 subscribers 映射中删除任何项。修改这个定制的 Shutdown 服务，确保 state 信号的客户端可以解除订阅不再监听关闭事件。此外，当一个反应器终止时，如果它曾经订阅过 Shutdown 服务，确保它能解除订阅。为此，可使用 sysEvents 事件流。

4. 假定正常的 Channel 对象偶尔会丢失一些事件或对事件重排序，但不会重复或损坏事件。实现一个可靠的通道协议，能确保每个穿过通道的事件都能按顺序到达目的地。定义方法 reliableServer 和 openReliable 方法，它们分别用于启动可靠连接服务器和打开客户端上的可靠连接。这两个方法必须有如下函数声明，其中的具体类型由读者自行决定。

```
def reliableServer[T](): Channel[Reliable.Req[T]]
def openReliable[T]
(s: Channel[Reliable.Req[T]]): Events[Channel[T]]
```

5. 实现 best-effort 广播协议，它向多个目标发送事件。为此，实现 broadcast 方法，它必须实现如下接口。其中，发送到返回的通道上的事件必须被转发给 targets 中的所有通道。

```
def broadcast(targets: Seq[Channel[T]]): Channel[T]
```

6. 学习免冲突的可复制的数据类型（Conflict-free Replicated Data Type，CRDT），计数算法及其工作原理，然后用 best-effort 广播协议来实现 CRDT 计数算法，定义方法 crdt 来创建 CRDT 计数器。

7. 实现一个 failureDetector 方法，它接收一个"心跳"服务器参数，该服务器的请求类型和回复类型都是 Unit。该方法返回一个 Signal 对象，用于表示该服务器是否已经有失败的迹象。由这个方法启动的协议必须定期向服务器发送心跳信号，并期望在指定时间内得到回复。如果回复没有及时到达，此服务器视为可能失败。实现一个单元测试，验证这个方法返回的信号正确地检测到了服务器的失败情况。

```
def failureDetector(s: Server[Unit, Unit]): Signal[Boolean]
```

8. 实现一个可靠的广播算法，其接口与 best-effort 广播协议的相同，但能保证即使发送者在发送操作中途"死亡"，要么所有消息都能到达，要么一个消息都没有发出去。实现单元测试，验证实现代码的正确性。